Krisenmanagement
in Projekten

Springer

Berlin
Heidelberg
New York
Hongkong
London
Mailand
Paris
Tokio

Michael Neubauer

Krisenmanagement in Projekten

Handeln,
wenn Probleme
eskalieren

Zweite, neubearbeitete
und erweiterte Auflage
mit 36 Abbildungen
und 16 Tabellen

Springer

Dr. Michael Neubauer

KDVZ Hellweg-Sauerland
Griesenbraucker Straße 4
58640 Iserlohn

ISBN 3-540-43355-4
2. Auflage Springer-Verlag Berlin Heidelberg New York

ISBN 3-540-65771-1
1. Auflage Springer-Verlag Berlin Heidelberg New York

Bibliografische Information Der Deutschen Bibliothek
Die Deutsche Bibliothek verzeichnet diese Publikation in der Deutschen
Nationalbibliografie; detaillierte bibliografische Daten sind im Internet
über http://dnb.ddb.de abrufbar.

Springer-Verlag Berlin Heidelberg New York
ein Unternehmen
der BertelsmannSpringer Science + Business Media GmbH

http://www.springer.de

© Springer-Verlag Berlin Heidelberg 2003
Printed in Germany

Umschlaggestaltung: Erich Kirchner, Heidelberg

SPIN 10873447   42/2202-5 4 3 2 1 0
Gedruckt auf säurefreiem Papier

Vorwort zur zweiten Auflage

Das Thema Krisenmanagement hat seit der Veröffentlichung der ersten Auflage dieses Buchs viel Resonanz gefunden. Selten gab es so viele Neuveröffentlichungen wie in den letzten drei Jahren. Dass dem auch ein entsprechendes Leserinteresse gegenüber steht, zeigt der gute Absatz der ersten Auflage.

Die positive Resonanz hat gezeigt, dass das grundlegende Konzept und die vorgestellte Methodik des Buchs unverändert bleiben konnten. Veränderte Rahmenbedingungen in der Gesetzgebung, der Wunsch nach noch mehr Praxisbezug und viele Vorschläge aus der Leserschaft für Detailverbesserungen haben zu einer gründlich überarbeiteten und erweiterten zweiten Auflage geführt.

So wurde nach der Einleitung ein neues Kapitel aufgenommen, das die angrenzende Literatur vorstellt. Hierbei geht es nicht um eine wissenschaftliche Auseinandersetzung mit dem Thema oder um einen vollständigen Überblick über das Schrifttum, sondern um Hinweise für den Praktiker, der sich umfassender mit Krisenmanagement auseinander setzen will. Das Kapitel über juristische und kaufmännische Aspekte wurde vollständig überarbeitet, weil zum 1.1.2002 das Schuldrecht novelliert wurde.

Viele Leser haben mir geschrieben, dass sie die im Text eingestreuten Beispiele als besonders hilfreich empfunden haben. Aus diesem Grund habe ich am Ende des Buchs ein weiteres Beispiel angefügt, das noch einmal die Grundzüge der Methodik veranschaulichen soll.

Weiter wurde von Lesern der Praxisbezug gelobt. Gleichzeitig wurden aber bemängelt, dass man sich mehr konkrete Hilfestellungen bei der Bearbeitung von Krisen gewünscht hätte. Als Konsequenz habe ich ein Hilfsmittel, mein Projekthandbuch, das ich seit vielen Jahren meinen Projektleitern an die Hand gebe, auf die Belange des Krisenmanagements zugeschnitten und als letztes Kapitel aufgenommen. Es ist nicht als strenge Vorgabe zu sehen, sondern als Basis für eine an die eigenen Belange angepasstes Vorgehen. In diesem Zusammenhang wurden auch die Checklisten aus meiner praktischen Erfahrung ergänzt und überarbeitet.

Diese Auflage wurde von vielen Lesern, Rezensenten und Kursteilnehmern beeinflusst. Es würde den Rahmen sprengen jeden einzeln hier aufzuführen. Trotzdem möchte ich mich an dieser Stelle bedanken. Es gibt mir die Gewissheit, dass sich die Mühe bei der Erstellung des Buchs gelohnt hat. Gleichzeitig freue ich mich über jeden neuen Verbesserungsvorschlag, denn perfekt kann solch ein Werk wohl nicht sein.

Besonderen Dank schulde ich meinem Freund Dr. Ernst Peters, der die zweite Auflage kritisch überarbeitet hat und viele nützliche Anregungen zu den ansonsten unveränderten Kapiteln beigetragen hat.

Herdecke, im Sommer 2002   Michael Neubauer

Vorwort zur ersten Auflage

Krisenmanagement hat nur in seltenen Fällen Eingang in die Lehrpläne der Universitäten und Lehrinstitute gefunden. Dort steht die Vermeidung von Krisen im Vordergrund. Die Beschäftigung mit diesem Thema hat fast etwas Ehrenrühriges. All zu leicht könnte der Verdacht aufkommen, man habe Freude an der unsystematischen Arbeit und fördere deshalb regelrecht die Entstehung von Krisen.

Ich habe immer wieder die Erfahrung gemacht: Auch bei der Anwendung aller Sorgfalt, bei fachlicher Kompetenz und umfangreicher Planung, Krisensituationen können immer wieder auftreten. Doch wenn die Krise entstanden ist, muss sie dann nicht ebenso systematisch aufgelöst werden, wie vorher versucht wurde, sie zu verhindern? Das vorliegende Buch zeigt einen solchen Weg zur Systematisierung von Krisenmanagement auf.

Meine (zunächst unfreiwillige) Beschäftigung mit Krisen im Rahmen von DV-Projekten war zunächst intuitiv und unsystematisch. Die Neuartigkeit, die hohe Innovationsrate und die Komplexität von DV-Projekten führen dazu, dass in diesem Bereich vermutlich mehr Krisen entstehen, als in den vielen anderen Disziplinen. Die Erfahrungen aus den Krisen, an deren Entstehung ich persönlich beteiligt war, aber auch aus vielen Beratungsprojekten, in denen ich als Krisenmanager für Kunden aktiv war, zeigen deutlich, dass sowohl der Verlauf einer Krise, als auch die Wege zu deren Lösung, allgemeinen Schemata unterliegen. Diese Erkenntnis war für mich der Startpunkt für den Versuch, Krisen systematisch zu bekämpfen. Hieraus entstand ein Seminar mit dem Titel „Krisenmanagement".

Aus dem Kreis der Seminarteilnehmer kam immer wieder die Frage nach einer schriftlichen Ausarbeitung der vermittelten Inhalte. Das Ergebnis liegt jetzt in Form dieses Buches vor, das in den wesentlichen Teilen aus meiner persönlichen Erfahrung und der Auseinandersetzung mit Kollegen aus dem Hause der Dr. Materna GmbH entstanden ist. Darüber hinaus ist an einigen Stellen auf Literatur angrenzender Gebiete verwiesen. Eine tief greifende Auseinandersetzung mit der bestehenden Literatur zu diesem Thema bleibt einer späteren Auflage überlassen.

Auch wenn dieses Buch nur einen Autor hat, so sind doch viele Erkenntnisse eingearbeitet, die ich meinen Kollegen verdanke. Die Natur der Sache bringt es mit sich, dass es schwer fällt, diese Personen im Nachhinein zu benennen. Ich möchte daher stellvertretend besonders denen danken, die sich (z.T. mehrfach) der Strapaze unterzogen haben, Manuskripte zu diesem Buch zu lesen. Mein besonderer Dank gilt hier Herrn Dipl. Math. Wolfgang Gunsenheimer, Herrn Dr. Hubert Staudt, Herrn Dr. Ludger Frese, Herrn Dr. Winfried Materna und Herrn Dipl. Kauf. Manfred Hegemann.

Die sprachliche Bearbeitung und die Inhalte von Kapitel 8 verdanke ich meiner Frau Dorothea, die als Rechtsanwältin nicht nur zur Entstehung dieses Buches beigetragen, sondern mir auch in manch schwieriger Krisensituation als Ratgeberin zur Seite gestanden hat. Die daraus gewonnenen Erkenntnisse sind auf vielfältige Weise in die Konzeption meiner Methodik eingeflossen.

Ich möchte dieses Vorwort mit der Bitte an den Leser beschließen, sich kritisch mit dem Buch auseinander zu setzen. Ich habe eine Reihe von Aspekten in diesem Themenbereich, die noch nicht für das Buch aufbereitet sind und freue mich daher über jeden Hinweis. Meine Email-Adresse lautet: Michael.Neubauer@kopv.de.

Darüber hinaus unterhalte ich eine kleine Website unter dem Namen www.kopv.de. Dort finden Sie aktuelle Informationen zum Thema Krisenmanagement, wie Seminarangebote, Literaturhinweise etc. Wenn Sie dort hin und wieder „vorbeischauen", können Sie so auch zeitnah an neuen Entwicklungen teilhaben.

Herdecke, im Frühjahr 1999   Michael Neubauer

Inhaltsverzeichnis

1   Einleitung 1

1.1   Lässt sich Krisenmanagement systematisieren? 3
1.2   Wodurch ist eine Krise gekennzeichnet? 5
1.3   Planung und Krise 9
1.4   Krise und Projekt 12
1.5   Der Krisenmanager muss Problemlöser sein 15
1.6   Übersicht über das Buch 16
1.7   Ziele und Aufbau dieses Buchs 16

2   Aspekte von Krisenmanagement in der Literatur 19

2.1   Fallstudien 20
2.2   Methoden 23
2.3   Komplexität als Krisengrund 24
2.4   Krisen in der Organisation 26
2.5   Finanzkrisen 29
2.6   Zusammenfassung 31

3   Krisenlebenszyklus 33

3.1   Typischer Verlauf einer Krise 33
3.2   Krisenentstehung 34
3.3   Krisenerkenntnis 35
3.4   Krisendarstellung 37
3.5   Krisenlösung 38
3.6   Aus der Krise lernen 38
3.7   Zusammenfassung 39

4   Methode zur Krisenbewältigung 41

4.1   Die KOPV-Methode 41
4.2   Anwendungsbereich von KOPV 45
4.3   Analyse von Krisensituationen 47

4.3.1   Krisenfaktoren 48
4.3.2   Krisendarstellung 50
        4.3.2.1   Wer fertigt eine Krisendarstellung an? 53
        4.3.2.2   Mittel zur Krisendarstellung 54
        4.3.2.3   Welche Motive und Ziele verfolgen beteiligte Personen? 56
        4.3.2.4   Krisenkategorien 57
4.3.3   Problembeschreibung 58
4.3.4   Zielbeschreibung 60
4.3.5   Wodurch lässt sich das Problem kennzeichnen (Sollabweichung)? 63
4.4   Krisenentscheidung bewusst herbeiführen 64
4.5   Schadenserwartung der Parteien ermitteln 74
        4.5.1   Welcher Schaden wird erwartet? 74
        4.5.2   Rahmenbedingungen und Problemverlagerung 76
        4.5.3   Wie lässt sich der Schaden ermitteln? 81
                4.5.3.1   Kreativitätstechniken 84
                4.5.3.2   Allgemeine Hinweise zur Lösungssuche 84
                4.5.3.3   Lösungskosten 85
4.6   Lösungsalternativen systematisch suchen 89
4.7   Darstellung des Nutzens 90
4.8   Vereinbarung über die Lösung 92
4.9   Zusammenfassung 94

5   **Praktische Krisenbewältigung** **97**

5.1   Anwendung von Handlungsregeln 97
5.2   Krisenablauf aus praktischer Sicht 98
5.3   Auf Krisennachrichten richtig reagieren 99
        5.3.1   Nachricht des Kunden an den Lieferanten 102
        5.3.2   Nachrichtenempfang durch den Lieferanten 104
                5.3.2.1   Gesprächseröffnung 106
                5.3.2.2   Informationsaufnahme 108
                5.3.2.3   Gesprächsabschluss 111
5.4   Mit Interimshandlungen Probleme umgehen 113
        5.4.1   Workarounds 115
        5.4.2   Vor-Ort-Einsatz 115
        5.4.3   Hot-Stand-By 117
        5.4.4   Auslagerung 118
5.5   Kommunikation als Mittel zur Lösungsfindung 119
5.6   Zusammenfassung 120

6   **Psychologische Aspekte einer Krise** **123**

6.1   Kategorien von Persönlichkeiten in der Krise 124
6.2   Unfähigkeit zum Handeln (A-Typ) 125
6.3   Gütererwerb als wichtigstes Bedürfnis (B-Typ) 128
6.4   Verlustangst behindert Kreativität (C-Typ) 130
6.5   Rechthaberei steht einer Krisenlösung entgegen (D-Typ) 132

6.6   Emotionalisierung verhindert den Blick auf die Realität (E-Typ) 134
6.7   Formalismus negiert die Welt der Emotion (F-Typ) 136
6.8   Selbstanalyse ist ein Schlüssel zum erfolgreichen Krisenmanagement 136
6.9   Was bewegt Menschen in der Krise? 138
6.10   Zusammenfassung 139

7   Durch Verhandlung die Einigung herbeiführen 141

7.1   Verhandlungsvorbereitung 141
       7.1.1   Formale Vorbereitung 143
       7.1.2   Inhaltliche Vorbereitung 144
       7.1.3   Taktische Vorbereitung 146
       7.1.4   Verhandlungsführung 148
7.2   Verhandlungsmethoden 150
       7.2.1   Bilanzmethode 150
       7.2.2   Aussaatmethode 152
       7.2.3   Offensivmethode 154
       7.2.4   Verschiebemethode 155
       7.2.5   Stufenmethode 157
       7.2.6   Kesselmethode 159
7.3   Verhandlungsverlauf 160
7.4   Zusammenfassung 163

8   Juristisches Basiswissen für die Krisenbewältigung 165

8.1   Gesetzesaufbau 166
8.2   Projektarbeit aus juristischer Sicht 168
8.3   Verträge und Leistungen 171
8.4   Eigenschaften von Verträgen und Leistungen 174
       8.4.1   Vertretung 176
       8.4.2   Sonderregeln beim Vertragsabschluss 180
8.5   Allgemeine Geschäftsbedingungen (AGB) 181
8.6   Haftungstatbestände 189
       8.6.1   Verzug 191
       8.6.2   Fixgeschäft 193
8.7   Kaufvertrag 194
8.8   Werkvertrag 196
8.9   Zusammenfassung 201

9   Praktische Umsetzung an einem Beispiel verdeutlicht 203

9.1   Projekthandbuch 203
9.2   Projektordner 204
9.3   Probleme bei der Grundstückserschließung 206
       9.3.1   Analyse 207
       9.3.2   Schadenserwartung 212
       9.3.3   Lösungsalternativen 214

        9.3.4   Nutzen 215
        9.3.5   Verhandlung 217
    9.4   Schlussbemerkungen 218

10   **Leitfaden für Projektmanagement** **219**

    10.1   Grenzen und Einsatzfeld 219
    10.2   Einleitung 220
        10.2.1   Geltungsbereich 220
        10.2.2   Motivation 220
    10.3   Projektphasen 221
        10.3.1   Rollen 222
        10.3.2   Ablauf 222
        10.3.3   Projektstart 223
        10.3.4   Projektdurchführung 224
        10.3.5   Projektabschluss 225
    10.4   Wichtige Aufgaben im Projektmanagement 225
        10.4.1   Planung 225
        10.4.2   Berichtswesen 226
        10.4.3   Dokumentation 227
        10.4.4   Qualitätssicherung 227
        10.4.5   Abnahme 228

Literatur **235**

Index **237**

1 Einleitung

Das vorliegende Buch beschäftigt sich mit einem Themenbereich, der in der Forschung wie in der Praxis nur wenig Beachtung findet. Es lässt sich stark vergröbert auf folgende Fragestellung reduzieren:

> Was muss ich tun, wenn sich eine mir übertragene Aufgabe als unlösbar erweist?

Die Kernfrage dieses Buchs

Sie umschreibt eine sehr unangenehme Situation, die wir häufig als eine Krise bezeichnen. Liegt ihre Entstehung an der eigenen Unfähigkeit, an den Intrigen Beteiligter, an einer schicksalhaften Fügung oder schlicht in der Unmöglichkeit der Aufgabenstellung?

Dieses Buch gibt Hilfestellung in scheinbar aussichtslosen Situationen. Das Schwergewicht liegt dabei auf zwei Kernbereichen:

Das Thema

- Welche systematischen Ansätze gibt es zur Lösung von unlösbaren Problemen?
- Wie lassen sich die persönlichen Probleme in solchen schwierigen Situationen für alle Beteiligten akzeptabel gestalten?

Ich bin mir des oben aufgeworfenen Widerspruchs wohl bewusst: Das Wesen eines unlösbaren Problems ist natürlich seine Unlösbarkeit. Wie soll hierfür eine Lösung gefunden werden? Doch der Widerspruch ist nur scheinbar vorhanden. Denn was meinen wir eigentlich, wenn von unlösbaren Problemen gesprochen wird? In der Regel, dass sie unter den gegebenen Rahmenbedingungen unlösbar sind. Eine generelle Unlösbarkeit eines Problems ist selten und meist nur für eingeschränkte und klar umrissene Probleme gegeben.

Scheinbarer Widerspruch

Die hier vorgestellte Methode und ihre Anwendung geht von einer sehr einfachen Überlegung aus, die hier zunächst nur skizziert wird, die aber verdeutlicht, dass es auch für „unlösbare Probleme" eine Lösung geben kann. Ein Beispiel soll die zugrunde liegende Idee verdeutlichen.

Beispiel

Herr Gaser muss dringend von seinem Wohnort Dortmund nach München reisen, um dort einen wichtigen Notartermin wahrzunehmen, der am nächsten Tag um 10 Uhr stattfindet. Eine Verspätung würde einen großen finanziellen Schaden mit sich bringen. Er überlegt nicht lange, setzt sich in sein Auto und fährt los.

Ein Reifendefekt lässt sich nicht beseitigen

Auf dem halben Weg bleibt sein Auto mit einem Defekt stehen. Gleich zwei Reifen haben einen Platten. Er lässt sich in die nächste Werkstatt schleppen. Mittlerweile ist es später Nachmittag. Die Reifen lassen sich nicht flicken und passende neue Reifen sind nicht am Lager. ∎

Ist das Problem unlösbar?

Gaser hat (vordergründig) ein unlösbares Problem: Er braucht die neuen Reifen noch am gleichen Tag, sonst wird er auf jeden Fall den Notartermin versäumen. Auch wenn Gasers Pech etwas überzeichnet ist, vergleichbare Situationen hat jeder von uns in der ein oder anderen Form schon erlebt. Und vermutlich würde niemand versuchen, um jeden Preis sein Auto doch noch reparieren zu lassen: Wir würden uns ein Taxi zum nächsten Bahnhof bestellen und mit dem Zug nach München fahren. Die Lösung ist eigentlich ganz einfach.

Sie ist es aber nur, weil wir die übergeordnete Zielsetzung von Gaser kennen. Um diesen Zusammenhang noch etwas zu verdeutlichen, wollen wir den Fall etwas modifizieren.

Fallvariante: Gaser setzt die Werkstatt unter Druck

Herr Gaser ruft mit seinem Handy mehrere Werkstätten an und versucht, vorab eine definierte Reparaturzeit zu vereinbaren. Nachdem mehrere Versuche erfolglos waren, erreicht er Peter Bleite. Herr Bleite ist hoch verschuldet. Er sitzt gerade vor einem Mahnbescheid über 1000,- €. Er muss in den nächsten Tagen zahlen, sonst geht er in Konkurs. Wenn er in dieser Situation die Möglichkeit bekäme, Gasers Auto zu reparieren, dann würde er sicher einiges tun, um den Auftrag zu bekommen. Angenommen, Gaser würde zu Bleite am Telefon folgendes sagen: „Sie bekommen, wenn sie mein Fahrzeug noch heute reparieren, 500,- € Prämie. Überschreiten Sie die Zeit, dann zahlen Sie eine Konventionalstrafe von 1000,- €". Bleite erkundigt sich bei seinem Großhändler, ob der Reifentyp am Lager vorrätig ist. Als dieser das bejaht, verspricht er Gaser, das Auto binnen drei Stunden zu reparieren. Bleite ist erleichtert: Mit der Prämie und dem Ertrag aus dem Verkauf könnte er seine Schulden bezahlen.

Eingeschränkte Problemsicht

Er schleppt Gasers Wagen in seine Werkstatt. Zwischenzeitlich bekommt er die Reifen vom Großhändler.

Bei der Montage stellt er fest, dass es sich um den falschen Typ handelt. Nach einem Anruf wird klar, dass Bleite in der Eile den falschen Typ angefragt hatte. Alle Versuche, passende Reifen bei anderen Händlern oder bei Freunden zu bekommen, scheitern. Die drei Stunden sind fast herum und Bleite sitzt starr vor Entsetzen an seinem Schreibtisch. Er ist endgültig ruiniert. ■

Wird Bleite Herrn Gaser fragen, warum er sein Auto so dringend braucht? Vermutlich nicht. Er hat eine andere Problemstellung: Er soll ein Auto reparieren. Das ist sein Beruf. Die Frage, warum ein Auto repariert wird, stellt sich für ihn nicht. Mehr noch, sie würde unter normalen Umständen Unverständnis hervorrufen. Der Leser möge sich vorstellen wie erstaunt er wäre, wenn er in eine Werkstatt kommt, um eine schnelle Reparatur seines Autos zu erbitten und als Antwort bekäme: „Warum so eilig? Lassen Sie uns doch etwas Zeit und fahren so lange mit der Bahn." Wir würden das als einen schlechten Scherz ansehen.

Das Nahe liegende wird nicht gesehen

Das Beispiel zeigt deutlich: Ob ein Problem lösbar oder unlösbar ist, hängt im täglichen Leben von vielen Faktoren ab. Der Schlüssel zur Lösung liegt ganz wesentlich darin, auf welche Informationen ich zugreifen kann und welche Mittel mir zur Verfügung stehen.

Eingeschränkte Lösungssicht

Zum Schluss noch eine Erkenntnis, die sich in der Praxis immer wieder zeigt: Angst auf einer Seite der Krisenparteien (oder schlimmer noch auf beiden Seiten) führt häufig dazu, dass Krisensituationen entstehen. In diesem Fall ist eine Lösung besonders schwierig, weil weder eine offene Kommunikation zustande kommt, noch die Ruhe besteht, um kreativ nach Alternativen zu suchen.

Angst fördert Krisensituationen

Bei der Analyse von Krisen geht es daher nicht nur um fachliche Fragen, sondern zu einem wesentlichen Teil um emotionale Aspekte.

1.1
Lässt sich Krisenmanagement systematisieren?

Das vorliegende Buch zeigt, vor dem Hintergrund der skizzierten Überlegungen, einen Weg zur Lösung von Aufgabenstellungen auf, die unter den gegebenen Rahmenbedingungen nicht lösbar sind oder zumindest als unlösbar erscheinen.

Der Schwerpunkt liegt dabei auf Krisen, die bei nicht alltäglichen und auf ein Ziel hin gerichteten Tätigkeiten entstehen.

Praxis und Methode

Die hier vorgestellten Erkenntnisse sind überwiegend meiner praktischen Erfahrung mit großen Projekten in der Datenverarbeitung entnommen. Die Komplexität in diesem Bereich, die hohe Innovationsrate und der interdisziplinäre Charakter führen dazu, dass Krisen hier besonders häufig entstehen. Die vorgestellten Erfahrungen lassen sich verallgemeinern und sind von daher nicht fachspezifisch. Auch wenn meine Erfahrungen aus Großprojekten stammen, so haben sie eine Bedeutung für viele Bereiche des Berufslebens.

Krisenmanagement ist für fast jeden relevant

So wird Herr Gaser aus dem vorgestellten Beispiel, unter normalen Umständen vermutlich sehr schnell die Alternative einer Bahnfahrt erkennen. Steht er aber aus irgendeinem Grund persönlich unter Druck, z.B. weil er Angst vor dem finanziellen Ruin hat oder weil er gesundheitlich stark angeschlagen ist, dann wird er die Lösung aus eigener Kraft nicht so leicht erkennen.

Diese persönliche Betroffenheit ist unabhängig von der Größe des Projekts. Mehr noch: In einem Großprojekt hat der Projektmanager u.U. eine umfangreiche Infrastruktur zur Verfügung, während man z.B. bei der Organisation einer Fernreise am Zielort weitgehend auf sich selbst angewiesen ist.

Persönliche Relevanz

Der Bezug zu den persönlichen Eigenheiten, Fähigkeiten und dem Befinden der handelnden Personen führt dazu, dass hier Krisen im Vordergrund stehen, bei denen sich die Konfliktparteien unmittelbar kennen und auch direkt und persönlich miteinander in Kontakt stehen.

Annahme: Die Krisenparteien kennen sich

Die vorgestellte Methode ist nicht für alles und jeden anwendbar. Sie findet eine Beschränkung dann, wenn eine Seite nicht mehr an einer „friedlichen" Lösung interessiert ist (z.B. wenn die Kreditlinie bei der Bank endgültig überschritten ist) oder wenn der Krisenpartner nicht unmittelbar angesprochen werden kann. Letzteres ist häufig der Fall, wenn es sich bei der anderen Seite um eine anonyme Gruppe handelt. Ein Beispiel hierfür ist die Vergiftung von Lebensmitteln bei einem Lebensmitteldiscounter. Hier treten die öffentlichen Medien als Gegenüber auf.

1.2
Wodurch ist eine Krise gekennzeichnet?

Im täglichen Gebrauch wird der Begriff der Krise häufig verwendet. Hier sollen in erster Linie solche Krisen behandelt werden, die als Folge von zielgerichtetem Handeln im Hinblick auf die Lösung von vorgegebenen Problemen entstehen. Diese Einschränkung führt unmittelbar zum Begriff des Projekts.

> Ein *Projekt* ist ein nicht alltägliches Vorhaben, das in seinen Zielen, seinem Mitteleinsatz und seiner Terminierung abgegrenzt ist.

Definition Projekt

Beispiele für Projekte sind:

*   Der Bau einer komplexen Industrieanlage oder eines Flughafens.
*   Die Umorganisation einer großen Verwaltung.
*   Die Umstellung eines Computersystems auf das Jahr 2000.

Aber nicht nur solche „großen" Projekte verdienen diesen Namen. Auch kleinere Aufgaben können als Projekt aufgefasst werden:

*   Die Organisation einer Feier.
*   Die Erstellung eines Buchs.
*   Die Suche nach einer neuen Arbeitsstelle.

Entscheidend ist nicht die Größe eines Projekts (sie ist in der Definition auch nicht als Kriterium genannt). Wichtig ist der Charakter der Tätigkeit. Wenn sie neuartig, im Mitteleinsatz beschränkt und zielorientiert ist, dann können die hier vorgestellten Methoden und Modelle angewendet werden.

Krisenmanagement gibt es auch im Kleinen

Besonders hervorgehoben sei hier nochmals der Begriff „nicht alltäglich", da durch ihn die eigentliche Herausforderung von projektorientiertem Handeln deutlich wird. Wir kommen nicht auf den Gedanken, Tätigkeiten als Projekt zu bezeichnen, die wir regel- und gewohnheitsmäßig ausführen.

Weiteres wesentliches Merkmal eines Projekts ist die klar umrissene und zeitlich befristete Aufgabe, die bewältigt werden muss. Viele Tätigkeiten im Berufsleben sind nicht projektorientiert. Der Leiter einer Buchhaltungsabteilung ist zwar u.U. ständig bemüht, seine Geschäftsprozesse zu optimieren. Wenn Veränderungen erforderlich sind, wird er sie möglichst effizient gestalten. Seine Hauptaufgabe wird er aber sicher in der ord-

Projekte haben Ziele

nungsgemäßen Buchhaltung selbst sehen. Die Steigerung der Effizienz wäre erst dann eine projektorientierte Tätigkeit, wenn er sich hierfür konkrete Ziele und Termine setzen würde, die er innerhalb eines festen Budgets erreichen will.

Es ist offensichtlich: So manche Tätigkeit könnte projektorientiert bearbeitet werden, wenn sich nur *jemand* der Mühe unterziehen würde, das Ziel oder die Aufgabe klar zu umreißen. Mit anderen Worten: Es muss jemanden geben, der das *vorgegebene Problem* als solches formuliert und dessen *Lösung* überwacht.

Neuartigkeit als Herausforderung

In vielen Fällen sind nicht alltägliche Aufgaben nicht nur deshalb schwer zu lösen, weil sie sich einer schematischen Lösung entziehen, sondern auch weil für ihre Lösung viele neuartige Tätigkeiten erforderlich sind. Diese Tatsache führt dazu, dass nennenswerte Projekte ohne Planung und ohne Management nicht bewältigt werden können.

Kunde und Lieferant

In einem Projekt gibt es stets zwei Parteien. Wird ein Projekt zwischen zwei Unternehmen oder sonstigen Institutionen abgewickelt, wird meist vom *Kunden* und *Lieferanten* gesprochen. Bei Auftragsbeziehungen in einem Unternehmen selbst, ist eine derartige Benennung nicht so verbreitet. So wird z.B. die Entwicklung einer neuen Waschmaschine eines Haushaltsgeräteherstellers durch die Entwicklungsabteilung als Projekt abgewickelt. Der Auftraggeber wäre in diesem Fall u.U. das Marketing, der Lieferant wäre die Entwicklungsabteilung. Der Liefergegenstand ist ein Prototyp mit den zugehörigen Konstruktionszeichnungen. Das Problem in der Praxis liegt darin, dass interne Projekte häufig nicht genau so formal abgewickelt werden, wie es im externen Verkehr üblich ist. Als Konsequenz sind z.B. Rechte und Pflichten, Verantwortlichkeiten oder finanzielle Randbedingungen nicht klar geregelt. In dieser Grauzone entstehen häufig schon deshalb Krisen, weil es kein verbindliches Regelwerk für die Zusammenarbeit zwischen Kunde und Lieferant gibt. Die Anwendung der später vorgestellten Methodik ist ebenfalls nicht möglich, da sie von einer klaren Trennung der beiden Parteien ausgeht.

Für die weitere Darstellung in diesem Buch ist es erforderlich, dass die an einem Projekt beteiligten Gruppen eindeutig benannt werden. Es wird dabei davon ausgegangen, dass es jeweils nur zwei Parteien gibt. Ich bezeichne dabei die Seite, die eine Leistung erbringt als *Lieferant* und die Seite, die sie entgegennimmt als *Kunde*. Auch wenn in der Praxis wesentlich komplexere Situationen vorkommen, lassen sich diese meist auf den hier vorgestellten Ansatz zurückführen.

Die Waren, Dienstleistungen oder Gewerke, die im Rahmen eines Projekts erzeugt, erbracht oder erstellt werden, werden immer dann als *Produkt* oder *Leistung* bezeichnet, wenn der konkrete Inhalt für die Betrachtung ohne Belang ist.

Produkt und Leistung

Wird eine Krise unabhängig von einem Projekt betrachtet, so ist *eine nach einer Entscheidung verlangende schwierige Lage oder eine bedrohliche Situation* gemeint. Diese Bedeutung ist eng an den ursprünglichen Begriff „Krisis" angelehnt, der einen *Entscheidungs-, Wende- oder Höhepunkt in einer gefährlichen Situation oder Entwicklung* beschreibt.

Diese allgemeine Bedeutung des Begriffs Krise gibt einige wichtige Aspekte wieder, die in diesem Buch eingehend behandelt werden:

- Krisen haben etwas Bedrohliches. Derjenige, der mit ihr konfrontiert wird, ist in einer schwierigen (und damit in einer nicht alltäglichen) Lage. Sie zu bewältigen ist nicht nur eine intellektuelle Herausforderung, sondern auch eine persönliche Prüfung.
- Damit diese Bedrohung abgewendet werden kann, müssen (schnelle) Entscheidungen getroffen werden. Gerade in bedrohlichen Situationen neigen wir dazu, vor Schreck zu erstarren. Es gilt, dieses instinktive Verhalten durch stetes Training zu überwinden.
- Wende- und Höhepunkte lassen sich in der Rückschau meist klar erkennen. In der aktuellen Lebenssituation ist das jedoch nicht so einfach. Es gilt also, den richtigen Zeitpunkt zu erkennen, da ein verspätetes Handeln die Folgen einer Krise nur vergrößert.

Im Wortsinn bedeutet der Begriff Krise:

Wende-, Höhepunkt einer gefährlichen Entwicklung

Für die Zwecke dieses Buches soll neben dieser Grundbedeutung der Projektgedanke stärker hervorgehoben werden. Daraus folgt auch, dass die Problemlösung (oder die Unfähigkeit dazu) eng mit dem Begriff verbunden ist:

Definition
K r i s e

Krise ist eine Eskalation von Problemen innerhalb eines Projekts, deren Lösung unter den gegebenen Rahmenbedingungen unmöglich ist oder als unmöglich erscheint.

Krise und Subjektivität

Der soeben eingeführte Krisenbegriff hat einen wesentlichen subjektiven Aspekt: Es kommt nicht nur darauf an, dass das krisenbegründende Problem tatsächlich *unlösbar ist*, sondern dass es unter den gegebenen Rahmenbedingungen den handelnden Personen unlösbar *erscheint*. Für die Theorie ist dieser subjektive Aspekt von eher marginaler Bedeutung, da es i.Allg nicht möglich ist, die Unlösbarkeit schlüssig zu beweisen. Insoweit ist es aus diesem Blickwinkel gleichgültig, ob ein Problem subjektiv oder objektiv unlösbar ist. Für die weitere Untersuchung wird dieser Punkt aber besonders interessant sein, da sich durch diese subjektive Unmöglichkeit viele Lösungsansätze erschließen, die neben einer fachlichen Lösung des Problems liegen.

In gewissem Sinne ist dieser Umstand eine Rechtfertigung für die Themenstellung dieses Buches insgesamt. Denn die Lösung der inhaltlichen und fachlichen – und damit objektiv vorliegenden – Probleme muss immer Aufgabe der theoretischen Konzepte der jeweils zu bearbeitenden Disziplin sein. Subjektive Aspekte sind allgemeiner Natur; sie geben Raum für taktische oder psychologische Lösungsansätze. Entsprechend lassen sich für diesen Bereich allgemeingültige Handlungsregeln aufstellen, die weitgehend unabhängig von der konkreten Fragestellung in einem Projekt sind.

Kleine und große
Probleme

Ein weiterer Punkt in der obigen Definition ist für diese Betrachtung von entscheidender Bedeutung: Die *Eskalation* von Problemen führt zu einer Krise. Immer wieder lässt sich feststellen, dass die einzelnen Probleme, die zu einer Krise führen, für sich genommen offensichtlich lösbar sind. Erst in der spezifischen Problemkonstellation zeigt sich die eigentliche Krise. Hierfür gibt es verschiedene Gründe:

- In der konkreten Projektsituation häufen sich die Probleme derart, dass der Projektmanager die Übersicht verliert. Er setzt daher die falschen Prioritäten mit dem Ergebnis, dass immer mehr Probleme ungelöst bleiben.
- Die vorliegenden Probleme haben (scheinbar oder tatsächlich) widersprechende Lösungen, so dass eine gleichzeitige Lösung aller Probleme unmöglich

ist. Dieser Umstand wird nicht erkannt oder nicht behoben.

- Probleme werden ignoriert oder als zu gering eingestuft und erst zu einem späteren Zeitpunkt (z.B. bei der Einführung des Produkts) erkannt. Nun ist eine Lösung aber u.U. teuer, zeitaufwendig oder gar unmöglich.

Auch hier liegt die Versuchung nahe, im Nachhinein diese Problemkonstellation zu verharmlosen und mit der Einsicht in die Ursache-Wirkungs-Beziehungen die Krise als vorhersehbar und vermeidbar darzustellen. Eine derartige Verallgemeinerung ist problematisch. Welche Problemkonstellation in die Krise führt, ist nicht vorhersehbar. Die rückschauende Betrachtung kann daher allenfalls einen Lernprozess in Gang setzen.

Die Behauptung (oder ist es eine Hoffnung?), durch methodisches Vorgehen allen Wechselfällen eines Projekts begegnen zu können, führt zu einem anderen wichtigen Punkt, der immer wieder außer acht gelassen wird:

Wirtschaftliche Aspekte

KRISE UND WIRTSCHAFTLICHKEIT
Die systematische Verhinderung von Krisen steigert die Kosten für das Projektmanagement. Als eine Konsequenz gibt es einen für jedes Projekt festzulegenden Grenznutzen von krisenverhindernden Maßnahmen. Sobald dieser überschritten wird, steht der Aufwand für das Projektmanagement in keinem wirtschaftlichen Verhältnis zum Ertrag. Mit anderen Worten: Es ist wirtschaftlicher, die Kosten der einen oder anderen unwahrscheinlichen Krise in Kauf zu nehmen, als sie mit allen Mitteln zu verhindern.

Die Ermittlung dieses Grenznutzens hängt einerseits von der Höhe des zu erwartenden Schadens und andererseits von der Eintrittswahrscheinlichkeit ab. Eine exakte Herleitung des Grenznutzens für krisenverhindernde Maßnahmen ist nur selten möglich. Hier das richtige Maß zu finden, ist daher meist eine Frage der Intuition.

1.3
Planung und Krise

Der Mensch kann die Zukunft nicht genau vorhersagen. Trotzdem ist sein Handeln stets in die Zukunft gerichtet. Jede seiner Handlungen ist Ursache für eine Wirkung in der Zukunft. Die Besonderheit beim Menschen besteht darin, dass er sich dieser Tatsache bewusst ist.

Hieraus leiten sich zwei wesentliche Fähigkeiten ab:

- Durch *Prognose* kann die Zukunft, unabhängig davon, ob wir auf sie Einfluss nehmen, näherungsweise bestimmt werden. Im Grunde basieren die meisten prognostischen Verfahren darauf, dass mittels des Kausalprinzips überschaubare Ursache-Wirkungs-Ketten gebildet werden.

- Durch *Planung* können die Handlungen von Personen unter bestimmten, vordefinierten Bedingungen gedanklich festgelegt werden. Eine solche Planung dient dann der Erfüllung einer bestimmten Aufgabe, wie z.B. dem Bau eines Hauses oder der Durchführung einer Reise.

Beide Fähigkeiten stehen in einem interessanten Spannungsverhältnis zueinander. Aus der Unfähigkeit zur gesicherten Prognose erwächst der Zwang zum geplanten Handeln. Der jeweilige Plan berücksichtigt bestimmte Annahmen über die Zukunft (dazu gehört auch die vermutete Sicherheit, mit der diese eintreffen). Da einige Annahmen nicht so wie geplant eintreffen, muss regelmäßig neu geplant werden. Der eben aufgezeigte Zusammenhang ist in Abb. 1-1 dargestellt.

Planung findet an vielen Stellen des Lebens statt. So planen wir unseren Urlaub, unseren nächsten Arbeitstag etc. Firmen planen ihren Umsatz, ihren Mitarbeitereinsatz oder ihre Produktion. Ein wesentliches Unterscheidungsmerkmal für die Kategorisierung von Planungsgegenständen ist die Art der zu planenden Tätigkeit.

- So kann bei *Routinetätigkeiten* die Planung ständig verbessert und damit ein ständiger, konkreter Lernprozess durchlaufen werden. Der Prozess ist konkret, weil er sich auf die jeweils zu bearbeitende Aufgabe selbst bezieht.

- Im Gegensatz zu den Routinetätigkeiten wird schon die angesprochene *projektorientierte Tätigkeit* gesehen, die Aufgaben umfasst, die zu einem wesentlichen Teil neu sind. Entsprechend kann hier die Planung nicht immer wieder verbessert werden. Die Lernprozesse sind abstrakt, da sich die neuen Erfahrungen nicht auf ein konkretes Problem, sondern nur auf allgemeine, methodische Inhalte beziehen.

Projektorientiertes Arbeiten stellt daher besondere Anforderungen an die Planung, da das Arbeitsergebnis nur einmalig (oder nur sehr wenige Male) erstellt wird und bereits beim ersten „Versuch" in einer definierten Qualität zur Verfügung stehen muss. Es ist selbstverständlich, dass die Planung dadurch einen zentralen Stellenwert hat. In vielen Fällen wird es bei sehr umfangreichen oder riskanten Projekten sogar so sein, dass die Kompetenz zur Planung und zum Projektmanagement wichtiger ist, als die fachliche Kompetenz zur Lösung des eigentlichen Problems. Im Wirtschaftsleben äußert sich das unter anderem dadurch, dass viele Großprojekte von Planungs- oder Ingenieurgesellschaften betreut werden, die über umfangreiche Erfahrungen verfügen, um die fachlichen Lösungsansätze ihrer Kunden auch unter neuartigen Rahmenbedingungen zielgerichtet realisieren zu können.

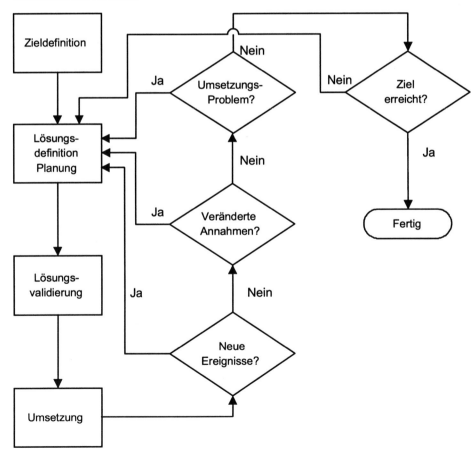

Abb. 1-1: Wege zum Ziel

Schon diese kurze Darstellung zeigt deutlich, welche herausragende Bedeutung Planung und Projektmanagement in vielen Bereichen unseres Lebens haben. Es ist daher nicht verwunderlich, dass es eine fast unüberschaubare Zahl von Publikationen und Methoden zu diesem Thema gibt. Im folgenden Kapitel werden lediglich einige wichtige Begriffe aus dem Bereich des Projektmanagements dargestellt. Eine tiefergehende und gleichzeitig unterhaltsame Darstellung ist z.B. in [De-Marco 1998] enthalten.

1.4
Krise und Projekt

Wann befindet sich ein Projekt in der Krise? Zur Beantwortung dieser Frage sollen einige typische Beispiele für Krisensituationen betrachtet werden:

BEISPIELE FÜR KRISEN IN DER PROJEKTARBEIT
- Ein System erfüllt nicht die zugesagten Eigenschaften.
- Eine Maschine produziert Werkstücke minderer Qualität.
- Die Kosten für ein Gebäude sind schon im Rohbau doppelt so hoch wie geplant.
- Wichtige (ungesicherte) Daten eines DV-Systems gehen verloren.
- Terminzusagen werden nicht eingehalten.

Alle Beispiele haben eines gemeinsam: Ein wesentliches Ziel, wie der Endtermin, die zugesicherte Funktion oder die geforderte Stabilität, kann nicht eingehalten werden. Bedeutet dieser Umstand alleine, dass eine Krise ausbricht? Sicher dann nicht, wenn umgehend eine Maßnahme zur Lösung des Problems parat ist. Ein Problem muss also spezifische Eigenschaften besitzen, damit es Ursache für eine Krise werden kann.

Gründe für eine Krise
- *Objektive Unmöglichkeit*
  Es existiert keine Lösung für das Problem.
- *Dispositive Unmöglichkeit*
  Unter den gegebenen Rahmenbedingungen gibt es keine Lösung für das Problem.
- *Subjektive Unmöglichkeit*
  Die Lösung für das Problem wird nicht erkannt.
- *Fachliche Inkompetenz*
  Im Verlauf des Projekts wurden – aus welchen Gründen auch immer – unsachgemäße Lösungen verwendet, so dass das Ziel nicht erreicht wurde.

• *Management-Inkompetenz*
Im Verlauf des Projekts wurden Fehlentscheidungen getroffen, die in ihrer Konsequenz zu einer Verzögerung oder zu einer schlechten Leistung führten.

Bei der Betrachtung dieser Ursachen fällt auf, dass gerade die letzten beiden Punkte in vielen Fällen und in gewissen Grenzen als *vermeidbar* gelten können. So deutet eine *fachliche Inkompetenz* stets darauf hin, dass bestimmte methodische Grundlagen, etwa für die Konstruktion einer Anlage oder den Entwurf eines Softwarepakets, nicht beachtet wurden. Eine *Managementinkompetenz* liegt meist in persönlichen Defiziten des Managers oder sonstigen Unsicherheiten, z.B. in Defiziten der Planung und Überwachung der fachlichen und organisatorischen Arbeiten.

Hieraus wird von so manchem Trainer für Projektmanagement gefolgert, dass allein schon die konsequente Anwendung von Projektmanagementmethoden zu einer Vermeidung von Krisen führt. Dass das nicht richtig ist, lässt sich schon an einigen einfachen Überlegungen nachweisen. Zu diesem Zweck sollen die drei ersten Punkte, die sich mit der Unmöglichkeit beschäftigen, genauer untersucht werden.

Wie aus der Aufzählung zu sehen ist, gibt es verschiedene Formen der Unmöglichkeit. Auf den ersten Blick scheint es einfach, die Unmöglichkeit einer Lösung für ein Problem zu erkennen. Bei näherer Betrachtung ergibt sich aber ein anderes Bild. Denn es ist offensichtlich, dass es Probleme gibt, deren Lösung *objektiv unmöglich* ist. Aus dem Bereich der Datenverarbeitung (oder besser der Informatik) gibt es z.B. viele Probleme, deren Lösung auf den ersten Blick einfach ist. Es sind aber nur Algorithmen bekannt, die mit den heute verfügbaren Rechnerarchitekturen für die Berechnung Jahrhunderte benötigen würden [Wagner 1994].[1] Darüber hinaus gibt es auch Probleme, deren algorithmische Lösung völlig unmöglich ist.

Auch die *Rahmenbedingungen* für die Problemlösung lassen sich nicht ohne weiteres ändern. Sicher ist es oft möglich, einen unfähigen Mitarbeiter auszutauschen oder fehlendes Know-how als Beratungsleistung

Unmöglichkeit ist alltäglich und heimtückisch

---

[1] Diese Art von Problemen wird als NP-vollständig bezeichnet.

einzukaufen, doch all das erfordert zusätzliche finanzielle Mittel. Gerade bei kleinen Firmen fehlt es bei einer ernsthaften Krise an der nötigen Liquidität für solche Maßnahmen (dispositive Unmöglichkeit). Der Fall, dass eine *existierende Lösung nicht erkannt* wird (subjektive Unmöglichkeit), kommt sicher am häufigsten vor. Sie ist die schwierigste Form der Unmöglichkeit, da sie von der objektiven Unmöglichkeit nicht zu unterscheiden ist.

Allen aufgeführten Punkten ist eines gemeinsam:
In der Rückschau wird in vielen Fällen unmittelbar klar sein, worin die Ursache für eine Krise lag und mit welchen Mitteln sie auf einfache Weise hätte bekämpft werden können.

In der Rückschau sind viele Probleme leicht zu lösen

Immer wieder lassen sich Praktiker und Theoretiker aus dem Bereich der Projektplanung und des Projektmanagements hierdurch zu der Aussage verleiten, dass gute Planung, methodisches Vorgehen etc. jede Krisensituation meistern, wenn nicht gar von vornherein verhindern könnte. Der Beweis fällt ihnen leicht, da sie in der Rückschau immer eine Lösung parat haben.

Leider ist das in der jeweiligen Projektsituation nicht so einfach. Einige Gründe hierfür sind:

- Kunde und Lieferant haben kein gemeinsames Verständnis über die im Projekt zu erzielenden Leistungen und Eigenschaften.
- Es stehen nicht alle relevanten Informationen für eine gesicherte Entscheidung zur Verfügung.
- Die Vielzahl von Symptomen verstellen den Blick für das eigentliche Kernproblem.
- Bestimmte emotionale oder firmenpolitische Rahmenbedingungen verhindern eine Lösung.
- Der zeitliche Horizont für die Zielerreichung hat sich zu stark verschoben.
- Persönliche Belastungen wie Stress, Überlastung, Angst etc. schränken die Kreativität und methodische Sicherheit des Projektmanagers ein.

Der Praktiker wird daher zugestehen, dass Krisen nicht mit absoluter Sicherheit vermieden werden können. Aufgrund der eingeschränkten Fähigkeit zur Prognose ist ihr Eintreten nicht vorhersehbar. Selbst bei optimaler Planung sind Krisensituationen nicht gänzlich auszuschließen. Methodisches und geplantes Vorgehen kann die Wahrscheinlichkeit für ihr Eintreten verringern und u.U. ihre Folgen abmildern. Ihr Einsatz findet da eine Grenze, wo der Aufwand für das Vermeiden einer Krise größer ist, als deren angenommene Kosten.

1.5
Der Krisenmanager muss Problemlöser sein

Zur Lösung eines Problems ist in erster Linie Fachkenntnis erforderlich. Darüber hinaus gibt es weitere Aspekte:

- Häufig sind zur Lösung schwieriger Probleme fachübergreifende Kenntnisse erforderlich. Bei umfangreichen Problemen sind dann Methoden- und Managementkenntnisse wichtig, um mehrere Fachexperten zu der Lösung zu führen.
- Probleme in Krisensituationen sind meist auch mit emotionalen Aspekten belastet, so dass soziale Kompetenz, Einfühlungsvermögen und Kommunikationsfähigkeit erforderlich sind.
- Wegen der Vielzahl von möglichen Lösungswegen und -methoden wird ein nicht unerhebliches Maß an Kreativität benötigt.

In der Praxis zeigt sich oft, dass Krisen nur selten aufgrund von fachlichen Defiziten entstehen.

Damit aber auch die übrigen Punkte kompetent behandelt werden, sollte ein Krisenmanager:

- kreativ,
- kommunikativ,
- „ordentlich“,
- fachlich kompetent,
- entscheidungsfähig,
- persönlich gefestigt und
- analytisch veranlagt

sein, um nur die wichtigsten Eigenschaften zu nennen. Es wird schwer sein, eine Person zu finden, die alle diese Eigenschaften in idealer Weise (was immer das im konkreten Fall auch bedeuten mag) auf sich vereinigt. Ohne entsprechende Anleitung wird sie außerdem viele Jahre benötigen, ehe sie die menschliche Reife und Erfahrung besitzt, um alle diese Fähigkeiten auch tatsächlich nutzbringend anwenden zu können. Doch wie in jedem Bereich ist es auch hier möglich, von den Erfahrungen anderer zu profitieren und so den Lernprozess zu verkürzen.

1.6
Übersicht über das Buch

Im Mittelpunkt steht die von mir entwickelte KOPV-Methode(KommunikationsOrientierte ProblemVerlagerung), die ein allgemeines Schema zur Lösung von Krisen vorgibt.

Die praktische Anwendung der KOPV-Methode fußt auf folgenden vier Kernelementen, die konkrete Handlungshinweise enthalten:

* Bedeutung und der Nutzen von Dokumentation.
* Systematische Berücksichtigung von psychologischen Aspekten.
* Methodik für die Verhandlungsführung.
* Rechtliche Aspekte von Krisen.

Aus dem Zusammenwirken dieser Kernelemente, die jeweils anhand von einfachen Schemata so aufbereitet werden, dass sie leicht zu verstehen und zu lernen sind, entsteht Wissen, dass sich auch in kritischen Situationen sicher anwenden lässt.

1.7
Ziele und Aufbau dieses Buchs

Das vorliegende Buch stellt viele Themen vor, die für die Bewältigung von Krisen essentiell sind. Wesentliches Ziel ist es, einen Überblick zu geben und den Blick für die Zusammenhänge zu öffnen. Sicher wird es Themen geben, die der Leser gerne ausführlicher behandelt sähe oder die für ihn selbstverständlich sind. Im ersten Fall kann auf die angegebene Literatur zurückgegriffen werden, im anderen Fall kann er anhand von Abb. 1-2 die Abhängigkeiten der einzelnen Kapitel erkennen. Kapitel, die auf einer Ebene dargestellt sind, können in beliebiger Reihenfolge gelesen werden. Die Pfeile geben die Abhängigkeiten der Kapitel untereinander an. So können Kapitel ohne Nachfolger z.B. ohne größere Verständnisprobleme ausgelassen werden.

Der weitere Aufbau gliedert sich wie folgt:

In Kapitel 2 (*„Aspekte von Krisenmanagement in der Literatur"*) wird Literatur zu angrenzenden Themen des Krisenmanagements vorgestellt.

In Kapitel 3 (*„Krisenlebenszyklus"*) wird ein Modell für den typischen Verlauf einer Krise dargestellt. Dieses

Modell legt die im Folgenden verwendete Terminologie fest und ist Ausgangspunkt für die methodischen und handlungsorientierten Ansätze der folgenden Kapitel.

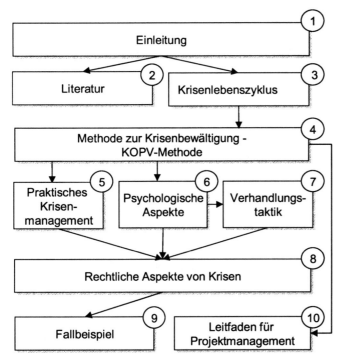

Abb. 1-2: Kernelemente dieses Buchs

In Kapitel 4 („*Methode zur Krisenbewältigung*") wird ein Vorgehensmodell zur Analyse und Lösung von Krisen vorgestellt. Hier werden die Grundlagen der KOPV-Methode vermittelt und es wird die Anwendung der Methode aus verschiedenen Blickrichtungen verdeutlicht und vertieft.

Kapitel 5 („*Praktische Krisenbewältigung*") stellt einfache Handlungsanweisungen für typische Krisensituationen dar.

„*Psychologische Aspekte einer Krise*" prägen den Verlauf einer Krise. In Kapitel 6 wird daher versucht, typische Lebenseinstellungen, die für die Selbstanalyse und das Verstehen von Verhaltensweisen von Menschen in Krisensituationen wichtig sind, in eine systematische Form zu bringen. Sie gibt gleichzeitig Hinweise, wie derartige Erkenntnisse für die Bewältigung der Krise eingesetzt werden können.

Aufbauend auf diesen Überlegungen werden in Kapitel 7 (*„Durch Verhandlung die Einigung herbeiführen“*) Fragen der Vorbereitung, der Taktik und der Rhetorik erörtert.

Viele Krisensituationen haben neben den fachlichen und sachlichen Aspekten auch ernste kommerzielle oder auch juristische Konsequenzen. Kapitel 8 (*„Juristisches Basiswissen für die Krisenbewältigung“*) soll helfen, die eigene Situation zu analysieren, um so eine realistische Verhandlungstaktik und Lösung zu entwickeln.

Die Basis für ein erfolgreiches Krisenmanagement ist eine angemessene Dokumentation. Die wichtigsten Aspekte werden im 9. Kapitel (*„Praktische Umsetzung an einem Beispiel verdeutlicht“*) noch einmal zusammengefasst.

Als weiteres Hilfsmittel für die Praxis wird in Kapitel 10 schließlich ein kompakter Leitfaden für das Projektmanagement vorgestellt, der dabei helfen soll, nach der Bewältigung einer Krise, alle Beteiligten auf ein „Minimalprojektmanagement“ zu verpflichten.

2 Aspekte von Krisenmanagement in der Literatur

Krisen können in vielen Bereichen der Wirtschaft, der Politik oder im privaten Umfeld entstehen. Der Charakter einer Krise hat natürlich erhebliche Auswirkung auf deren Bewältigung. Aus diesem Grund sind Krisenmanagementkonzepte in aller Regel auf eng umgrenzte Themen konzentriert.

Das vorliegende Kapitel gibt einen kurzen Überblick über wesentliche Aspekte einer Krise und stellt in diesem Zusammenhang einige interessante Bücher vor, die ein weitergehendes Verständnis für Ablauf und Struktur von Krisen vermitteln. Dabei geht es nicht um eine wissenschaftliche Darstellung des Forschungsstandes in diesem Bereich, sondern um die Präsentation von ergänzender, vertiefender und alternativer Literatur, die einem Krisen- oder Projektmanager bei der praktischen Arbeit unterstützt.

Krisen können in unterschiedlichen Lebensbereichen auftreten:

- *Staatskrisen:* Hierunter werden Konflikte verstanden, die ganze Staaten oder Teile eines Staates betreffen und z.B. in ihrer letzten Eskalationsstufe zu kriegerischen Auseinandersetzungen führen können.

- *Wirtschaftskrisen:* Die Eskalation von wirtschaftlichen Problemen, die eine volkswirtschaftliche Dimension haben.

- *Unternehmens- oder Finanzkrisen:* Für ein Unternehmen insgesamt bedrohliche Situationen, die z.B. in ihrer letzten Konsequenz eine starke wirtschaftliche Schwächung oder einen Konkurs zur Folge haben können.

- *Krisen in Projek*ten im Sinne der oben vorgestellten Definition.

Krisenarten

Zahl der Betroffenen

In den beiden ersten Bereichen wird eine Krise immer eine publizistische Wirkung haben. Unternehmenskrisen sind dagegen nur dann von Interesse für die Öffentlichkeit, wenn die Verluste an Kapital, Arbeitsplätzen etc. eine bestimmte Größenordnung erreichen. Ähnliches gilt sicher auch für Krisen, die Auswirkungen auf andere haben. So führt ein Störfall in einem Chemieunternehmen i.d.R. zu einer öffentlichen Reaktion, die weitreichende Konsequenzen haben kann.

Die meisten Unternehmens- und Finanzkrisen werden jedoch nicht von der Öffentlichkeit oder allenfalls von den regionalen Medien wahrgenommen. Das gleiche gilt für Krisen in Projekten. Trotzdem gibt es eine Reihe von Projekten, die aufgrund des daraus erwachsenden Schadens große Beachtung fanden.

Für die Bewältigung von Krisen ist die Frage der publizistischen Wirkung von erheblicher Bedeutung. Denn zum einen kann die Information der Öffentlichkeit erhebliche Ressourcen erfordern, zum anderen lassen sich viele der im Folgenden vorgestellten Konzepte nicht anwenden, da sich die Kommunikation zwischen den Parteien nicht oder doch nur sehr schlecht steuern lässt.

Indiskretion

So kommt es in solchen Fällen immer wieder vor, dass Vorüberlegungen zur Krisenlösung durch Indiskretionen in die Öffentlichkeit geraten und damit eine gezielte an den eigenen Interessen orientierte Kommunikation mit der anderen Seite erschwert wird.

Komplexität wächst

Es kann grundsätzlich davon ausgegangen werden, dass Krisen mit publizistischer Wirkung in ihrer Beurteilung schwieriger sind, als es bei Krisen ohne öffentliches Interesse der Fall ist.

2.1
Fallstudien

Viele Krisen, die öffentliches Interesse finden, haben einen Bezug zum Bauwesen. Eine Fachrichtung, die vermutlich zu den ältesten Arbeitsbereichen gehört, die als projektorientiert angesehen werden können. So sollte die Oper von Sydney ursprünglich 7 Millionen Dollar kosten und eine Bauzeit von vier Jahren haben. Tatsächlich lagen die Kosten bei 102 Millionen Dollar und die Bauzeit bei rund 14 Jahren (1959-1973).

Probleme in Projekten werden häufig in den Medien wiedergegeben. Seriöse Untersuchungen gibt es nur wenige. Das liegt zum einen sicher auch daran, dass die öffentliche Darstellung von Fehlleistungen von vielen Unternehmen als unangenehm und geschäftsschädigend angesehen wird. Zum anderen werden viele Projekte (etwa die Entwicklung von Produkten) im Geheimen abgewickelt. Probleme werden erst bekannt, wenn das Projekt selbst längst abgeschlossen wurde. Viele Fallbeispiele aus der Literatur beschreiben daher Krisen, die z.B.:

- durch Störfälle in einer technischen Anlage entstanden,
- das Ergebnis von Fehlern in Produkten oder,
- die Folge von unternehmerischen Fehlentscheidungen sind.

Unter die erste Kategorie fallen z.B.:

- Der Absturz der Raumfähre Challenger [Vaugahn 1996]
- Die Reaktorunfälle in Harrisburgh und Tschernobyl [Perrow 1999]
- Das Chemieunglück in Seveso und Bhopal [Shrivatava 1987]

Für die beiden letzten Punkte gibt es eine Vielzahl von Fallstudien (s. [Töpfer 1999a]):

- Die mangelnde Kurvenstabilität der Mercedes A-Klasse
- Der Rechenfehler bei Intel Pentiumprozessoren
- Nebenwirkungen im Fall Lipobay der Fa. BASF
- Missgebildete Kinder nach der Einnahme von Contergan

In [Töpfer 1999a] wird die Entstehung und die Bewältigung der Krise um den Elch-Test bei der Mercedes-Benz AG beschrieben. Anders als bei vielen vergleichbaren Studien bleibt der Autor nicht bei der Analyse des in der Presse veröffentlichten Materials, sondern gibt auch detaillierte Informationen zu den internen Entscheidungsprozessen. Er zeigt deutlich wie wichtig die interne Kommunikation für die erfolgreiche Bewältigung der Krise ist. Gleichzeitig werden die besonderen Probleme deutlich, die sich aus dem großen öffentlichen Interesse ergeben. Neben der intensiven Arbeit an dem eigentlichen technischen Problem werden erhebliche Anstrengungen unternommen, um die Öffentlich-

Störfälle und Produktfehler

Elch-Test

keit gezielt zu informieren. Dabei wird klar, dass eine offensive und wahrheitsgetreue Informationspolitik zwar Mut und Standhaftigkeit der Unternehmensleitung erfordert. Die positive Aufnahme der neuen technischen Lösung zeigt aber, dass solch ein Verhalten mittelfristig Vorteile bringt.

Computer als Auslöser   Eine weitere gut dokumentierte Krise ist der Bau des Flughafens von Denver. [Dempsey 1997].[2] Hier wird auch deutlich, dass Computer heute ein wesentliches Risikopotential für Großprojekte beinhalten. Dort wurde ein völlig neuartiges, computergestütztes Koffertransportsystem installiert. Kurz vor der Inbetriebnahme des Flughafens wurde klar, dass das System nicht funktionierte. Die Eröffnung musste um 16 Monate verschoben werden; die Kosten stiegen um mehrere 100 Mio. Dollar. Die spätere Analyse ergab: die vollautomatischen Transportfahrzeuge sollten jeweils nur einen Koffer aufnehmen. Selbst bei einer optimalen Auslastung konnte so nicht der erforderliche Durchsatz erzielt werden. Das Lösungskonzept musste völlig überarbeitet werden. Eine reine Analyse der Planung hätte in diesem Fall nichts geholfen (vgl. [deNeufville 1994], [Gibbs 1994].

Eine Simulation des Systems zeigt (vgl. [Swartz 1996]), dass die technischen Probleme frühzeitig erkennbar waren. Tatsächlich wurde das Koffertransportsystem wirklich in einer frühen Phase des Projekts simuliert und angemessen ausgelegt. Im Zuge des Projekts geriet aber diese Überlegung in Vergessenheit. Zwischenzeitlich wechselten der Projektleiter und die Firma, die das Koffersystem installieren sollte. Genau genommen handelte es sich auch hier um ein Kommunikationsproblem.

Doch auch wenn das Koffertransportsystem vielfach als Auslöser für den verspäteten Start des Flugbetriebs in Denver angeführt wird, so ist das nur z.T. richtig. Die Kosten des Flughafens wurden zu Beginn des Projekts auf ca. 1,5 Milliarden Dollar geschätzt. Am Ende wurden es 5,3 Milliarden Dollar. Während der Projektlaufzeit wurden verschiedene Designänderungen vorgenom-

---

[2]   Auch bei der Eröffnung des Frachtflughafens von Hongkong gab es Probleme mit der Inbetriebnahme eines wichtigen Computersystems. Sie konnten aber innerhalb weniger Wochen gelöst werden [Liu 1998].

men, um der Kostensteigerung zu begegnen. So wurden
z.B. nur 85 der ursprünglich geplanten 120 Gates erbaut.

2.2
Methoden

Wenn die Öffentlichkeit Interesse an einer Krise hat, **Pressearbeit**
müssen die Medien in das Krisenmanagement mit ein-
bezogen werden. In [Herbst 1999] werden Konzepte zur
Bewältigung von Krisen mit Hilfe von Public Relations
dargestellt. Im Zentrum der Überlegung steht zunächst
das Verhältnis zu den Medien. War es vor einer Krise
schlecht, so wird es in einer Krisensituation nur selten
besser werden. Wurden die Medien vor einer Krise
schlecht, unvollständig oder gar falsch informiert, so
werden sie in einer Krisensituation alle Äußerungen
besonders kritisch betrachten.

Der Versuch, Medien gezielt mit eigenen Informationen zu versorgen, wird auch dann häufig misslingen,
wenn in der Vergangenheit keine regelmäßige Information der Medien erfolgte. Im Krisenfall muss ein Redak-
teur erst davon überzeugen werden, dass Informationen
öffentlichkeitsrelevant sind.

Da in einer Krisensituation viele Dinge gleichzeitig **Prävention**
zu tun und abzustimmen sind, ist eine gute Vorbereitung auf einen Krisenfall sinnvoll:

- Die Einrichtung eines Krisenstabs, der alle Informationen zusammenträgt, wichtige Entscheidungen trifft und nach innen und außen kommuniziert.
- Die Erstellung eines Krisenhandbuchs, das Verantwortlichkeiten regelt, wichtige Ansprechpartner
  enthält und Verfahrensschritte in Form von Checklisten festlegt.
- Die Durchführung von Übungen, die besonders
  den Umgang mit Medien und die Abstimmung in
  der eigenen Organisation praktisch erproben.

Alle diese Maßnahmen eignen sich auch für kleinere
Unternehmen. Der Aufwand lohnt sich jedoch sicher
nur dann, wenn auch ein echtes Risiko für eine Krise
mit publizistischen Folgen besteht.

2.3
Komplexität als Krisengrund

Komplexität ist eines der Kernprobleme in unserer modernen Welt. In fast allen Bereichen unseres Alltags werden Systeme immer komplizierter:

- Die Zahl der Gesetze nimmt zu.
- Tarife für Dienstleistungen werden immer stärker differenziert.
- Geschäftsprozesse werden immer umfassender.
- Technische Systeme bestehen aus immer mehr Komponenten.

Komplexe deterministische Systeme erscheinen nicht deterministisch

Organisationen, technische Systeme oder Prozesse lassen sich von einem einzelnen i.d.R nicht mehr steuern. In vielen Fällen ist auch das Verhalten von deterministischen Systemen auf Grund der Vielzahl von Komponenten in unserer Wahrnehmung de facto nicht deterministisch.

Viele Krisen, die im Abschnitt über Fallstudien kurz vorgestellt wurden, sind Folgen der enormen Komplexität der jeweiligen Systeme. Interessanter Weise gibt es viele Versuche, Komplexität mit wissenschaftlichen Methoden zu managen. Etwa durch Abstraktion, Schnittstellenbildung oder Modularisierung von Systemen. Diese Ansätze verschieben aber die Ebene, auf der Menschen Komplexität verarbeiten, jeweils nur um ein Stück. Die so strukturierten Systeme ermöglichen neue Konzepte und werden damit wieder komplex. Für den Betrachter gibt es also keine wirkliche Erleichterung.

Doch wie geht der Mensch selbst mit komplexen und unübersichtlichen Situationen um? In [Dörner 1989] wird gezeigt, dass es keine Patentrezepte für die Bewältigung von schwierigen Problemen gibt.

Modelle und Simulation

Der Ansatz für die Untersuchungen von Dörner sind Modelle von realen Lebensbereichen. Sie reichen von einfachen Modellen für eine Kühlkammer bis hin zu Modellen für eine Kleinstadt. Versuchspersonen können wichtige Parameter des Modells steuern und damit die Prozesse beeinflussen. Sie kennen nicht die dahinter liegenden Zusammenhänge im Modell und müssen ein vorgegebenes Ziel (z.B. zufrieden Bürger bei wachsendem Wohlstand) erreichen.

Was nicht zum Ziel führt

Das überraschende Ergebnis dabei ist, dass es zwar keine klare Regel gibt, wie ein solches Ziel erreicht wer-

den kann, es aber sehr wohl möglich ist, Regeln aufzustellen, die i.Allg. nicht zum Erfolg führen.

So kann festgestellt werden, dass Versuchspersonen
schlechte Ergebnisse erzielen, wenn:

- sie bestimmten Vorurteilen oder Grundeinstellun-
  gen folgen, die unter den gegebenen Rahmenbedingungen nicht zielführend sind. So ist der Versuch, sich im Wesentlichen um die Zufriedenheit
  der Einwohner zu kümmern, nicht erfolgreich,
  wenn sich immer mehr Bürger ansiedeln. Diese belasten die Infrastruktur der Stadt und da die Versuchsperson die Steuereinnahmen weitgehend un-
  berücksichtig lässt, fehlt es bald an Geld, um die
  Bürger dauerhaft zufrieden zustellen.
- ständig wechselnde Bereiche der Aufgabenstellung
  bearbeitet werden. Es zeigt sich, dass eine gewisse
  Beständigkeit hilft, Zusammenhänge im System zu
  erkennen.
- extreme Maßnahmen ergriffen werden oder auf
  schnelle Veränderungen im System mit ständig
  wechselnden Konzepten reagiert wird.
- sie nur Teilaspekte des möglichen Handlungs-
  spektrums ausschöpfen.

Umgekehrt lässt sich feststellen, dass erfolgreiche Versuchspersonen tendenziell mehr Parameter betrachten,
mehr Entscheidungen je Simulationsschritt treffen und
Veränderungen in kleinen Schritten umsetzen.

Vorsichtige Änderung

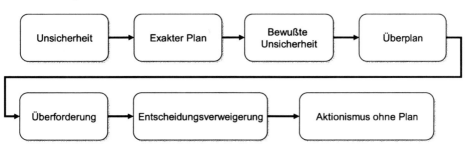

Abb. 2-1: Probleme bei der Planung komplexer Sachverhalte

Interessant sind auch die Ergebnisse zum Thema
Planung. Entgegen der in der Literatur häufig anzutref-
fenden Behauptung, dass Planung in schwierigen und
komplexen Projekten die Erfolgschancen steigert, zeigt
Dörner, dass Planung auch negative Folgen haben kann.

Planung kann auch dazu führen, dass mit der Planung die Unsicherheit wächst (s. Abb. 2-1). Ein Phänomen, das ich besonders bei unerfahrenen Projektleitern immer wieder beobachte. Bei dem Versuch, einen möglichst exakten Plan zu erstellen, wird übersehen, dass es um ein handhabbares Modell der Realität geht und nicht um eine detaillierte Beschreibung der Zukunft. Der exakte Plan verdeutlicht die eigene Unsicherheit und es wird ein noch detaillierterer Plan (Überplan) erstellt. Mit der Umsetzung dieses Plans ist man nun überfordert. In der Folge müssen Entscheidungen getroffen werden, die nicht zum Plan passen – alle Arbeit war umsonst. Es beginnt eine Flucht in blinden Aktionismus.

Keine Patentlösungen

Als Ergebnis seiner Untersuchungen zeigt Dörner, dass es keine Patentlösungen für die Bewältigung von komplexen Problemen gibt. Methoden, Ratschläge und allg. Regeln können helfen. Es muss aber genau geprüft werden, ob die Rahmenbedingungen und Voraussetzungen für deren Anwendung tatsächlich gegeben sind. Psychologische Barrieren sind dabei in vielen Fällen bestimmender als tatsächliche Probleme. So ist z.B.

- die Beschäftigung mit Nebensächlichkeiten,
- die Unfähigkeit, sich zu entscheiden,
- das Ignorieren von Informationen oder
- die Unfähigkeit, sich selbst Fehler einzugestehen

häufiger eine Ursache für Fehlentwicklungen, als der Charakter des Problems selbst.

Vor diesem Hintergrund stützt Dörner viele Grundüberzeugungen dieses Buchs. Die Auseinandersetzung mit Dörners Erkenntnissen ist daher nach meiner Überzeugung für einen Krisenmanager unerlässlich.

2.4
Krisen in der Organisation

Krisen in der Organisation sind auf den ersten Blick geradezu komplementär zu Krisen in Projekten (s. Tabelle 2-1).

Die Untersuchungen in [Gemür 1996] zeigen, dass es trotz der vielen Unterschiede zwischen projektorientierten und organisierten Strukturen gemeinsame Ursachen für Krisen gibt.

Eines der offenkundigen Gemeinsamkeiten ist die Tatsache, dass in beiden Fällen Individuen das Verhalten des Gesamtsystems prägen. Jedes wissenschaftliche und generalisierende Konzept findet von daher eine Grenze, wenn es um die Berücksichtigung von individuellen Besonderheiten der handelnden Personen geht. Das ist in soweit bedeutend, als eine Organisation im Wesentlichen ihre Rechtfertigung in dem Ausgleich von individuellen Besonderheiten und Schwächen findet.

Individuum bestimmt das Verhalten von Organisationen

Gemür zeigt, dass Krisen in Organisationen zu einem wesentlichen Anteil durch individuelle Verunsicherung entstehen. Diese Verunsicherung hat ihren Ursprung z.B.:

Verunsicherung als Krisengrund

- In veränderten Umgebungsbedingungen, die bestehende organisatorische Abläufe in Frage stellen oder überflüssig machen.
- In der Reduzierung von Ressourcen, die z.B. eine erhöhte Arbeitslast oder Verringerung von Qualität zur Folge haben.
- In der Veränderung von Führungsstrukturen, die in der Vergangenheit z.B. Defizite in den organisatorischen Vorgaben ausgeglichen haben.

Tabelle 2-1: Unterschiedliche Zielsetzungen in einer Organisation und in einem Projekt

Projekt	Organisation
Verantwortung	Funktionserfüllung
Dynamik	Statik
Zielerreichung	Perfektion

Eine Organisation ist gerade dazu da, individuelle Verunsicherungen durch klare Regelungen zu verhindern. Kann die Organisation das nicht mehr leisten, so muss sie den neuen Rahmenbedingungen angepasst werden. Dieser Veränderungsprozess wird in vielen Fällen aber nicht angemessen vollzogen. Die Konsequenz ist in diesem Fall eine Organisationskrise.

Gemür versteht in diesem Zusammenhang unter einer *Organisationskrise* den auf äußeren oder inneren Druck hin entstehenden und als unangenehm empfundenen Unsicherheitszustand, der bei der Anpassung an neue Gegebenheiten entsteht.

Organisationskrise

Er nennt sie *normale Krisen*, da sich Organisationen ständig an neue Gegebenheiten anpassen müssen. Selbstverständlich wird der subjektiv empfundene Krisenzustand wesentlich davon beeinflusst, ob Anpassungen rechtzeitig und erfolgreich erfolgen.

Auslöser für solche Krisen können plötzliche Ereignisse sein, wie z.B. ein Störfall oder ein Produktfehler, es können aber auch schleichende Veränderungen wie ein Umsatzrückgang oder eine Materialverteuerung sein.

In Analogie zu den im Folgenden vorgestellten Konzepten stellt Gemür fest, dass häufig nicht das konkrete externe Ereignis Auslöser für eine Krise ist, sondern bestimmte Verhaltensmuster:

- Die Ausführung von Routinetätigkeiten ohne Bereitschaft zur Veränderung.
- Verleugnung von Problemen, um damit Veränderungsprozesse zu verhindern.
- Konzentration auf Marginalprobleme, um sich dem Vorwurf der Untätigkeit zu entziehen.

Auch wenn in Projekten nur selten die Möglichkeit besteht, sich hinter Organisationsvorschriften zu „verschanzen" und der Anpassungsdruck an neue Rahmenbedingungen stärker und offensichtlicher ist, als in einer herkömmlichen Aufbauorganisation so gibt es auch hier ähnliche Mechanismen wie in Projekten.

Marginalkonditionierung

So wird in [Dörner 1989] auch auf eine *immunisierende Marginalkonditionierung* hingewiesen, die bei komplexen Problemen eintritt, wenn sich die Versuchsperson überfordert fühlt. Aber auch in von mir betreuten Projekten habe ich immer wieder festgestellt, dass die Flucht in Routinearbeiten, das Ignorieren von Problemen zu Schwierigkeiten, wenn nicht zu Krisen geführt haben.

Das Buch von Gemür gibt einen umfassenden Einblick in die Probleme bei der Bewältigung von Krisen und deren Rückwirkung auf das Individuum. Es ist daher für jeden interessant, der sich mit den psychologischen Aspekten einer Krise näher befassen will. Der Praktiker wird allerdings die konkreten, operationalisierbaren Lösungsansätze vermissen.

In [Töpfer 1999b] werden jene Organisationskrisen beleuchtet, die durch plötzliche und unerwartete Ereignisse ausgelöst werden. Basis für seine Untersuchungen sind eine Reihe von Fallstudien, wie z.B. die Produkteinführung von New Coke oder die Challenger Katastrophe. Daraus leitet er den typischen Verlauf einer Krise ab (s. Abb. 2-2.). Der daraus entstehende Krisenlebenszyklus ist sehr ähnlich zu dem hier vorgestellten Ablauf.

Er berücksichtigt neben dem zeitlichen Ablauf aber verschiedene Aspekte im Verlauf der Krise:

- Inhalte und Prozesse
- Informationen
- Organisation
- Kommunikation
- Psychologie

Neben der theoretischen Darstellung der verschiedenen Aspekte des Krisenlebenslaufs wendet der Autor das von ihm entwickelte Schema auf plötzliche Krisensituationen an, die in der Literatur und in den Medien gut dokumentiert sind. Die Validität des Schemas und die Bezüge zur Praxis werden damit unmittelbar deutlich.

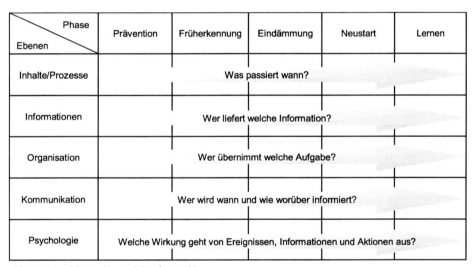

Ebenen \ Phase	Prävention	Früherkennung	Eindämmung	Neustart	Lernen
Inhalte/Prozesse		Was passiert wann?			
Informationen		Wer liefert welche Information?			
Organisation		Wer übernimmt welche Aufgabe?			
Kommunikation		Wer wird wann und wie worüber informiert?			
Psychologie	Welche Wirkung geht von Ereignissen, Informationen und Aktionen aus?				

Abb. 2-2: Krisenlebenszyklus nach [Töpfer 1999b]

Eine Typologie von Krisen sowie Grundsätze und Checklisten für ein Krisenaudit unterstreichen die praktische Relevanz dieses Buchs.

2.5 Finanzkrisen

Finanzkrisen sind die vermutlich am Besten in der Literatur dokumentierten Krisentypen. Sie zeichnen sich dadurch aus, dass sie sich an klaren Kriterien erkennen lassen:

Finanzkrise

Eine Finanzkrise liegt sicher vor, wenn ein Unternehmen überschuldet oder zahlungsunfähig ist und damit die Voraussetzungen für ein Insolvenzverfahren vorliegen.

In der Praxis geht es darum, frühzeitig zu erkennen, dass eine Insolvenz droht. Da die finanzielle Situation durch Bilanzen, Geschäftsberichte etc. gut beschrieben ist, gibt es Möglichkeiten, durch Analyse von Bilanzen und Geschäftsberichten frühzeitig Korrelationen zwischen bestimmten Kennzahlen und Finanzkrisen herzustellen [Hauschild 2000]. Psychologische Momente treten hier in den Hintergrund. Aber natürlich ist z.B. die Frage der Kreditwürdigkeit auch subjektiv geprägt.

Finanzkrisen sind daher in gewissem Sinne komplementär zu Projektkrisen:

- Finanzkrisen werden durch monetäre Probleme ausgelöst und haben operative Konsequenzen.
- Projektkrisen werden durch operative Probleme ausgelöst und haben i.d.R. finanzielle Konsequenzen.

Die Notwendigkeit des Handelns ist in Projektkrisen nicht so offensichtlich wie bei Finanzkrisen. Die im Folgenden vorgestellte Methodik sieht daher vor, dass der Krisenmanager die Darstellung des entstehenden Schadens in den Mittelpunkt seiner Überlegungen stellt. Die Auseinandersetzung mit Finanzkrisen kann von daher beim Verständnis dieses Aspekts helfen.

Anders als bei anderen Krisentypen ist die Behandlung von Finanzkrisen gesetzlich geregelt. So legt z.B. das Insolvenzrecht [Schmidt 1999] und das Gesetz zur Kontrolle und Transparenz im Unternehmensbereich (KonTraG) bestimmte Mindestanforderungen für Risiko und Krisenmanagement fest.

Typische Auslöser für Finanzkrisen sind:

- Liquiditätsengpässe
- Aufzehrung des Eigenkapitals
- Nachfrageeinbruch
- Preiserhöhungen
- Managementfehler

In aller Regel genügt nicht ein Auslöser, um eine Finanzkrise hervorzurufen. Es kommt vielmehr auf eine „kritische Mischung" verschiedener Auslöser an.

Bei den Methoden zeigt sich, dass zumindest in der akuten Phase weniger die Besonderheiten eines Unternehmens bzw. dessen konkrete Probleme im Vorder-

grund stehen. Es geht ähnlich wie bei den Krisen in
Projekten zunächst um Sofortmaßnahmen, die eine
weitere Eskalation verhindern (s.a. Kapitel „*Praktische
Krisenbewältigung*"). Eine Sanierung ist zunächst auf
die Entschuldung und die Wiederherstellung der Liquidität gerichtet. Dann erst werden die eigentlichen Ursachen bekämpft.

2.6
Zusammenfassung

Das vorliegende Kapitel gibt einen Überblick in meiner
Ansicht nach interessante Bücher, die als Ergänzung zu
den hier vorgestellten Methoden und Konzepten dienen
können. Sie sind besonders für die Behandlung folgender Aspekte hilfreich:

- Umgang mit komplexen Projekten
- Bewältigung von organisatorischen Problemen
- Finanzielle Folgen aus Projektkrisen
- Berücksichtigung der Öffentlichkeit bei Krisen, die
  publizistisches Interesse finden.

Diese Auswahl ist nicht vollständig und sicher subjektiv
geprägt. Leider ist mir keine systematische Darstellung
des Gesamtthemas Krisenmanagement bekannt. Auch
wenn die Verfügbarkeit von Web-Adressen nicht immer
dauerhaft gesichert ist, sei trotzdem ein Verweis erlaubt:
Ein sehr guter und für die letzten Jahre auch weitgehend vollständiger Überblick findet sich im Internet
unter http://www.krisennavigator.de.

3 Krisenlebenszyklus

Krisensituationen sind meist das Resultat von vielen verschiedenen Ursachen. Auch wenn es in der Rückschau auf eine Krise oft so aussieht, als sei schon seit langer Zeit klar gewesen, dass sich ein Projekt in der Krise befindet, so erkennen die Beteiligten diese oft nicht. Das vorliegende Kapitel stellt – ausgehend von einer Definition des Krisenbegriffs – den typischen Verlauf einer Krise dar. Die dargestellten Krisenzustände strukturieren den Ablauf der Krise und geben Hinweise, wie eine frühzeitige Krisenerkenntnis möglich ist.

3.1
Typischer Verlauf einer Krise

Gibt es den typischen Verlauf einer Krise? Auf einem bestimmten Abstraktionsniveau lässt sich diese Frage sicher mit einem „Ja" beantworten. Es sollte dabei aber stets beachtet werden, dass es sich hier um das Modell einer Krise handelt. Übergänge zwischen Phasen sind in der Realität nicht so deutlich sichtbar. Die vergröberte Darstellung soll den Blick für das Wesentliche schärfen und gleichzeitig zeigen, dass auch komplexe Krisensituationen auf einfache und überschaubare Zusammenhänge reduziert werden können.

Eine Krise gliedert sich üblicherweise in verschiedene Phasen, die in den folgenden Abschnitten genauer dargestellt werden:

Phasen einer Krise

- Krisenentstehung
- Krisenerkenntnis
- Krisendarstellung
- Krisenlösung
- Aus der Krise lernen

3.2
Krisenentstehung

Die Entstehung einer Krise liegt oft weit in der Vergangenheit. Die Krisenwurzel wurde von Personen „vergraben", die u.U. an der Umsetzung des Projekts selbst nicht beteiligt sind. In der folgenden Aufzählung sind einige typische Beispiele aufgeführt, die später weiter verallgemeinert werden:

Organisation *Organisatorische Probleme*

- In der Akquisitionsphase wurden Leistungen zugesagt, die sich später nicht einhalten lassen.
- Die Projektkalkulation hat wesentliche Leistungsaspekte vergessen, so dass der Preis viel zu niedrig ist.
- Die Aufgabenstellung ist im Unternehmen nicht lösbar, da das nötige Know-how nicht vorhanden ist.
- Das dem Kunden vorgeschlagene Lösungskonzept erweist sich als zu komplex, so dass immer wieder Fehler auftreten. Als Konsequenz werden Termine überschritten und Zahlungen bleiben aus.

Aufgabendefinition *Probleme mit der Aufgabendefinition*

- Der Kunde ist kleinlich und fordert bei jedem Leistungsgegenstand „120-prozentige" Leistung.
- Die Aufgabenstellung wird vom Kunden ständig verändert. An eine Projektabnahme ist nicht zu denken.
- Kein gemeinsames Verständnis des Leistungsumfangs.

Umgebung *Probleme aus der Umgebung*

- Gesetze oder Standards ändern sich während der Projektlaufzeit.
- Technologische Änderungen stellen Ergebnisse in Frage.

Das Auftreten von solchen Problemen ist nichts Ungewöhnliches. Sie lassen sich durch ein gutes Projektmanagement meist schnell bekämpfen. Ist das nicht möglich, weil

- die Leistung unmöglich ist,
- die fachliche Kompetenz fehlt,
- die Aufgabenstellung unklar ist,

so müssen zusätzliche Maßnahmen ergriffen werden.

Beispiele sind:

- die Einsetzung eines erfahreneren Projektmanagers oder

- die Hinzuziehung eines externen Beraters.

Geschieht nichts dergleichen, so entsteht ein Handlungsdefizit. Die Folge ist dann i.d.R. eine Krisensituation.

3.3
Krisenerkenntnis

Eine Krise zu erkennen ist meist nicht einfach. Das liegt zum einen daran, dass sie nicht wie ein Naturereignis messbar ist, zum anderen, dass die Unfähigkeit zur Problemlösung eine subjektive Komponente hat. Die Projektbeteiligten müssen daher nicht nur die Krise erkennen, sondern auch sich selbst eingestehen, dass sie zur Lösung – unter den aktuellen Bedingungen – nicht fähig sind. Schließlich gibt es auch viele Fälle, in denen die Krisenerkenntnis schon bald vorhanden war. Das Problem lag aber darin, konkrete Maßnahmen zu deren Beseitigung einzuleiten. Die Gründe hierfür können vielfältig sein. Einige typische Beispiele sind:

- Das Problem ist rein fachlicher Natur und dem Management nur schwer zu vermitteln.
- Die monetären Konsequenzen der Krise werden nicht deutlich genug dargestellt.
- Die Firmenkultur lässt es zu, dass unangenehme Themen immer weiter delegiert werden.

Wie in vielen anderen Bereichen ist (Krisen-)Vorsorge besser als Krisenmanagement. Das bedeutet nicht nur, dass methodisches Vorgehen zur Vermeidung von Krisen erforderlich ist, sondern dass auch das frühzeitige Erkennen einer Krise (die unter den gegebenen Umständen vielleicht sogar unvermeidlich ist) die Schäden minimieren hilft.

Gibt es typische Indikatoren für eine Krise? Auch wenn diese Frage sich uneingeschränkt bejahen lässt, sollte dabei von vornherein bedacht werden, dass sie sich in der Praxis meist anders stellt. Es fragt sich, zu welchen Kosten sich Indikatoren überwachen lassen und in welchem Verhältnis sie zur Wahrscheinlichkeit eines Krisenfalls stehen.

Indikatoren

Die besten Indikatoren für eine Krise lassen sich aus einer Planung ableiten. Sie stellt den Ablauf des Projekts so dar, dass die Projektziele erreicht werden können. Entsprechend sind folgende Planabweichungen ein Hinweis auf eine Krise:

- Meilensteine werden mehrfach nicht gehalten.
- Budget wird signifikant überschritten.
- Die Projektlaufzeit verlängert sich.
- Bestimmte Vorgänge verharren im Zustand „fast fertig".
- Eine große Zahl von Vorgängen muss während des Projekts hinzugefügt werden.

Diese Beispiele zeigen deutlich, dass jede signifikante Abweichung auf eine Krise hindeuten kann. Es soll aber auch immer bedacht werden, dass das nur Indikatoren sind. Wenn eine solche Situation auftritt, muss mit Hilfe der Definition einer Krise im Einzelfall geprüft werden, ob es sich wirklich um eine Krise handelt.

Planerfüllung und Krise

Doch auch die beste Planung kann auf falschen Annahmen beruhen. Wenn das Lösungskonzept schon falsch war, hilft die beste Planung nichts. Ein Beispiel hierfür war das oben vorgestellte Koffertransportsystem des Flughafens Denver. (*s.a. Seite 22*)

Regelmäßige Risikoanalyse

In solchen Situationen und immer dort, wo es keine formale Planung gibt, lässt sich eine Krise meist nur dadurch erkennen, dass in regelmäßigen Abständen die Risiken des Projekts analysiert werden. Die so ermittelten Risikofaktoren müssen regelmäßig kontrolliert werden. Wenn diese Risikofaktoren tatsächlich eintreffen, ist es sehr wahrscheinlich, dass hier eine Krise kurz vor dem Ausbruch steht. Details zu diesem Thema finden sich in [Schnorrenberg 1997].

Weitere Indikatoren für den Ausbruch einer Krise sind:

- Der Kunde beschwert sich immer wieder.
- Das System lässt sich nicht in den Produktivbetrieb übernehmen.
- Die Ausschussquote ist viel zu hoch.

Diese Liste ließe sich beliebig erweitern. Ob sie eine Krise begründen, hängt im Wesentlichen davon ab, ob sie die oben genannten Kriterien für eine Krise erfüllen:

- Problem ist unlösbar.
- Es gibt eine Problemhäufung, so dass die Kontrolle über das Projekt verloren gegangen ist.

Für den Fall, dass sich der Kunde beschwert, ist es zumindest möglich, dass es dem Projektmanager nicht gelungen ist, die Krise frühzeitig zu erkennen. In dieser Situation ist es besonders wichtig, selbstkritisch zu analysieren. Denn wenn in diesem Fall (fälschlicherweise) nicht mit Krisenmanagement reagiert wird, sind die Folgen doppelt schwer. Leider zeigt es sich immer wieder, dass in diesen Situationen gravierende Fehler unterlaufen. Sätze wie „der Kunde versteht das Problem nicht" oder „würde der Kunde vernünftig arbeiten, gäbe es das Problem nicht" sind stets alarmierend, da sie das Problem einfach zurückspiegeln, ohne zu untersuchen, warum der Kunde sich so „dumm" verhält. Oft genug zeigt sich, dass diese Aussage nicht die eigentliche Ursache für das Problem beschreibt.

Der Kunde als Krisenindikator

SELBSTKRITIK IST DIE TUGEND DES KRISENMANAGERS

Nehmen Sie die Beschwerden eines Kunden immer ernst, da sie i.d.R. die einzige Meinungsäußerung ist, die nicht aus dem eigenen Haus stammt und damit als ein wichtiger Beitrag zur Objektivierung ihrer Projektbeurteilung genutzt werden kann.

Natürlich gibt es immer wieder übervorsichtige, projektunerfahrene oder sogar „renitente" Kunden, doch das ist die Ausnahme. In der Regel ist es besser, auf Kundenbeschwerden mit einem guten Krisenmanagement zu reagieren, als zuviel Geld in aufwendige Überwachungsmethoden zu verschwenden.

3.4 Krisendarstellung

Die Krisendarstellung ist eine wichtige Phase innerhalb des Krisenlebenszyklusses. Leider wird sie in der Praxis nur sehr informell durchlaufen oder – schlimmer noch – überhaupt nicht bewusst angewendet. Sie listet den eigentlichen Gegenstand der Krise auf. Darüber hinaus werden aber auch die beteiligten Personen und deren Intentionen aufgeführt.

Auf der Basis dieser Informationen kann zunächst geprüft werden, ob es sich tatsächlich um eine Krise (im Sinne der oben gegebenen Definition) handelt. Wenn diese Prüfung positiv verläuft, ist die Darstellung die Basis für die im Folgenden beschriebene Phase der Krisenlösung. Sie dient aber auch dazu, das übergeordnete Management zu informieren und, falls ein Kunde bei der Lösung der Krise mithelfen muss, mit dem Kunden Einigkeit über Art und Umfang der Krise herzustellen.

In der Praxis lässt sich immer wieder beobachten, dass auf eine schriftliche Formulierung der Krisendarstellung meist völlig verzichtet wird. Das führt oft dazu, dass falsch oder unangemessen reagiert wird und dass die Krise weiter unnötig eskaliert.

Die Krisenerkenntnis ist i.d.R. leichter gewonnen, als die Überzeugung des Managements, dass jetzt entschieden gehandelt werden muss. Eine schriftliche Darstellung schafft zusätzliches Problembewusstsein.

Auch wenn der Grund hierfür oft beim Management selbst liegt, muss der Projektmanager seinen Standpunkt klar und nachvollziehbar dokumentieren. Nur so hat er die Gewissheit, dass sein Anliegen auch angemessen bewertet wird. Auch wenn das Management dann nicht die empfohlenen Maßnahmen ergreift, hat der Projektmanager alles Notwendige getan.

3.5
Krisenlösung

Die Lösung einer Krise kann in drei Unterpunkte aufgegliedert werden:
- Möglichst schnelle Umsetzung von Interimsmaßnahmen, die die Folgen der Krise lindern. Hierdurch wird i.d.R. auch Zeit für eine tiefergehende Suche nach Lösungen geschaffen.
- Fachliche Bearbeitung des Problems und Analyse der Rahmenbedingungen.
- Umsetzung dieses Lösungskonzepts.

Hierauf wird im folgenden Kapitel weiter eingegangen.

3.6
Aus der Krise lernen

Wenn eine Krise aufgelöst wurde, sollte überlegt werden, welche Konsequenzen daraus gezogen werden können. Müssen neue Vorkehrungen gegen Krisen eingeführt werden? Beispiele sind:
- Müssen Risiken anders gewichtet werden?
- Müssen Mitarbeiter geschult werden?

Auch wenn alle Vorsichtsmaßnahmen versagt haben, eine Krise also unvermeidlich war, so gibt es auch in diesem Fall Fehler, die später als unnötig angesehen werden.

In diesem Fall geht es jetzt nicht darum, nachzuweisen, dass der Projekt- oder Krisenmanager hätte besser arbeiten müssen. Im Nachhinein sind wir immer klüger. Deshalb sollte auch grundsätzlich von einer „Bestrafung" abgesehen werden. Vielmehr sollte versucht werden, die Defizite genau zu analysieren und in Maßnahmen umzusetzen, die für zukünftige Projekte die Wahrscheinlichkeit von Problemen verringert.

Maßnahmen zur Krisenvermeidung suchen

3.7
Zusammenfassung

In diesem Kapitel wurde der typische Ablauf einer Krise dargestellt. Dieser Ablauf wird im folgenden Kapitel als Basis für eine Methode zur Krisenlösung verwendet. Es wurde aber schon jetzt deutlich, dass perfektes Projektmanagement zwar die Wahrscheinlichkeit von Krisen reduziert, es aber eine Krise nicht in jedem Fall vollständig ausschließen kann.

Es zeigt sich außerdem, dass nicht so sehr das rechtzeitige Erkennen von Krisen das Problem ist, sondern die rechtzeitige Einleitung der notwendigen Maßnahmen.

4 Methode zur Krisenbewältigung

Das vorliegende Kapitel stellt eine Methode vor, die von mir in den letzten Jahren während meiner Tätigkeit als Projektmanager in verschiedenen Großprojekten entwickelt worden ist. Sie wird mittlerweile auch von Kollegen angewendet und hat sich als überaus praktikabel erwiesen. In der folgenden Darstellung konzentriere ich mich auf folgende Punkte:

- Konsequente Berücksichtigung von wirtschaftlichen Aspekten einer Krise.
- Systematische Bewertung der relevanten Lösungsalternativen nach Nutzenaspekten für den Kunden.
- Konsequente Zielorientierung mit der Prämisse, das Ziel zu erreichen und nicht nur einen Teil des Problems zu betrachten und zu lösen.
- Permanente und kompetente Kommunikation mit allen Krisenbeteiligten.

Vereinfacht lassen sich diese Punkte zu dem Schlagwort „Kommunikationsorientierte Problemverlagerung" oder kurz *KOPV* zusammenfassen. Dieses Schlagwort hat der Methode den Namen gegeben. Die Assoziation mit dem Begriff *Kopf* hat außerdem den Vorteil, dass sich die KOPV-Methode didaktisch ansprechend darstellen lässt, in dem die einzelnen Phasen in Bezug zu Gesichtspartien gesetzt werden (z.B. Analyse = Stirn oder Mund = Verhandlung, s. Abb. 4-1).

KOPV-Methode

4.1
Die KOPV-Methode

Die Grundidee von KOPV ist einfach: Wenn ein Problem nicht oder nur sehr schwer lösbar ist, muss es vereinfacht werden. So einfach diese Aussage ist, so schwer lässt sie sich in die Praxis umsetzen. Der Grund hierfür liegt aber nicht etwa in der Sinnlosigkeit oder Unmöglichkeit des Ansatzes, sondern in der mangelnden Flexibilität der an der Krise beteiligten Personen. Aus diesem Grund müssen die Vorzüge einer *Problemverlagerung* überzeugend *vermittelt (oder kommuniziert)* werden.

Ist Problemverlagerung möglich?

Darf ein gegebenes Problem überhaupt verändert werden? Was ist, wenn die Lösung des Problems Vertragsbestandteil ist? Diese Fragen sind berechtigt; sie setzen nur in einer Krisensituation an der falschen Stelle an.

Bei der Bearbeitung eines Projekts kommt es nicht darauf an, ein gegebenes Problem zu lösen, sondern ein bestimmtes Ziel zu erreichen.

Diese Aussage folgt unmittelbar aus der Definition eines Projekts. Trotzdem wird mancher Leser einwenden, dass Probleme schließlich auch nicht durch Definition, sondern durch Analyse und Synthese gelöst werden. Hieran soll auch nicht gerüttelt werden. Im Gegenteil: Die Analyse und Synthese sind wichtige Teilschritte bei der Anwendung der KOPV-Methode. Anders als im wissenschaftlichen Bereich, wo ein Problem um seiner selbst willen bearbeitet wird oder wo unterstellt werden kann, dass die Formulierung des Problems korrekt und angemessen ist, kann mit gutem Grund ein fest vorgegebener Lösungsweg eingehalten werden. In der *Praxis* muss immer damit gerechnet werden, dass Probleme falsch formuliert sind. Mit anderen Worten ausgedrückt: dass es nicht einen Weg zum Ziel gibt, sondern viele verschiedene. Es ist daher nichts Besonderes, dass durch die Veränderung der Problemstellung ein neuer Lösungsweg aufgezeigt wird. Doch bevor dieser Punkt genauer dargestellt wird, soll ein erster Überblick über die KOPV-Methode gegeben werden.

Auch wenn es selbstverständlich erscheint: Die Voraussetzung für die Anwendung der KOPV-Methode ist die bewusste Erkenntnis, dass sich das Projekt in einer Krise oder zumindest kurz davor befindet.

In Abb. 4-1 sind die Schritte der KOPV-Methode dargestellt. Sie werden im Folgenden kurz erläutert und in Form einfachen Assoziationen mit der Grafik in Bezug gesetzt.

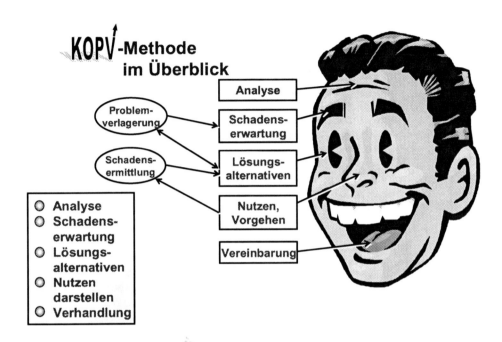

Abb. 4-1: Die Schritte der KOPV-Methode

Der Startpunkt der KOPV-Methode ist die *Analyse* der Krise. Hierbei kommt der schriftlichen Darstellung der Krise eine besondere Bedeutung zu. Die KOPV-Methode dient der Untersuchung der aktuellen Situation und der Erhebung, Organisation und Archivierung aller relevanten Daten. In einem gut geführten Projekt stehen diese Daten i.d.R. in einem Projektordner zur Verfügung. Wenn das nicht der Fall ist, beginnt diese Phase mit der systematischen Erhebung aller Informationen, die mit dem Projekt zusammenhängen.

Assoziation: Der Name der Methode ist Programm. Verwenden Sie den Kopf, gehen Sie nicht *kopflos* vor. Verwenden Sie Emotionen, wo sie für Sie nützlich sind, aber lassen Sie sich nicht von Ihnen treiben. Ziehen Sie keine voreiligen Schlüsse oder glauben dem ersten Anschein, sondern analysieren Sie die Situation von Grund auf. Treffen Sie keine impliziten Annahmen.

Eng mit der Analyse verbunden ist der von den am Projekt beteiligten Institutionen erwartete Schaden. Er ist eine wichtige Grenze, die bei der Bewertung einer Krisenlösung und deren Durchsetzung von zentraler

Vorurteilsfreie Analyse

Schadenserwartung

Bedeutung ist. Jeder Krisenpartner wird bemüht sein, eine Lösung für sich zu suchen, deren Kosten geringer ist, als der aktuell aus der Krise erwartete Schaden. An diesem Punkt muss auch kritisch hinterfragt werden, ob es sich tatsächlich um eine Krise handelt. Hierbei ist offensichtlich: Nur wenn ein Schaden erwartet wird, kann es eine Krise sein. Umgekehrt folgt aus der Definition einer Krise, dass nicht jeder Schaden unmittelbar eine Krise nach sich zieht.

Assoziation: Schauen Sie auf den zu erwartenden Schaden der anderen Seite. Wenn es Ihnen gelingt, diesen Betrag zu unterschreiten, wird sie auch mit einer Verlagerung des Problems einverstanden sein. Vorausgesetzt, es werden trotzdem die Hauptziele erreicht.

Problemverlagerung

Nur durch eine genaue Analyse und die Bestimmung der Schadenserwartung lässt sich in aller Regel eine Krise nicht auflösen. Besonders wenn Formen von Unmöglichkeit vorliegen, muss die ursprüngliche Problembeschreibung hinterfragt werden. Nur eine Problemformulierung, die Lösungsmöglichkeiten beinhaltet, kann zu einer tragfähigen Lösung führen.

Lösungsalternativen

Der eigentlich kreative Teil des Krisenmanagements beginnt mit der Suche nach *Lösungsalternativen.* Doch gerade, wenn es sich um ein schwieriges oder gar unlösbares Problem handelt, besteht hier eine Wechselwirkung zur Problemverlagerung.

Assoziation: Es muss eine neue Perspektive für die Problemlösung gefunden werden. Ermitteln Sie den Schaden bei verschiedenen Lösungsalternativen. Die Kosten einer Krise gehören zu den wenigen objektivierbaren Größen.

Schadensermittlung

Wenn sich eine Lösung als tragfähig erweist, muss geprüft werden, ob sie zu einem höheren Schaden führt als zunächst erwartet (Schadenserwartung). Wenn das der Fall ist, sollte weiter nach einer anderen Lösung gesucht werden. Wird keine bessere Lösung gefunden, so muss die andere Seite davon überzeugt werden, dass sie ihre Schadenserwartung falsch eingeschätzt hat.

Nutzen und Vorgehen

In jedem Fall gilt es, den *Nutzen* der Lösung überzeugend darzustellen und als neue Arbeitsgrundlage für das Projekt zu definieren.

Assoziation: Entwickeln Sie eine gute Nase für die Umsetzung der besten Lösungsalternative und stellen Sie den Nutzen dieser Lösung leicht verständlich dar. Eine gute Krisenlösung muss *verkauft* werden.

Wenn es gelingt, einen Konsens zu erzielen, darf dieser nicht unverbindlich im Raum stehen bleiben. Es gilt, eine klare schriftliche Vereinbarung zu treffen.

> *Assoziation:* Sprechen Sie mit dem Kunden und treffen Sie eine rechtsverbindliche Vereinbarung.

Im Rahmen des eben skizzierten Vorgehensmodells gilt es, eine Vielzahl von einzelnen Aktivitäten zu entfalten, die in den folgenden Kapiteln detailliert dargestellt werden.

Die Vorteile der KOPV-Methode seien nochmals kurz zusammengefasst:

- Die KOPV-Methode ist ein praktikabler Ansatz, da Kosten und Nutzen im Vordergrund stehen.
- Die KOPV-Methode ist ein flexibler Ansatz, da nur der eigentliche Krisenkonflikt behandelt wird. Sie lässt sich daher problemlos in unterschiedliche methodische Ansätze (z.B. für das Projektmanagement oder die Organisation) einbinden.
- Die KOPV-Methode ist einfach, da sie nur wenige Informationen benötigt und klare Handlungshinweise gibt.

Vereinbarung

4.2
Anwendungsbereich von KOPV

Jede Methode hat Grenzen. Es ist ein besonderes Anliegen, diese Grenzen deutlich herauszustellen. Viel zu oft werden bestimmte Ansätze als „Wunderdrogen" angepriesen. Gerade bei so einem heiklen Thema wie der Krisenbewältigung kann die kritiklose Anwendung einer Methode (und KOPV ist da keine Ausnahme) katastrophale Folgen haben.

Zunächst soll darauf hingewiesen werden, dass KOPV eine Kombination aus Methode und Vorgehensmodell ist. Es ist eine Methode, weil sie abstrakt Schritte für die Bewältigung einer Krise vorgibt. Es ist ein Vorgehensmodell, weil die einzelnen Schritte z.T. mit konkreten Handlungsanweisungen und Maßnahmen ausgestaltet sind.

Für ihre erfolgreiche Anwendung sind daher weitere Methoden und die damit verbundenen Sachkenntnisse erforderlich. Ein Ziel dieser Arbeit ist es, alle wichtigen Aspekte des Krisenmanagements zumindest in den Grundzügen darzustellen. Daher ist die Anwendung der

Methode ohne die in den nachfolgenden Kapiteln dargestellten praktischen Hinweise nicht sinnvoll.

Eine Krise hat nicht nur fachliche Aspekte

Bisher wurde immer wieder das der Krise zugrunde liegende Problem in den Vordergrund gestellt. Hierdurch könnte der Eindruck entstehen, dass für die Lösung einer Krise in erster Linie die fachliche Bewältigung von Problemen erforderlich ist. In der Praxis werden Krisensituationen stets von Personen durchlebt. Die KOPV-Methode berücksichtigt das. Sie geht dabei von der Prämisse aus, dass beide Seiten ein Interesse an der Lösung der Probleme haben. Wenn das nicht der Fall ist, so wird sich eine Seite jedem Kompromiss und jeder Verhandlung entziehen.

Schließlich sei nochmals darauf verwiesen, dass es keine Patentrezepte für die Bewältigung von Krisen gibt. Jeder, der die KOPV-Methode anwenden möchte, sollte folgende Punkte unbedingt beachten:

Methodisches Vorgehen

- Der Nutzen von methodischem Vorgehen i.Allg sollte ebenso akzeptiert sein, wie der Nutzen der KOPV-Methode selbst. Denn nur wer von seiner Sache überzeugt ist, kann auch erfolgreiches Krisenmanagement betreiben.

- Das Vorgehen wird im Weiteren immer wieder durch praktische Hinweise verdeutlicht. Diese Hinweise entspringen meiner praktischen Erfahrung und sind daher subjektiv eingefärbt. Sie sollten daher nicht „blind" nachgeahmt werden. Jeder Krisenmanager muss seinen persönlichen Stil finden. Hierbei muss er absolut überzeugend wirken. Das gelingt ihm nur, wenn er sich in allen Lebensäußerungen konsistent verhält.

Konzentration

- Die einzelnen Aspekte der Methode sind hier umfangreich dargestellt. In der praktischen Anwendung müssen i.d.R. nicht alle Aspekte tatsächlich beachtet werden. Auch hier gilt es, die Anwendung an den persönlichen Stil anzupassen. Dabei ist besonders wichtig, dass die Methode bevorzugt dort angewendet wird, wo es Unsicherheiten gibt. Die Erfahrung aus vielen Seminaren zeigt, dass häufig das Gegenteil eintritt. So schreibt z.B. ein Projektleiter, der ohnehin sehr systematisch arbeitet, noch ausführlichere Krisendarstellungen. Bei der Erarbeitung und Einübung einer psychologisch ausgefeilten Verhandlungsstrategie bleibt er aber weit hinter seinen Möglichkeiten zurück.

- Schließlich sollte die Anwendung von KOPV zunächst *vorsichtig* begonnen werden. Gerade wenn sich das Verhalten eines Projektleiters in einer bestehenden Kundenbeziehung zu schnell ändert, kann es zu Verunsicherungen kommen, die i.Allg nicht erwünscht sind. Ähnliches gilt übrigens auch in der eigenen Organisation, da sich z.B. auch der Vorgesetzte oder die Mitarbeiter an das neue Verhalten gewöhnen müssen.

Vorsicht

Die KOPV-Methode bietet ein Modell für die Vorgehensweise in Krisensituationen. Wesentliche Teile dieses Vorgehens werden durch konkrete Maßnahmen („Werkzeuge") unterstützt. Die Anwendung der Methode ist einfach, da sie unabhängig von anderen Managementkonzepten ist.

4.3
Analyse von Krisensituationen

Der gründlichen Analyse aller Krisenfaktoren und der Darstellung der Krisensituation kommt eine zentrale Bedeutung zu. Sie sind einerseits Ausgangspunkt für die Lösung und dienen andererseits auch der gewissenhaften Prüfung, ob tatsächlich eine Krisensituation vorliegt. Jeder Leser sollte sich darüber im Klaren sein, dass die unnötige Anwendung der KOPV-Methode zwar keine negativen Auswirkungen auf die fachliche Abwicklung des Projekts hat, sie aber sehr wohl die Kosten des Projekts unnötig steigern kann.

Krisenfaktoren

Wenn eine Seite (zunächst) keine wirtschaftlichen Vorteile hat, wird sie kein Interesse an einer Kooperation bei der Krisenbewältigung haben. Ich spreche dann von einer *einseitigen Krise*, wenn nur eine Seite von den Folgen einer Krise belastet wird. Es gilt, im Verlauf der Krisendarstellung Gründe zu finden, warum eine Kooperation doch sinnvoll ist. Gelingt das nicht, so ist eine Lösung sicher wesentlich schwieriger.

Einseitige Krise

Die Analyse einer Krise muss verschiedene Aspekte widerspiegeln (s. Abb. 4-2). Sie gibt einen ersten Überblick über die relevanten analytischen Fragen.

Ausgehend von der Krisenannahme, die immer dann getroffen wird, wenn es begründete Anzeichen für eine Krise gibt, muss zunächst die aktuelle Situation analysiert werden. Dabei werden besonders folgende Punkte untersucht (s. Abb. 4-2):

- Ist die *Aufgabe* klar definiert, und wird sie von allen Beteiligten in gleicher Weise interpretiert?
- Sind die *Motive* der anderen Seite klar und sind die Auswirkungen für die Lösung der Aufgabe berücksichtigt?
- Um welche *Art von Krise* handelt es sich? Die wichtigsten Kategorien sind in Abb. 4-3 (s. Seite 57) dargestellt.
- Welche *Probleme* sind konkret zu lösen?

Aus den ersten beiden Punkten lassen sich die Ziele des Projekts ableiten.

Divergenzen

In der Praxis kann immer wieder festgestellt werden, dass schon bei der Definition der „Zielsetzung" große Divergenzen deutlich werden. Diese Divergenzen bilden oft die eigentliche Ursache für die Krise.

Die *Analyse der Probleme* und die *Art der Krise* sind die Basis für die Benennung und Ermittlung der zu erwartenden Schäden. Wenn Schäden ein wirtschaftlich kritisches Ausmaß haben, das zu einer Gefährdung des Projekts oder gar des Unternehmens führt, besteht eine Krise.

Entscheidung für ein Krisenmanagement

Alle diese Überlegungen führen zu einer expliziten Schadenserwartung, die ein wesentlicher Parameter für die Frage ist, ob es sich im vorliegenden Fall tatsächlich um eine Krise handelt.

4.3.1
Krisenfaktoren

Für den Ausbruch einer Krise sind immer wieder die gleichen Faktoren ausschlaggebend. Die folgende Darstellung soll daher bei der Kategorisierung und Systematisierung von Krisensituationen helfen.

Termine

Termine werden häufig nicht gehalten, weil unrealistische Planungen zugrunde gelegt wurden. Doch selbst wenn das nicht der Fall ist, können unvorhergesehene Ereignisse Probleme bereiten. Welche Auswirkungen eine verlängerte Laufzeit oder ein nicht eingehaltener Termin hat, hängt auch stark davon ab, ob ein vertraglicher Liefertermin zugesagt wurde.

Kosten

Der *Kostenrahmen* kann sowohl beim Lieferanten als auch beim Kunden überschritten werden. In jedem Fall gibt es eine Grenze, ab der es erforderlich wird, Krisenmanagement zu betreiben. Das ist umso wichtiger, wenn die zusätzlichen Kosten zu wirtschaftlichen Schwierigkeiten im Gesamtunternehmen führen. Denn

in diesem Fall lassen sich viele gängige Methoden zur
Krisenbekämpfung nicht mehr anwenden.

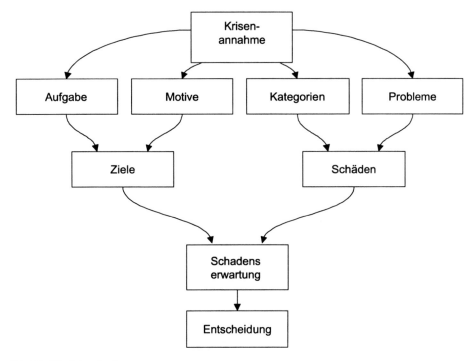

Abb. 4-2: Ablauf einer Analyse

Verträge enthalten hin und wieder Klauseln, die eine
Seite einseitig bevorzugen. Dann entsteht leicht die
Versuchung, diese Situation auszunutzen. Probleme
eskalieren dann unnötig früh. Hieraus ergeben sich
häufig schwierige Situationen, da es sich nur um eine
einseitige Krise handelt, die z.B. folgende Ursachen
haben kann:

Verträge

- Unvollständige Leistungserbringung
- Vertragsstrafen (Pönalen)
- Rücktrittsklauseln.

Die Problematik liegt hier im Wesentlichen in zwei
Punkten:

- Die Anwendung von Krisenmanagementstrategien
  (wie z.B. die KOPV-Methode) ist schwierig, da die
  eine Seite glaubt, in einer derart guten Verhandlungsposition zu sein, dass sie sich kompromisslos
  zeigen kann.

- Ein objektiv gut laufendes Projekt, das üblicherweise zu keiner Krise führen würde, kann jetzt so eskalieren, dass durch Ausübung einer Machtposition eine für alle beteiligten Parteien kritische Situation entsteht.

Auch wenn eine Projektleistung formal korrekt erbracht wurde, kann es sein, dass der gewünschte *Nutzen* nicht eintritt. Diese Situation entsteht oft, wenn das Projektziel nicht klar umrissen ist oder wenn ein Nutzen versprochen wurde, der nicht alleine durch das Projektergebnis definiert ist.

Ein Beispiel hierfür ist die Garantie einer bestimmten Produktivitätssteigerung durch den Einsatz einer neuartigen Fertigungsstraße, ohne die hierfür nötigen Rahmenbedingungen (wie Losgröße, Varianten etc.) genau festzulegen.

Ähnlich wie bei dem Punkt *Nutzen* kann auch der Einfluss von *Personen* und deren persönliche Interessen oder Einschätzungen Krisensituationen fördern. Hier spielen menschliche Schwächen (wie Neid, Rechthaberei oder Inkompetenz) ebenso eine Rolle, wie gruppendynamische Prozesse innerhalb des Unternehmens (wie Seilschaften oder komplexe Entscheidungsstrukturen), die in keinem Zusammenhang mit dem tatsächlichen Problem stehen.

4.3.2
Krisendarstellung

Sobald es ein Anzeichen für eine Krise gibt, sollte sie angemessen dokumentiert werden.

Schonungslose Analyse

Im vorherigen Abschnitt wurde gezeigt, dass es keine eindeutigen Messgrößen für eine Krise gibt. Aus diesem Grund muss schon beim bloßen Verdacht einer Krise genau untersucht werden, ob ein Krisenmanagement erforderlich ist. Das ist am einfachsten möglich, wenn das krisenbegründende Problem angemessen dargestellt wird. Hierbei entsteht der Zwang, alle Aspekte genau zu durchdenken und in einer allgemein verständlichen Form darzustellen. Das dabei erstellte Dokument kann z.B. genutzt werden, um dem Vorgesetzten zu berichten oder um mit einem befreundeten Kollegen die Problematik zu diskutieren. Hierbei sind verschiedene Szenarien denkbar:

- Die Darstellung ist einfach und es gibt (scheinbar) kein Problem; sie wird aber von Dritten nicht verstanden.
- Mangelnde Selbstkritik führt dazu, dass Probleme einfach ignoriert werden. Das führt bei einem Dritten häufig dazu, dass er das Problem insgesamt nicht versteht oder Inkonsistenzen in der Darstellung findet. Hier sollte nicht eher geruht werden, bis eine überzeugende Darstellung gefunden wurde. Anschließend kann einer der folgenden Punkte Anwendung finden.
- Es gelingt nicht, das Problem übersichtlich darzustellen. In diesem Fall sollte zunächst geklärt werden, ob das Problem auch wirklich in nächster Zeit zur Lösung ansteht. Ist das nicht der Fall, so sollte das Problem zwar Bestandteil einer regelmäßigen Risikoanalyse sein, nicht aber als Indikator für eine Krise gewertet werden. Wenn das Problem aktuell gelöst werden muss, so handelt es sich um einen Krisenfaktor. Nichts ist so alarmierend wie die Tatsache, dass ein anstehendes Problem nicht einmal beschrieben werden kann.
- Die Darstellung führt ein neues, bisher nicht erkanntes Problem zu Tage. Hier muss zunächst geprüft werden, ob das Problem lösbar ist. Die Praxis zeigt, dass neue Probleme ein wesentlicher Bestandteil der normalen Projektarbeit sind. Der Grund hierfür liegt in der Neuartigkeit der Tätigkeit. Entsprechend sollte dieser Fall mit der nötigen Gelassenheit bearbeitet werden, die Darstellung des Problems ist dann der erste Schritt zur Lösung. Erst wenn das Problem auch (unter den gegebenen Rahmenbedingungen) unlösbar ist, sollte mit einem der Anwendung der KOPV-Methode fortgefahren werden.
- Die Darstellung zeigt klar, dass sich eine Krise anbahnt oder bereits existiert. In diesem Fall bestätigt die Darstellung die ursprüngliche Annahme; es muss ein Krisenmanagement eingerichtet werden.

Die Darstellung der Krisensituation ist die Basis für das weitere Krisenmanagement. Sie muss daher Bestandteil der Projektdokumentation werden. Das ist schon deshalb unverzichtbar, da ein solches *unlösbares Problem* häufig auf Lücken in der Aufgabenbeschreibung hindeutet. Sie zeigt, dass sich der Projektmanager mit den

Problemen auseinandergesetzt und dass er Konsequenzen empfohlen hat. Wenn er z.b. für die Bewältigung der Krise zusätzliche Ressourcen benötigt, diese jedoch nicht erhält, so ist die Krisenbeschreibung ein wichtiges Dokument, das die ordnungsgemäße Projektabwicklung dokumentiert. Das ist ein Punkt, der später für die interne Rechtfertigung wichtig werden kann. Aber auch der Kunde kann u.U. beschwichtigt werden, wenn zu einem späteren Zeitpunkt die Behauptung aufgestellt wird, Probleme seien einfach ignoriert worden.

Menschliche Konflikte   Krisen entstehen nicht nur als Folge von sachlichen Problemen, sondern zu einem wesentlichen Teil als Ergebnis von menschlichen *Konflikten*. Mit anderen Worten: Manche Krise würde nicht entstehen, wenn die agierenden Personen sich gut verstehen würden. Aus diesem Grund sollten in einer Krisendarstellung immer auch alle menschlichen Konfliktpotentiale aufgeführt werden. Zusätzlich sollten zumindest die Schlüsselfiguren (Key-Player) genannt sein. Häufig erleichtert zusätzliche Information (Metainformation) die Beurteilung der Krisensituation:

- Welche Funktionen haben die Projektbeteiligten im Unternehmen?
- Welche Stellung haben die Key-Player im Projekt (Projektleiter des Kunden, Bediener der Fertigungssteuerung etc.)?
- Welche Intentionen in Bezug auf das Projekt haben die Projektbeteiligten (z.B. persönliche Vorteile bei einem Misserfolg des Projekts)?
- Welche charakterlichen Eigenschaften (ausgleichend, destruktiv, unstrukturiert etc.) bestimmen das Klima im Projekt?

Auf der Basis der so ermittelten Informationen kann i.d.R. endgültig entschieden werden, ob es sich um eine Krisensituation handelt. In vielen Fällen wird sich zeigen, dass nach einer genauen Analyse und Beschreibung der Probleme eine anfänglich als Krise eingestufte Situation im Grunde einfach lösbar ist. Auch wenn die hier vorgestellten Maßnahmen zum Krisenmanagement nicht erforderlich sind, so sollte doch ernsthaft geprüft werden, welche Schritte ergriffen werden müssen, um eine weitere Eskalation schon jetzt wirkungsvoll zu verhindern. Denn allein schon die Tatsache, dass eine Krise vermutet wurde, zeigt, dass das Projektmanagement verbesserungsbedürftig ist.

Wenn sich jedoch nach der Analyse typische Merk-
male einer Krise erkennen lassen, so ist die Einsetzung
eines Krisenmanagements oder zumindest die Anwendung der im Folgenden vorgestellten Methodik angezeigt. Die bis zu diesem Punkt gewonnenen analytischen Ergebnisse, die in der Krisendarstellung niedergelegt sind, bilden die Grundlage für die Erarbeitung
einer Lösungsstrategie.

4.3.2.1
Wer fertigt eine Krisendarstellung an?

Eine Krise ist objektiv und sorgfältig darzustellen. Aus
diesem Grund sollte mit der Anfertigung eine Person
beauftragt werden, die über die nötigen menschlichen
und fachlichen Fähigkeiten verfügt. Je nach Projekt-
konstellation ist es für den Projektmanager selbst meist
schwierig, eine Krise objektiv darzustellen. Andererseits
ist er aufgrund seines Gesamtüberblicks in der Lage,
schnell und einfach eine Krisendarstellung anzufertigen.

Die KOPV-Methode erfordert lediglich eine objektive und sorgfältige Analyse; wer diese Analyse durch-
führt, sollte in der jeweiligen Projektsituation abgewogen werden. Objektivität lässt sich u.a. durch folgende
Maßnahmen gewährleisten:

- Orientierung an dem von der KOPV-Methode vorgegebenen Analyseraster, das im Folgenden vorgestellt wird.
- Weitgehende Untermauerung der Ergebnisse durch
  entsprechende Dokumente.
- Kritische Prüfung der Ergebnisse durch eine zweite
  Person (Vier-Augen-Prinzip).

In vielen Fällen wird mit der Krisenerkenntnis auch der
Vorgesetzte des Projektmanagers über den Vorgang
informiert. In diesem Fall kann ihm das Analyseraster
als Vorlage für entsprechende Arbeitsaufträge dienen.
Er kann gleichzeitig die Rolle des kritischen Prüfers
spielen. Er muss nicht nur alles in Zweifel ziehen, sondern auch immer wieder unangenehme Fragen stellen.
Dabei sollte es sich um ein „konstruktives Fragen" handeln, das nicht in Vorhaltungen umschlagen sollte. Letzteres führt nur zu verkrampften Situationen, die nur
zusätzliche Spannungen in die Krisensituation bringen.

Da Fragen in dieser Phase eine besondere Bedeutung haben, werden in den weiteren Abschnitten neben

Krisenfaktoren

Vorhaltungen helfen nicht

den *Grundfragen,* die sich unmittelbar aus der Vorgehensweise der KOPV-Methode ergeben, auch immer wieder *Zusatzfragen* gestellt, die sich in der Praxis bewährt haben, sich aber in das methodische Gerüst nicht systematisch einordnen lassen.

Solche Zusatzfragen werden nicht weiter erläutert, sondern als solche im Raum stehen gelassen. Sie dienen nicht der Methode selbst, sondern nur ihrer praktischen und vollständigen Anwendung. Damit sie griffig sind, werden sie unter Verwendung einer Anredeform formuliert.

4.3.2.2
Mittel zur Krisendarstellung

Die Mittel zur Krisendarstellung lassen sich durch folgende Grundfrage charakterisieren:

Grundfrage

Wie erhebe ich die Informationen zur Analyse einer Krise?

Welche Mittel für die Analyse einer Krise zur Verfügung stehen, hängt wesentlich davon ab, wie ein Projekt dokumentiert ist. Wenn nur wenig Dokumentation vorhanden ist, können wenigstens die Projektmitglieder interviewt werden. Es muss nicht betont werden, dass das der ungünstigste Fall ist. Die folgenden Überlegungen gehen von einer vorbildlichen Projektführung aus und können daher im Umkehrschluss auch ein Hinweis darauf sein, wie ein Projekt für eine Krise optimal vorbereitet und geführt werden kann.

Wichtig: Projektordner

Typischerweise werden in einem Projekt verschiedene Dokumente erzeugt. So liegt eine Aufgaben – oder wenigstens eine Zielbeschreibung vor. Da die vorgegebenen Ziele i.d.R. nicht ohne weiteres erreicht werden können, müssten zumindest der Lösungsweg und eine Planung vorliegen. Diese Liste zeigt wichtige Dokumente, die am besten in einem Ordner zusammengefasst abgelegt sein sollten:

- Kaufmännische Dokumente
  - Angebot
  - Bestellung
  - Auftragsbestätigung
  - Schriftverkehr
  - Kalkulation
  - Aufgelaufene Kosten (Wareneinsatz/Std.)
- Organisatorische Dokumente
  - Planung

- Organigramme (Kunde/Lieferant), Ansprechpartner
- Kundenzielsetzung (z.B. Lastenheft)
- Technische Dokumente
  - Pflichtenheft
  - Abnahmekriterien
  - Spezifikation
  - Systemumgebung

Wenn ein Projektordner nicht existiert, müssen die Informationen zusammengetragen werden. Das kostet Zeit und ist aufwendig. Doch diese Mühe ist unabdingbar, denn anderenfalls muss der Krisenmanager Annahmen treffen.

Jede nicht überprüfte Annahme kann dazu führen, dass wichtige Faktoren übersehen werden. Fakten lassen sich am einfachsten anhand von Dokumenten untermauern. Wenn eine Krise bereits entstanden ist, lassen sich nicht erstellte Dokumente i.d.R. (auf seriöse Weise) nachträglich nicht mehr beschaffen. Es gilt also schon vorher, alle relevanten Aktivitäten im Projekt lückenlos zu dokumentieren. In jedem Fall ist aber jetzt der Zeitpunkt gekommen, der Projektdokumentation besonderes Gewicht zu geben.

So wichtig die Projektdokumentation auch ist – ebenso wichtig sind informelle Erkenntnisse. Typische Quellen sind:

Informelle Erkenntnisse

- Der Projektleiter der anderen Krisenpartei.
- Freundlich gesonnene Mitarbeiter der anderen Seite.
- Externe Quellen, wie z.B. Berater der anderen Seite.

Solche Personen sollten mit viel Geschick angesprochen werden, um zusätzliche Informationen zu erhalten. Wichtig ist dabei, dass mit *offenen Karten* gespielt wird. Keiner der Gesprächspartner darf das Gefühl haben, ausgehorcht zu werden. Die Informationen sollten für eine sachliche und faire Problemlösung verwendet werden. Dann wird sich jeder auch in Zukunft bereit erklären, in einer Krisensituation zu helfen. Wenn derartige Informationen verwendet werden, sollte, soweit nichts anderes explizit mit dem Informanten abgesprochen wurde, die Quelle genannt werden. Denn nichts ist schädlicher als ein Krisenpartner, der sich übervorteilt oder schlecht informiert fühlt.

Gibt es Dokumente, die „neben" dem Projekt liegen?
Wurden Rahmenverträge geschlossen?
Gibt es gesetzliche oder sonstige Normen?
Wurden von Personen außerhalb des Projekts Zusagen getätigt (z.B. Vertrieb oder Geschäftsleitung)?

4.3.2.3
Welche Motive und Ziele verfolgen beteiligte Personen?

Für die Darstellung der Motive muss folgende Grundfrage beantwortet werden:

Grundfrage

Wer ist an der Krise mit welcher Funktion beteiligt und welche persönlichen Ziele hat er in diesem Kontext?

Auf die Bedeutung der menschlichen Faktoren bei der Entstehung einer Krise wurde schon verschiedentlich hingewiesen. Es ist daher gut, wenn schon in dieser Phase untersucht wird, was die Motive der einzelnen Beteiligten sind. Hierauf wird im Kapitel über *„Psychologische Aspekte einer* Krise" noch genauer eingegangen.

Daher sollte eine Liste der beteiligten Personen angefertigt werden. Welche Punkte sie enthält, hängt von der Art des Projekts ab. Die in der folgenden Tabelle aufgeführte Systematik hat sich in der Praxis bewährt und kann Ausgangspunkt für die eigene Arbeit sein.

Tabelle 4-1: Eine beispielhafte Kategorisierung der an einer Krise beteiligten Personen

Name	Funktion	Beziehung	Typ	Zielsetzung
Peter Gernegroß	Abteilungsleiter	Projektleiter	D,E	Will durch das Projekt Karriere machen.
Malte König	Hauptabteilungsleiter	Chef von Gernegroß	–	Will 10 Mitarbeiter freisetzen.
Karin Nohau	Beraterin der Fa. Know-how	Hat die Ausschreibung betreut	–	Will ihren Ruf wahren.
Patrizia Meier	Projektassistentin	Rechte Hand von Gernegroß	A,C	Will möglichst wenig arbeiten.

Kategorisierung von Personen

Mit dieser Tabelle wird ein schneller und einfacher Überblick über die am Projekt beteiligten Personen vermittelt. Es ist daher oft hilfreich, wenn sie als Bestandteil des Projektordners ständig gepflegt wird. Sie kann dann, wenn eine Krisensituation auftritt, genutzt werden, um z.B. dem Vorgesetzten, der ein erstes Gespräch beim Kunden führen muss, auf die ihn erwartenden Personen einzustimmen.

In Tabelle 4-1 ist eine beispielhafte Liste von Personen dargestellt, die an einer Krise beteiligt sind. Die
Spalten haben folgende Bedeutung (soweit sie sich
nicht selbst erklären):

- Unter Funktion sollten sowohl die formale Funktion als auch die informellen Aufgaben (z.B. Meinungsführerschaft, Protokollführer) genannt werden.
- Unter Beziehung sollte die Rolle der Person innerhalb des Projekts dargestellt werden.
- Auf die Bedeutung der Spalte *Typ* wird im Kapitel
  „Psychologische Aspekte einer Krise" ausführlich
  eingegangen. Sie beschreibt besondere Einstellungen, die Rückschlüsse auf das Verhalten in Krisensituationen ermöglichen. Personen, die nicht in
  dieses Raster passen, bekommen einen Strich.
- Die Zielsetzung sollte kurz umschreiben, was die
  Person durch das Projekt erreichen will.

4.3.2.4
Krisenkategorien

Der Verlauf einer Krise und die Frage, wie sie zu behandeln ist, hängt wesentlich von ihren Ursachen ab.

Was sind die Auslöser für eine Krisensituation?   Grundfrage

Die Ursachen für eine Krise lassen sich zu dem in Abb.
4-3 dargestellten Schema zusammenfassen.

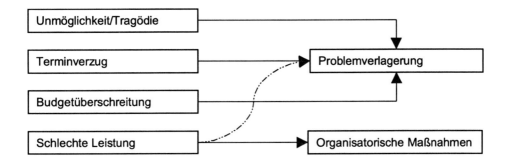

Abb. 4-3: Krisenkategorien

Bevor auf die einzelnen Kategorien eingegangen
wird, soll zunächst ein wichtiger, tendenzieller Unterschied zwischen den oben aufgeführten Punkten vorgestellt werden. Unmöglichkeit, Terminverzug und Bud-

getüberschreitungen sind (in den meisten Fällen) multikausal. Ihre Ursache liegt z.B. in der Firmenstruktur, Kundenstruktur oder in anderen *nicht direkt kontrollierbaren* Größen. Eine schlechte Leistung hingegen ist durch eine mangelnde Kompetenz zur Lösung des vorgegebenen Problems begründet. Die Ursache liegt daher in spezifischen fachlichen Problemen, deren Lösung eher in der jeweiligen fachlichen Disziplin zu suchen sind, als in einer allgemeinen fachunspezifischen Methode wie KOPV. Hier gilt es, diese Kompetenz systematisch aufzubauen. Sie lässt sich häufig unmittelbar durch Maßnahmen wie

- Schulung,
- Zukauf von Beratungsleistung oder
- Änderungen in der Organisation
- beheben.

In den ersten drei Fällen ist das nicht so einfach, denn die Ursache liegt meist nicht alleine im Unternehmen. Eine Lösung muss daher mit der anderen Seite erarbeitet werden:

- Wenn eine Leistung wirklich *unmöglich* ist, so muss an dem Problem selbst gearbeitet werden. Dazu muss der Kunde seinen Beitrag leisten.

Terminverzug

- Ein *Terminverzug* hat seine Ursache häufig in Entscheidungen, die vor Beginn des Projekts liegen oder die in der aktuellen Situation (aufgrund von vertraglichen Konstellationen) nur mit Zustimmung des Kunden in Frage gestellt werden können.

Budgetüberschreitung

- Eine *Budgetüberschreitung* kann z.B. ihre Ursache in der Definition der Aufgabenstellung selbst oder in der Umsetzung durch das Projektteam haben.

In jedem dieser Fälle liegen die Lösungsmöglichkeiten nur z.T. im Bereich des eigenen Unternehmens, so dass die *Verhandlung* mit dem Kunden in den Vordergrund rückt.

4.3.3
Problembeschreibung

Die Beschreibung des Problems ist meist (scheinbar) so offensichtlich, dass eine schriftliche Darstellung als überflüssig angesehen wird. Ich habe aber immer wieder festgestellt, dass in Krisensituationen auf die folgende Grundfrage keine Antwort gegeben werden konnte:

Lassen sich die konkreten Probleme knapp darstellen?

Für einen Projektleiter sind die aktuell vorliegenden Probleme offensichtlich und leicht zu beschreiben. Entsprechend wird er die Aufforderung zu einer knappen schriftlichen Darstellung oft mit Befremden aufnehmen. In der Umsetzung stellt sich heraus, dass

- entweder die Darstellung knapp und konfus
- oder lang und nichts sagend ist.

Der Grund hierfür liegt auf der Hand: Er sieht den „Wald vor lauter Bäumen nicht mehr". Um dieser Gefahr, der häufig unerfahrene Projektleiter erliegen, zu begegnen, ist eine Darstellung der Probleme wichtig. Sie ermöglicht dem übergeordneten Management einen ersten Einblick, wo die Defizite im Projekt tatsächlich liegen. Gelingt die Darstellung nicht, so ist schon an dieser Stelle eine fachliche Unterstützung des Projektleiters nötig. Denn wer seine Gedanken nicht soweit ordnet, dass er seine Probleme den Personen in der eigenen Organisation vermitteln kann, wird i.d.R. schon im normalen Projektverlauf Probleme mit seinem Kunden bekommen.

Problem schlüssig darstellen

Auch die häufig vorgebrachte Auffassung, die Probleme seien bereits bestens im Angebot, im Pflichtenheft, im Vertrag oder in der Ausschreibung beschrieben, entbindet nicht von der Notwendigkeit einer Problembeschreibung. Denn wenn diese Auffassung stimmen würde, muss die Frage erlaubt sein, warum erst jetzt eine Krise ausgerufen wird. Außerdem beschreiben diese Dokumente üblicherweise eine Aufgabe oder ein Ziel. Deren Problematisierung (mit dem Ziel, eine Lösung zu finden) erfolgt erst in späteren Projektphasen. Die Unfähigkeit zur Lösung eben dieser Probleme führt in die Krise. Eine Problembeschreibung ersetzt all diese Dokumente daher nicht.

Keine Ausflüchte

Wird eine schlüssige Problembeschreibung geliefert, so heißt das aber nicht, dass sie auch die tatsächlichen Probleme beschreibt. Sie könnte vielfältig durch eigene Bedürfnisse und Wünsche gefärbt sein. Es gilt daher, die Beschreibung der Probleme mit den Aufgaben und Zielen zu vergleichen. Hierzu müssen die relevanten Dokumente herangezogen werden:

- Ausschreibung
- Angebot

- Pflichtenheft
- Vertrag

Hierbei ist besonders darauf zu achten, ob die Problembeschreibung offensichtlich[3] von der Projektzielsetzung abweicht.

Zusatzfrage

Es gilt zu prüfen, ob das Problem angemessen beschrieben wurde. So sollte es für die unmittelbare Krisenbehandlung darum gehen, herauszufinden, *worin* das Problem besteht und nicht, *wie* es dazu gekommen ist.[4] Ein sicherer Indikator hierfür ist eine Problemdarstellung, die ihren Ausgangspunkt in der Zielsetzung des Projekts sucht, also dem Wesen nach in die Zukunft und nicht in die Vergangenheit gerichtet ist.

Ein weiterer wichtiger Punkt ist die Darstellung der anderen Krisenpartei. Hierbei ergeben sich z.B. folgende Fragen:

- Stellt die Beschreibung klar die unterschiedlichen Auffassungen dar?
- Sind die Motive der anderen Seite klar?
- Gibt es äußere Anlässe, die dazu geführt haben, dass gerade jetzt die Krise ausbricht?

4.3.4
Zielbeschreibung

Die Definition der Projektziele gehört sicher zu den ersten und wichtigsten Aufgaben im Projekt. Sie ist die Basis für eine professionelle Projektabwicklung. Doch auch wenn die Definition eines Projekts schon förmlich eine Zielbeschreibung verlangt, ist sie deshalb schon selbstverständlich? Meine Erfahrung im Projekt- und Qualitätsmanagement zeigt, dass das in der Praxis alles andere als selbstverständlich ist. Die im Folgenden for-

---

[3] Der Begriff *offensichtlich* wird hier deshalb verwendet, weil es in dieser Phase nur um eine formale Prüfung geht. Später muss hier im Rahmen der Synthese geklärt werden, ob das Problem nicht für eine Zielerreichung inhaltlich falsch formuliert wurde.

[4] Damit soll nicht gesagt werden, dass die Beschreibung der Entwicklung eines Projekts überflüssig ist. Sie ist aber nur dann relevant, wenn sie für das Verständnis der aktuellen Situation wichtig ist.

Die Geschichte der Krise ist darüber hinaus für die kritische Analyse der Ursachen wichtig. Aus ihr lassen sich Fehler ableiten und Maßnahmen ergreifen, die in Zukunft ähnliche Krisen verhindern. Das sollte aber erst erfolgen, wenn die Krise abgeschlossen wurde.

mulierte Grundfrage ist daher von essentieller Bedeutung.

Welche konkreten Ziele soll das Projekt aus Sicht des Kunden erreichen?

G r u n d f r a g e

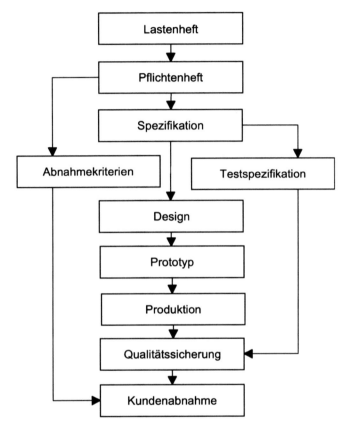

Abb. 4-4: Beispielhafter Ablauf in einem Entwicklungsprojekt. Das Schaubild verdeutlicht die schrittweise Verfeinerung der Zieldefinitionen. So betrachtet der Qualitätsingenieur bei der Erstellung seines Testaufbaus die Testspezifikation. Ob diese die im Lastenheft geforderten Eigenschaften abprüft, ist für ihn nicht transparent

Die Definition der Projektziele lässt sich auf unterschiedlichen Ebenen darstellen:

- So erstellt der Kunde u.U. ein Lastenheft, das die Anforderungen des Kunden aus seiner Sicht festschreibt.

- Der Lieferant formuliert dieses Lastenheft in ein Pflichtenheft um, das die Realisierung der Anforderungen mit den Mitteln des Lieferanten explizit darstellt.

• Aus diesen Pflichtenheften entstehen u.U. weitere Dokumente, die z.B. das genaue Verhalten spezifizieren oder das technische Design beschreiben.

Eine beispielhafte Abfolge von Schritten in einem Entwicklungsprojekt, die alle durch entsprechende Dokumente beschrieben sein sollten, ist in Abb. 4-4 dargestellt.

Jedes dieser Dokumente ist eine Umformulierung der ursprünglichen Zielbeschreibung. Sie dienen der Konkretisierung und der sukzessiven Verfeinerung, mit dem Ziel, einfache und überschaubare Lösungen zu finden.

B e i s p i e l

Diese Übersetzung der Zielbeschreibung in eine andere „Sprache" ist aber auch erforderlich, weil in einem großen Projekt viele Personen mitarbeiten, die unterschiedliche fachliche Qualifikationen besitzen. So ist in einem Softwareentwicklungsprojekt z.B. ein Warenwirtschaftssystem mit der Ansteuerung eines Hochregallagers zu realisieren. Der Kunde wird in diesem Fall im Lastenheft die Warenflüsse möglichst genau definieren. Bei der Realisierung müssen dann technische Systeme für die Befüllung und Entnahme aus dem einzelnen Regal programmiert werden. Diese Eigenschaften des Systems kommen im Lastenheft nicht explizit vor. Sie sind ein kleiner Ablaufschritt des physischen Transports, der selbst zusammen mit der Warenerkennung, Lagerortbestimmung und warenwirtschaftlichen Bestandsbuchung Bestandteil der Wareneinlagerung ist. ∎

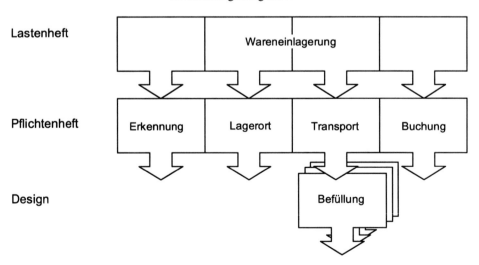

Lastenheft

Pflichtenheft

Design

Abb. 4-5: Verfeinerung im Entwicklungsprozess

In Abb. 4-5 ist die schrittweise Verfeinerung eines Teilaspekts am Beispiel eines Warenwirtschaftssystems mit Hochregallager dargestellt. Die Teilaspekte werden in folgenden Schritten detailliert:

- Die Wareneinlagerung wird ausführlich im Lastenheft beschrieben.
- Der Transport wird lediglich als Grundoperation „physischer Transport" von A nach B im Pflichtenheft erfasst.

Die Befüllung eines Regals ist ein technischer Aspekt, der erst in der Designphase berücksichtigt wird.

4.3.5
Wodurch lässt sich das Problem kennzeichnen (Sollabweichung)?

Die bisher aufgenommenen Aspekte einer Krise sind mehr oder weniger qualitativer Art. Für eine sinnvolle Bewertung, besonders durch das Management, ist eine quantitative Betrachtung unerlässlich. Diese Erkenntnis führt zu der folgenden Grundfrage:

> Worin liegt die konkrete, quantitative Abweichung im Projekt, die zu einer Krisensituation geführt hat?

Grundfrage

Die Erkenntnis einer Krise macht sich in aller Regel an einem konkreten Ereignis fest, das das „Fass zum Überlaufen" gebracht hat. Doch dieses Ereignis ist meist nur der Anlass und nicht die Ursache für die Krise. Wie schon an anderer Stelle *(s.a. Abschn. 3.2)* aufgezeigt wurde, sind es meist viele Faktoren, die in die Krise führen. Damit diese Punkte nicht nur systematisch erfasst, sondern auch aus Sicht beider Parteien bewertet werden können, muss die Abweichung vom Sollzustand ermittelt werden. Ein Vorschlag für ein Formblatt ist in Tabelle 4-2 wiedergegeben.

Die Sollabweichung gibt zunächst die Bewertung der im vorherigen Abschnitt genannten Krisenfaktoren wieder (s. Seite 48) . Dabei ist die Abweichung des Endtermins und des Budgets i.d.R. offensichtlich. Trotzdem gibt es hier oft unterschiedliche Auffassungen zwischen den an der Krise beteiligten Parteien. Es kann daher erforderlich sein, diese Punkte weiter zu zergliedern, um z.B. unstrittige Themen von strittigen zu trennen.

Unter *Eigenschaften* werden all jene Fragen verstanden, die mit der inhaltlichen Aufgabe des Projekts verbunden und in der ein oder anderen Form vertraglich zugesichert sind. Sie müssen daher jeweils an die aktuellen Bedürfnisse des Projekts angepasst werden.

Der *Nutzen* für den Kunden ist von besonderer Bedeutung, da er all jene Bereiche umfasst, die zwar nicht Bestandteil des Leistungsumfangs sind, aber den jeweiligen wirklichen Grund für die Forderung einer bestimmten Eigenschaft widerspiegeln und damit der eigentliche Auslöser für die Initiierung des Projekts ist. In Abb. 4-8 (*s. Seite 73*) ist ein ausgefülltes Formular als Beispiel wiedergegeben.

Tabelle 4-2: Sollabweichung

| Krisenfaktor | Lieferant | | | Kunde | | |
	Soll	Ist	Abweichung Priorität	Soll	Ist	Abweichung Priorität
Endtermin	–	–	–	–	–	–
Budget	–	–	–	–	–	–
Rendite	–	–	–	–	–	–
Eigenschaften	–	–	–	–	–	–
Nutzen	–	–	–	–	–	–

Um die hier vorgestellten Aspekte mit der nötigen Ruhe zu bearbeiten, wird einige Zeit benötigt. Damit der Kunde in der Zwischenzeit nicht übermäßig strapaziert wird, muss für diese Zeit eine Übergangslösung (sog. Interimslösung) gefunden werden (*s.a. Abschn. 5.4*).

Die Arbeit in dieser Phase ist angemessen zu dokumentieren, da später hierauf immer wieder Bezug genommen wird.

4.4
Krisenentscheidung bewusst herbeiführen

Die bisherigen Untersuchungen werden immer dann vorgenommen, wenn es einen begründeten Verdacht gibt, dass eine Krise entstanden sein könnte oder wenn befürchtet wird, dass nur durch den Einsatz des Krisenmanagements eine solche verhindert werden kann.

Die genaue Analyse der Situation dient dabei zwei wesentlichen Zwecken:

- Sie bietet dem Projektmanager die Möglichkeit, sich selbst zu prüfen oder mit anderen Personen die aktuelle Situation durchzusprechen, um so eine objektive Bewertung zu ermöglichen.

- Sie ermöglicht eine emotionsfreie Darstellung der aktuellen Risiken und Probleme, die dazu genutzt werden kann, mit dem Vorgesetzten über die weiteren Maßnahmen zu sprechen.

Der erste Punkt ist besonders für den unerfahrenen Projektmanager wichtig, der u.U. dazu neigt, auch schon kleine Probleme als Krise einzustufen. Die schriftliche Analyse hilft ihm bei der Positionsbestimmung. In vielen Fällen reicht diese dann schon aus, um einen Ausweg aus den aktuellen Problemen zu finden.

Der zweite Punkt ist wichtig, wenn es schwierig ist, den Vorgesetzten von der Notwendigkeit eines Krisenmanagements zu überzeugen. Punkte wie

- Sollabweichung
- Kosten oder
- Krisenkategorien

sind weitgehend unabhängig vom konkreten Problem.

Die Darstellung ist bewusst in einer Form gehalten, die eine Entscheidung für ein Krisenmanagement ermöglicht, ohne dass hierzu fachliches Detailwissen erforderlich ist. Hiermit werden folgende Ziele verfolgt:

Objektive Entscheidung

- Der Vorgesetzte erhält so die Möglichkeit, eine fundierte Entscheidung zu fällen, die die finanziellen und vertraglichen Risiken klar berücksichtigt.
- Der Projektmanager kann für den Fall, dass auf Krisenmanagement verzichtet wird, später nachweisen, dass er die Situation rechtzeitig erkannt hat und seiner Informationspflicht angemessen nachgekommen ist.

Die Praxis zeigt, dass dieses Vorgehen einerseits der Entkrampfung und Objektivierung dient und andererseits dazu beiträgt, Krisenmanagement rechtzeitig einzusetzen.

Unterstützt werden kann diese Situation durch ein formalisiertes Verfahren zur Einleitung von Krisenmanagement. Ein solches Verfahren kann z.B. im Qualitätssystem des Unternehmens verankert sein. In ihm wird geregelt, welche Unterlagen für ein Krisenmanagementverfahren eingereicht werden müssen. Der Antrag wird dann an den direkten Vorgesetzten und an den Leiter der Qualitätsstelle geleitet. In einer gemeinsamen Sitzung wird dann die Krisenentscheidung getroffen. Wenn keine Einigkeit erzielt werden kann, kann der Leiter der Qualitätsstelle den Fall dem nächsten, über-

Krisenmanagementverfahren

geordneten Vorgesetzten vorlegen, der dann endgültig über den Fall entscheidet.

Folgende Überlegungen sollen anhand eines typischen Beispiels verdeutlichen, wie sich die Anwendung der KOPV-Methode an einem praktischen Beispiel darstellt. Das Beispiel wird in den weiteren Abschnitten fortgeführt.

B e i s p i e l

SCHNELLE KOMMUNIKATION VERSUS KOMMUNIKATIONSVERFAHREN

Das große internationale Unternehmen Interprod will die interne Kommunikation nachhaltig verbessern und schreibt deshalb ein System zur elektronischen Postvermittlung – im Fachjargon auch „Email" genannt – aus. Das System muss im Wesentlichen sicherstellen, dass jede Nachricht innerhalb von 10 min. beim Empfänger eintrifft. Zudem sollen andere Dateien (z.B. aus der Textverarbeitung) mit versendet und die Adressdaten zentral verwaltet werden können.

Der Vertriebsmitarbeiter Scherbel des DV-Unternehmens ComLike unterbreitet ein Angebot, das geringfügig teurer ist, als das Angebot eines Konkurrenten. Beide Systeme erfüllen die oben skizzierten Anforderungen. Ein detaillierter Vergleich der beiden Systeme bringt die Unterschiede der Systeme zutage. Doch halten sich auch hier die Vor- und Nachteile die Waage.

In dieser Situation bietet der Vertriebsmitarbeiter Scherbel eine neue Variante der Software zum gleichen Preis des ursprünglichen Angebots an, die ein neuartiges Kommunikationsverfahren (im Fachjargon „Protokoll" genannt) implementiert. Es zeichnet sich unter anderem dadurch aus,

- dass es besonders sicher und daher ein Verlust von Nachrichten fast ausgeschlossen ist;
- dass eine Email automatisch als gelesen markiert wird, wenn der Empfänger die Nachricht aufgerufen hat.

Informationen kommen sicher an

Der letzte Punkt ist für Interprod interessant, weil schon häufig bei der Versendung von Post über den konventionellen Weg wichtige Informationen verloren gegangen sind oder nicht rechtzeitig bearbeitet wurden, weil der zuständige Mitarbeiter gerade in Urlaub war. Das hat im Einzelfall zu nennenswerten Verlusten geführt. Mit dem vorgeschlagenen System könnte der Absender sich telefonisch erkundigen, wenn eine Nachricht innerhalb einer vorgegebenen Zeit nicht gelesen wurde.

Als Scherbel erkennt, dass dieser Punkt ein echter Verkaufsvorteil ist, bietet er eine (kostenpflichtige) Erweiterung an, die den Sender automatisch an die Nachricht erinnert, wenn sie nicht innerhalb einer vorgegebenen Zeit als gelesen bestätigt wurde.

Der Vertrag wird am 2.2.2001 mit der Fa. ComLike für einen Preis von 670.000,- € geschlossen. Das System soll am 5.9.2001 weltweit in Betrieb sein.

Vertragsschluss am 2.2.2001

Bei der Realisierung des Systems gibt es zunächst keine Probleme. Das System wird weltweit am 3.10.2001 eingeführt. Die Verzögerung wurde vorweg mit dem Projektleiter der Fa. Interprod, Herrn Regauv, abgesprochen und führte zu keinen Problemen in der Zusammenarbeit. In einer Fehlermeldung am 20.12.2001 moniert Interprod, dass die Lesebestätigung in ca. 2% der Fälle nicht oder nicht korrekt anzeigt wird. Die Analyse des Fehlers ergibt, dass er in einer durch die Fa. ComLike zugekauften Komponente auftritt. Die Fa. ComLike erhält drei Versuche zur Nachbesserung. Sie scheitern alle, weil die Verbesserungen des Vorlieferanten nicht den erwarteten Erfolg bringen. Als Konsequenz dieser Probleme ist die kundenspezifische Erweiterung für eine Erinnerungsfunktion (diese sollte erst nach der Einführung des Grundsystems in Betrieb genommen werden, wenn Emails nicht gelesen werden) ebenfalls nicht realisierbar.

Einführung am 3.10.2001

Der zuständige Projektmanager Datloß bei der Fa. ComLike hat in den letzten Wochen Tag und Nacht an der Bewältigung des Problems mit dem Kommunikationsverfahren gearbeitet. Er hat dem Vorlieferanten viele Hinweise für die Lösung gegeben. Der Vorlieferant ist offensichtlich mit der Fragestellung überfordert. Das hat er gegenüber seinem Kunden in vertraulicher Form geäußert.

Tabelle 4-3: Übersicht über den zeitlichen Ablauf im Projekt der Fa. ComLike

Datum	Ereignis
2.2.2001	Vertragsschluss
5.9.2001	Geplanter Termin für den operativen Betrieb
3.10.2001	Tatsächliche Übergabe in den Betrieb
17.10.2001	Teilabnahme (ohne Erinnerungsfunktion)
20.12.2001	Lesebestätigung fehlt in 2 % der Fälle
20.3.2002	Interprod droht mit Rückabwicklung

Regauv droht Datloß nun am 20.3.2002 am Rande einer Projektbesprechung mit der Rückabwicklung des gesamten Geschäfts, wenn die Probleme nicht innerhalb von sechs Wochen beseitigt seien. Er argumentiert damit, dass die Nachrichtenübermittlung zwar einwandfrei funktioniere, die Benachrichtigungsfunktion aber eine wesentliche zugesicherte Eigenschaft sei, ohne die man ein anderes System ausgewählt hätte. Der Projektmanager meldet seiner Geschäftsleitung, dass eine schnelle Lösung für das Problem nicht in Sicht sei. Aus diesem Grund müsse man

Krisenmeldung am 20.3.2002

die Rückabwicklung akzeptieren. Die daraus entstehenden Verluste liegen bei mehreren hunderttausend Euro. Die Geschäftsleitung vereinbart daraufhin einen persönlichen Gesprächstermin mit dem Kunden. Zu diesem Zeitpunkt werde man konkrete Lösungsvorschläge präsentieren. Hegdick, der Vorgesetzte von Datloß, wird beauftragt, einen Lösungsvorschlag zu erarbeiten.

Er soll gleichzeitig alle organisatorischen Maßnahmen ergreifen, um die Krise zu beseitigen.

Krisensitzung

Hegdick beruft daraufhin für den nächsten Tag um 11^{00} Uhr eine Projektsitzung ein. Die Zeit bis dahin nutzt er, um sich in das Thema einzuarbeiten. Der Ausgangspunkt hierfür ist der Projektordner und ein Gespräch mit dem bisherigen Projektmanager Datloß. Hieraus ergeben sich u.a. folgende Erkenntnisse:

- Der Projektordner macht insgesamt einen guten Eindruck. Er enthält alle wesentlichen kaufmännischen Dokumente, ein Pflichtenheft, die Spezifikation, die Projektkalkulation, sowie eine Reihe von Gesprächsprotokollen und Briefen.

- Hegdick findet auch eine Aufgabenliste, die zum letzten Mal vor ca. 9 Wochen aktualisiert wurde. Zu diesem Zeitpunkt war das Problem mit der Antwort-Email zum ersten Mal gemeldet worden. Ab dann finden sich nur noch wenige neue Dokumente in dem Ordner. Hierbei handelt es sich meist um Schreiben des Kunden, die die erfolglosen Nachbesserungsversuche von ComLike dokumentieren.

- Die Fa. Interprod hat am 17.10.2001 die Teilabnahme der Software erklärt. Hierin ist explizit die Abnahme der Antwort-Emailfunktion aufgeführt. Die endgültige Abnahme ist aber an die erfolgreiche Installation der Erinnerungsfunktion gekoppelt. Interprod hat daraufhin den von ComLike vertragsgemäß in Rechnung gestellten Betrag in Höhe von 80% des Kaufpreises bezahlt.

- Der von Scherbel geschlossene Vertrag enthält ein weitreichendes Rücktrittsrecht, das auch noch greift, wenn sich Fehler erst in der Gewährleistungszeit ergeben. Außerdem wurde eine Vertragsstrafe von 1% des Umsatzes für jede angefangene Woche vereinbart, die sich ComLike in Verzug befindet. Die Gesamtpönale ist auf 30% des Umsatzes begrenzt. Sie wird erst fällig, wenn ComLike schriftlich in Verzug gesetzt wird.

Hypothesen aufstellen

Aus dem Gespräch mit Datloß und dem Aktenstudium leitet Hegdick folgende Hypothesen ab, die ihm bei der Strukturierung der Sitzung helfen sollen:

- Datloß war in den letzten Wochen so stark mit der technischen Lösung der Probleme beschäftigt, dass er sowohl seine organisatorischen als auch seine kommunikativen Aufgaben dem Kunden gegenüber nicht mehr richtig wahrgenommen hat. Er war offensichtlich der Krisensituation nicht gewachsen. Diese Tatsache unterstreicht den Bedarf für die Einsetzung eines Krisenmanagers.

- Die vertragliche Position von Interprod ist ausgesprochen stark. Beruhigend ist jedoch, dass ComLike noch nicht formal in Verzug gesetzt wurde. Das könnte darauf hindeuten, dass das höhere Management von Interprod noch nicht mit dem Fall beschäftigt ist.

Damit die Sitzung effektiv ablaufen kann, soll Datloß folgende Vorbereitungen für die Sitzung treffen:

- Skizzierung der Chronologie der letzten sechs Wochen.
- Darstellung der Aufbauorganisation der Kundenseite und eine Übersicht der wichtigsten Key-Player.
- Erstellung einer Liste über die aus Sicht des Kunden offenen Punkte.

Diese Ausarbeitung kann in den Projektordner übernommen werden, um ihn so wieder in einen konsistenten Zustand zu versetzen.

Die Frage, ob ein Krisenmanager eingesetzt wird, stellt sich für Hegdick nicht. Es ist offensichtlich, dass Datloß mit der Aufgabe überfordert ist. Außerdem ist zu klären, ob der Krisenmanager aus der eigenen Abteilung ist oder ob er aus einer anderen Abteilung rekrutiert werden soll. Hier lässt er sich von folgender Überlegung leiten:

Die durch die Krise zu erwartenden Kosten erscheinen auf den ersten Blick sehr hoch. Aufgrund der schlechten Vertragssituation kommen weitere unkalkulierbare Risiken hinzu. Die Tatsache, dass seine Abteilung für solch ein Projekt verantwortlich ist, birgt schon Unannehmlichkeiten genug. Wenn nun das Krisenmanagement durch seine Abteilung schlecht ausgeführt würde, wäre das ein doppelter Schaden. Aus diesem Grund wird er einen (abteilungs-) externen Krisenmanager vorschlagen. Hierzu ruft er den Leiter der Qualitätssicherung an und erörtert mit ihm die möglichen Kandidaten für die Position des Krisenmanagers. Sie erstellen eine Liste mit Wunschkandidaten, die sie unmittelbar der Geschäftsleitung zur Entscheidung vorlegen. Noch am gleichen Tag wird entschieden, dass der erfahrene Projektmanager Gainplan zum Krisenmanager ernannt wird. Der bisherige Projektmanager Datloß behält die fachliche Verantwortung für das Projekt. Gainplan ist für Organisation, Dokumentation und Kommunikation mit dem Kunden zuständig.

Unparteiischer Krisenmanager

Krisenübersicht

Autor		Gainplan
Datum		23.3.2002
Abteilung		Mail-Systeme
Projekt		Interprod
Status		freigegeben
Krisengegenstand	Zielsetzung	Es soll ein elektronisches Kommunikationssystem installiert werden, das über Nachrichten eine Lesebestätigung ausfertigt. Der Anwender kann nach einer einstellbaren Zeit benachrichtigt werden, wenn eine Nachricht nicht gelesen wurde.
	Problem-beschreibung	Die Lesebestätigung wird in einigen Fällen nicht ausgestellt. Dieses Leistungsmerkmal muss von einem Unterlieferanten erbracht werden, der offensichtlich nicht in der Lage ist, das Problem zu lösen.
Krisenfaktoren:		
☒ zutreffend	Termine	Der Kunde hat eine Frist bis zum 1.5.2002 gesetzt. Das ist eine Folge der Krise und nicht deren Ursache.
☐ zutreffend	Kosten	
☒ zutreffend	Verträge	Der Vertrag enthält eine Rücktrittsklausel, die auch innerhalb der Gewährleistungszeit bei gravierenden Mängeln greift.
☒ zutreffend	Nutzen	Die Lesebestätigung und die Benachrichtigungsfunktion waren kaufentscheidende Eigenschaften. Die Nichterfüllung stellt einen gravierenden Mangel dar. Dieser Punkt ist das Hauptproblem, das es zu lösen gilt.
Krisenkategorien		
☒ zutreffend	Unmöglich-keit	Der Unterlieferant ist nicht in der Lage, das Problem zu lösen. Er kann nur im Wege der Klage zur Verantwortung gezogen werden. Die Mängel lassen sich nicht durch ComLike beheben. Die Qualität alternativer Systeme ist nicht bekannt. Die Zusagen des Vertrages lassen sich ohne Modifikationen nicht umsetzen.
☐ zutreffend	Terminverzug	
☐ zutreffend	Budgetüber-schreitung	
☐ zutreffend	Schlecht leistung	

Abb. 4-6: Qualitätsformular Krisenübersicht. Ausgefülltes Qualitätsformular, in dem die wesentlichen Aspekte der Krise aufgenommen sind

So vorbereitet kann die erste offizielle Krisensitzung beginnen. Sie dient:

- der Information der Projektmitglieder,
- der Aufnahme der aktuellen Situation mit einem Schwerpunkt auf Themen, die im emotionalen Bereich liegen,
- der Verteilung von Aufgaben, die eine Krisenbeschreibung zum Ziel haben.

Der weitere Ablauf wird von diesem Punkt an nicht weiter vertieft. Das Ergebnis der Arbeiten wird in einigen wenigen Dokumenten festgehalten. Diese sollen jetzt kurz vorgestellt werden.

Gainplan erstellt zunächst eine Krisenübersicht. Er verwendet hierzu das in Abb. 4-6 dargestellte Formblatt aus dem Qualitätssystem der Fa. ComLike.

Normierte Darstellung

Das Formular ermöglicht die prägnante Darstellung der Krise in einer normierten Form. Es werden die Bereiche

- Krisengegenstand,
- Krisenfaktoren und
- Krisenkategorie

beschrieben. Das Dokument eignet sich besonders, um das Management über die Art und den Inhalt der Krise zu informieren. Das kann z.B. sinnvoll sein, damit die Geschäftsleitung auf einen Anruf des Kunden (der sich beschwert) angemessen und informiert reagiert (*s. hierzu auch Kapitel 4 „Praktische Krisenbewältigung"*).

Die Krisenübersicht dokumentiert gleichzeitig, dass es sich hier um eine Krise handelt. Das Qualitätssystem der Fa. ComLike fordert in diesem Fall den Einsatz eines Krisenmanagers.

Projektmanager Datloß hat die in Abb. 4-7 dargestellte Übersicht „Krisenpartner" über die am Projekt beteiligten Personen aufgestellt. Sie ist nicht sehr ergiebig. Doch auch hierin liegt eine wichtige Information: Datloß weiß viel zu wenig über den Kunden. Er kennt nur wenige Personen auf der anderen Seite. Die Entscheidungswege sind unklar. Besonders kritisch ist, dass Datloß noch nicht einmal den Vorgesetzten von Regauv kennt. Er ist aber vermutlich derjenige, der bei einer Eskalation der Probleme auf der Kundenseite eine Schlüsselrolle spielt. Auch dieses Dokument könnte – vorausgesetzt, es ist besser ausgefüllt als im vorliegenden Fall – schon jetzt an die Geschäftsleitung weitergegeben werden. Die in ihm enthaltenen Informationen, zusammen mit der in Kapitel 6 (*„Psychologische Aspekte einer Krise"*) eingeführten Typenklassifikation, helfen ebenfalls bei der Bewältigung unangenehmer Gespräche mit dem Kunden.

Krisenpartner				
Autor			Datloß	
Datum			23.3.2002	
Abteilung			Mail-Systeme	
Projekt			Interprod	
Status			freigegeben	
Name	Funktion	Beziehung	Typ	Zielsetzung
Regauv	Abteilungsleiter Systemservices	Gesamtprojektleiter	C	System in Betrieb nehmen und mit möglichst wenig Aufwand betreiben.
Hanventer	Verwaltungsleiter der Konzerngesellschaft	Repräsentiert die Anwenderinteressen im Projekt	F	Will zeigen, dass die DV das Thema dilettantisch angefasst und durchgeführt hat. Würde das Projekt am liebsten rückabwickeln, um den Auftrag an einen Golffreund zu vergeben.

Abb. 4-7: Qualitätsformular Motive. Das Qualitätssystem der Fa. ComLike bietet auch ein Schema zur Erfassung der Motive auf der Kundenseite. Es hat den gleichen Aufbau wie schon in Tabelle 4-1 dargestellt. Dass nur zwei Personen eingetragen sind, liegt daran, dass das Projekt bisher „normal" abgelaufen ist. Typischerweise ändert sich das im Verlauf der Krise. Das Dokument muss daher gepflegt werden, damit es vor der Phase „Darstellung des Nutzens" als Arbeitsgrundlage genutzt werden kann. Es ist außerdem ein Indiz dafür, dass Datloß seine Kommunikationsaufgaben mit dem Kunden nicht angemessen wahrgenommen hat

Sollabweichung quantifiziert die Krise

In der Praxis kann immer wieder festgestellt werden, dass nach der Analyse der fachlichen Probleme unmittelbar mit der Suche nach Lösungsalternativen begonnen wird. Sobald dann eine Lösung gefunden ist, wird sie dem eigenen Management vorgestellt. Das lehnt die Lösung dann einfach ab, weil sie zu teuer ist. Die KOPV-Methode fordert daher eine Gegenüberstellung der Krisenfaktoren, um auf dieser Basis den aktuellen Stand des Projekts wiederzugeben. Das Qualitätssystem von ComLike unterstützt Gainplan auch bei dieser Aufgabe durch ein Formular (Abb. 4-8). Es enthält harte Krisenfaktoren wie

- Endtermin,
- Budget und
- Rohertragsrendite beim Lieferanten und Kostenersparnis beim Kunden;

und weiche Krisenfaktoren wie

- zugesagte Eigenschaften und
- erwarteter Nutzen.

Hierdurch ist eine schnelle Darstellung des eigentlichen Problems möglich. Für eine Lösungsalternative kann anhand der Übersicht einfach gezeigt werden, dass sie z.B. eine zugesagte Eigenschaft zur Verfügung stellt.■

Das Beispiel zeigt deutlich, dass die KOPV-Methode nicht nur bei der Bewältigung von Krisen hilft. Die Integration von KOPV in ein Qualitätssystem bietet zusätzliche Vorteile:

Sollabweichung							
Autor	Gainplan						
Datum	24.3.2002						
Abteilung	Mail-Systeme						
Projekt	Interprod						
Status	freigegeben						
Krisenfaktor (hart)	Lieferant					Kunde	
	Soll	Ist	Ab-weichung	Prio.	Soll	Ist	
Endtermin	5.9.01	5.9.01	1 Monat	C	5.9.01	17.10.01	
Budget	450.000 €	480.000 €	30.000 €	C	?	?	
Rohertrags-rendite/Ein-sparung	ca. 18%	ca. 13,5%	4,5%	C	?	?	
Krisenfaktor (weich)	Beschreibung		Referenz	Prio.	Bemerkung		
Elektr. Datenüber-mittlung	Erfüllt		Pflichten-heft Seite 27	A			
Lese-bestätigung	Liefert sporadisch Fehler.		Pflichten-heft Seite 33	A	Fehler liegt in der Software eines Vorlieferanten.		
Erinne-rungs-funktion	Hängt vom Punkt „Le-sebestätigung" ab.		Pflichten-heft Seite 30 und Spezi-fikation	B	Software wurde (wegen der Prob-leme) noch nicht ausgeliefert.		
Schnellere Information	Zustellung in der Regel in weniger als 10 Minu-ten.		Ausschrei-bung Seite 10	A	Wird erfüllt.		
Neue Ar-beitsformen	In Zukunft will Inter-prod weltweite Arbeits-gruppen einrichten. Email soll ein wesent-liches Kom-munikationsmittel sein.		Ausschrei-bung Seite 12	C	Ist für Interprod erst mittelfristig von Bedeutung.		
Zeitvor-gaben für Kleinauf-gaben	Kleinaufgaben werden heute oft nicht termin-gerecht abgewickelt, da der Empfänger z.B. nicht am Arbeitsplatz ist.		Ausschrei-bung Seite 2	A	Gerade dieser Nutzen ist durch das aktuelle Prob-lem nicht gegeben.		

Abb. 4-8: Qualitätsformular Sollabweichung

- Die Anwendung lässt sich durch den Aufbau von standardisierten Verfahren für die Mitarbeiter wesentlich vereinfachen.
- Die Kommunikation im Unternehmen wird vereinfacht, da es sich um ein allgemein eingeführtes und akzeptiertes Verfahren handelt.

Nicht jede schwierige Situation ist auch eine Krise. Die Erkenntnisse der Analysephase müssen daher bewertet und so aufbereitet werden, dass das übergeordnete Management die Notwendigkeit eines Krisenmanagements nachvollziehen kann. Hierbei gilt es, besonders die wirtschaftlichen Fragen zu berücksichtigen.

4.5
Schadenserwartung der Parteien ermitteln

Die Analyse einer Krisensituation dient in erster Linie der Vorbereitung der Krisenentscheidung. Wenn schon während der Analyse eine Lösung der Probleme offensichtlich ist, kann i.Allg. davon ausgegangen werden, dass keine Krise vorliegt.

Jetzt steht die Ermittlung des zu erwartenden Schadens im Vordergrund. Dessen Höhe ist von besonderer Bedeutung, weil er zeigt, in welchem Umfang Krisenmanagement eingesetzt werden sollte.

4.5.1
Welcher Schaden wird erwartet?

Die bisherigen Schritte dienten in erster Linie der Analyse der inhaltlichen Situation des Projekts. In der Praxis lässt sich immer wieder feststellen, dass nach der inhaltlichen Analyse – wenn sie überhaupt durchgeführt wird – unmittelbar mit der Suche nach Lösungsalternativen begonnen wird. Die KOPV-Methode sieht noch weitere Schritte vor, ehe mit der Suche nach Lösungsalternativen begonnen wird. Warum ist das so? Für die Beantwortung dieser Frage soll nochmals auf die Definition der Krise eingegangen werden.

Eskalation   Eine Krise ist eine Eskalation von Problemen, die unter den gegebenen Rahmenbedingungen unlösbar erscheint. Wenn also ein Projektmanager eine Krisensituation vermutet und sich daher an die Analyse seiner Situation macht, was hat sich dadurch an seiner Situation geändert? Bestenfalls ist er sich jetzt bewusst, wo das

Projekt in der augenblicklichen Situation steht. Lassen sich jetzt die Probleme lösen, handelt es sich nicht um eine Krise.

Wenn sie sich jedoch nicht lösen lassen, warum sucht man weiter nach Lösungsalternativen, wo doch der Startpunkt für die soeben durchgeführte Analyse gerade die Erkenntnis war, dass die Rahmenbedingungen keine Lösung zulassen? Um es noch einmal ganz deutlich herauszustellen.

RAHMENBEDINGUNGEN UND PROBLEMLÖSUNG

Die Analyse einer Krisensituation dient nur in zweiter Linie der Vorbereitung einer Synthese. Sie hat vielmehr das Ziel, konkrete Vorschläge für die Veränderung der Rahmenbedingungen vorzubereiten.

Die Suche nach Lösungsalternativen, bevor die Rahmenbedingungen verändert wurden, führt meist nur noch mehr in die Krise und ist der Grund für viele fehlgeschlagene Projekte.

Die Veränderung der Rahmenbedingungen liegt aber meist nicht im unmittelbaren Einflussbereich des Projektmanagers. Aus diesem Grund muss er andere Personen dafür gewinnen, die Rahmenbedingungen zu verändern. Hierzu gehören typischerweise:

- Das Management des Kunden,
- der eigene Vorgesetzte,
- sonstige Beteiligte (z.B. Lieferanten, betroffene Organisationseinheiten).

Allen Personengruppen ist i.d.R. gemein, dass sie nur wenig an der jeweiligen fachlichen Problematik selbst interessiert sind. Das heißt, nur aufgrund einer detaillierten fachlichen Untersuchung werden sie nicht bereit sein, die Rahmenbedingungen zu verändern, denn das hat i.d.R. finanzielle Konsequenzen. Sie müssen deutlich herausgearbeitet werden, damit neue Rahmenbedingungen geschaffen werden können. Unter neuen Rahmenbedingungen lassen sich völlig neue Lösungen erarbeiten. Anderenfalls würde das Projekt „nur im eigenen Saft schmoren".

Welcher Schaden tritt ein, wenn nicht unverzüglich mit Krisenmanagement begonnen wird?

Für die Beantwortung dieser Frage kann zunächst die in Tabelle 4-2 (s. Seite 64) aufgeführte Gegenüberstellung von Soll- und Istwerten verwendet werden. Darüber hinaus geben die zusammengestellten Dokumente meist einen Überblick über die zu erwartenden zusätz-

Rahmenbedingungen

Finanzielle Konsequenzen

G r u n d f r a g e

lichen Kosten. Es geht daher im Wesentlichen darum, diese Werte zusammenzutragen und entsprechend aufzubereiten. Da es sich hier um einen Komplex handelt, der von Projekt zu Projekt stark differiert, ist eine allgemeine Darstellung nicht sinnvoll. Der Leser kann sich jedoch Anregungen für die eigene Arbeit in dem vorgestellten Fallbeispiel holen.

Die kreative Suche nach Lösungen und deren monetäre Auswirkung auf das Projekt bilden die Basis für die Bewertung von Lösungen. Wenn diese Überlegungen zu keiner befriedigenden Lösung führen, muss versucht werden, die Rahmenbedingungen für die Lösung zu verändern.

4.5.2
Rahmenbedingungen und Problemverlagerung

Im Rahmen der Analyse wurde zwischen verschiedenen Krisenkategorien unterschieden (*s.a. Abschn. 4.3.2.4*). Dabei wurde deutlich, dass bei einer schlecht erbrachten Leistung i.d.R. organisatorische Maßnahmen erforderlich sind. Als Resultat werden die Rahmenbedingungen so verändert, dass – zumindest im Wesentlichen – der Kunde seine geforderte Leistung erhält. Voraussetzung hierfür ist eine gewisse Managementkompetenz (die in der Ursachensuche und deren Bekämpfung liegt) und die finanzielle Kraft, um den entstandenen Schaden zu verkraften.

Doch was ist zu tun, wenn das aus finanziellen oder sachlichen Gründen nicht möglich ist? In diesem Fall ist eine Problemverlagerung erforderlich.

Grundfrage

Kann durch die Neuformulierung von Problemstellungen oder deren Verlagerung eine Situation erreicht werden, in der das *ursprünglich angestrebte Ziel* doch noch erreicht werden kann?

Die so aufgeworfene Frage wird häufig zu schnell verneint. Als Argument wird angeführt, dass das vorliegende Projekt eben genau dieses Problem lösen müsse. Wenn hiervon Abstriche hinnehmbar wären, dann hätte das Ziel des Projekts von Beginn an anders formuliert werden können. Diese Sicht mag theoretisch richtig sein, wenn alle Anforderungen formal korrekt definiert und in ihrer Auswirkung auf das Ziel bekannt und kontrollierbar wären. Doch das ist i.d.R. nur für sehr einfache oder sehr modellhafte Fragestellungen zutreffend. In der Praxis lässt sich meist sowohl die Zielbeschreibung als auch die Problembeschreibung in Frage stellen.

An dieser Stelle wird das im vorigen Kapitel begonnene Beispiel wieder aufgegriffen, um daran zu zeigen, dass eine Problemverlagerung häufig nicht nur möglich ist, sondern unter praktischen Gesichtspunkten das zielgerichtete, wirtschaftliche Arbeiten unabhängig von einer konkreten Krise unterstützt.

Doch bevor hierauf im Beispiel eingegangen wird, soll überlegt werden, wie die „konventionelle" Lösung des Problems aussehen würde. Ad hoc ergeben sich folgende Alternativen:

- Fortsetzung der Arbeiten „als wenn nichts gewesen wäre". Datloß versucht weiter, mit dem Vorlieferanten eine technische Lösung zu finden. Hierbei wird auf die Hoffnung gesetzt, dass noch „ein Wunder geschehen wird" oder der Kunde vor der Rückabwicklung zurückschreckt, weil sie auch für ihn ein hohes Kostenrisiko (oder doch zumindest viele Unannehmlichkeiten) beinhaltet.[5]
- Ersetzen der jetzigen Lösung durch das System eines anderen Vorlieferanten. Diese Alternative werden wir später als *Ersatzlösung* bezeichnen.
- Zustimmung zur Rückabwicklung: Bei der Bewertung der Alternativen werden wir diese Lösung als *Rückabwicklung* bezeichnen (s.a. *Tabelle 4-7 Seite 88*).

Wir ersparen uns an dieser Stelle die Bewertung der Alternativen. Der Leser kann sie leicht anhand der im vorherigen Kapitel angestellten Überlegungen vornehmen. Wir greifen sie später bei der Bewertung der Lösungsalternativen wieder auf und stellen uns jetzt die Frage:

Wo kann in dieser Situation eine Problemverlagerung ansetzen?

Um diese Frage zu beantworten, soll zunächst die Zielsetzung des Kunden mit der Problemstellung des Lieferanten verglichen werden(*Tabelle 4-4*).

Beispiel

Offensichtliche Lösungen

Tabelle 4-4: Zielsetzung von Kunde und Lieferant

Kunde	Lieferant
Implementierung eines stabilen Verfahrens zur Benachrichtigung von empfangenen Nachrichten	Lösung des technischen Problems im Kommunikationsverfahren

---

[5] Diese Lösung wird manchem Leser absurd vorkommen. Sie ist aber zumindest in der Softwarebranche sehr oft anzutreffen.

Blickwinkel verändern

Ob beide Parteien, wenn sie dazu aufgefordert würden, ihre Problemstellung genau so aufschreiben würden, mag dahin gestellt sein[6]. Es geht hier nur um die persönlichen Intentionen der Schlüsselpersonen auf beiden Seiten.

Aus einer übergeordneten Position wird unmittelbar deutlich: Der Kunde besteht nicht auf der Lösung eines konkreten, technischen Problems. Er will ein Verfahren für die Benachrichtigung empfangener Nachrichten. Eine offensichtliche Lösung wäre die automatische Versendung einer neuen Email, sobald der Empfänger eine Nachricht öffnet. Die andere Seite würde dann zwar eine zusätzliche Email erhalten, hätte aber in jedem Fall eine Quittung. Diese Lösung wird im Folgenden als *Bestätigungslösung* bezeichnet.

Gehen wir einmal davon aus, dass Gainplan nach der Analyse der Zielsetzung des Kunden auf genau diese Lösungsalternative käme. Er könnte jetzt einen Mitarbeiter mit der Ausarbeitung des technischen Lösungskonzepts beauftragen, die Kosten ermitteln und mit diesem Vorschlag die Krisensitzung beim Kunden „bestreiten".

Die Erfolgsaussichten wären gering. Denn nachdem sich Gainplan kurzfristig in die Situation des Kunden versetzt und so einen interessanten Zugang zu einer Problemlösung (oder besser Problemverlagerung) gefunden hat, geht er nach seinem alten Schema vor. Er arbeitet eine Lösung rein technisch aus, ohne mit dem Kunden zu *kommunizieren*. Genau das aber, die Kommunikation mit dem Krisenpartner, beinhaltet die Anwendung der KOPV-Methode.

Lösung informell besprechen

Gehen wir also davon aus, dass er den Projektleiter des Kunden, Rekauv, bei einem ohnehin notwendigen Termin vor Ort beiläufig auf diese Möglichkeit anspricht. Es kommt zu einem Gespräch über dieses Thema. Der Kunde findet die Idee grundsätzlich nicht schlecht (es ist also in jedem Fall auch aus seiner Sicht eine Lösungsalternative). Gainplan hat zur besseren Erläuterung der Idee die in Abb. 4-9 dargestellten Bildschirmausschnitte mitgebracht. Da die Lesebestätigung jetzt nicht über das Kommunikationsverfahren realisiert ist, werden zusätzliche Bestätigungsemails erzeugt. Diese erscheinen jedoch in einem anderen (Ausgangs-) Journal. Damit diese Email angeschaut werden kann, muss der Anwender zwischen den Journalen wechseln und die entsprechende Bestätigungsemail suchen. Die Bezüge zwischen den Daten in

---

[6]   Die KOPV-Methode verlangt an einigen Stellen übrigens die schriftliche Ausformulierung, weil schon dadurch häufig deutlich wird, daß die Parteien gar nicht auf das gleiche Ziel hinarbeiten.

der angebotenen Lösung und der Alternative sind mit Pfeilen gekennzeichnet.

Bei einer weiteren Diskussion über eine mögliche Umsetzung ergibt sich aber folgendes Problem: Bei der ursprünglichen Lösung wäre die Lesebestätigung als ein Haken in der Journalzeile des Email-Systems erschienen. Der Anwender hätte so mit einem Blick sehen können, dass die Nachricht gelesen wurde. Die Lösung der Fa. ComLike führt aber dazu, dass die Antwort-Email an einer völlig anderen Stelle (im Eingangsjournal) erscheinen würde. Der Anwender müsste also für jede Antwort mühsam nach der passenden Antwort suchen. Das ist dem Anwender nicht zuzumuten.

Gainplan versucht nicht, Rekauv von seiner Lösung zu überzeugen. Er fragt vielmehr nach, worin denn das eigentliche Problem aus Sicht von Rekauv liege. Der Gesprächsverlauf zeigt deutlich, das Rekauv die Idee als solches interessant findet. Sie sprechen längere Zeit über verschiedene Lösungsvarianten. Leider ist keine dabei, die sich aus Sicht von Gainplan mit den Mitteln der Fa. ComLike lösen ließe. Die Idee mit der Antwort-Email ist vor allen Dingen deshalb nicht akzeptabel, weil der Anwender nicht auf einen Blick sehen kann, ob seine Email gelesen wurde. Es zeigt sich im Gespräch außerdem, dass Interprod durchaus bereit wäre, auf die Erinnerungsfunktion – zumindest zeitweise – zu verzichten, wenn es eine gute Lösung auf der Basis einer Antwort-Email gäbe. Es wird deutlich, dass Interprod schon viel Aufwand in die Einführung des Email-Systems investiert hat. Aus diesem Grund wäre man zu Kompromissen bereit, um eine auch für Interprod unangenehme Rückabwicklung zu verhindern. Auf die Frage, wie hoch denn die internen Einführungskosten für Interprod gewesen seien, antwortet Rekauv: „Wir haben das System jetzt weltweit in Betrieb. Es läuft auch bei vielen Tochterunternehmen. Wir verrechnen im Konzern derartige Leistungen zu Pauschalsätzen. Was da im Einzelnen an Service- und Schulungskosten entsteht, davon haben wir keinen Schimmer. Ich bin aber sicher, dass es hier um einen Betrag von 300.000,- bis 400.000,- € geht."

Im eigenen Unternehmen bespricht er das Ergebnis der Unterredung mit einem guten Kollegen. Beide sind sich einig, dass die Lage nicht so hoffnungslos ist, wie Gainplan ursprünglich dachte. Sie beschließen, das Problem schriftlich neu zu formulieren, damit sie es mit den Softwareentwicklern besser diskutieren können. Das Ergebnis sieht so aus:

Gesucht ist eine Lösung, mit der der Anwender leicht erkennen kann, ob zu seiner Email eine Bestätigungs-Email eingegangen ist. Es folgt eine detaillierte Beschrei-

Alternativen offen diskutieren

Unterschiedliche Aspekte formulieren

bung der technischen Systemumgebung, die hier nicht weiter von Interesse ist.

Anschließend besuchen sie einen der Entwickler von ComLike und legen ihm die Problemstellung vor. Nach wenigen Erläuterungen schlägt er folgende Lösung vor, die sich sehr einfach implementieren ließe:

Angebotene Lösung

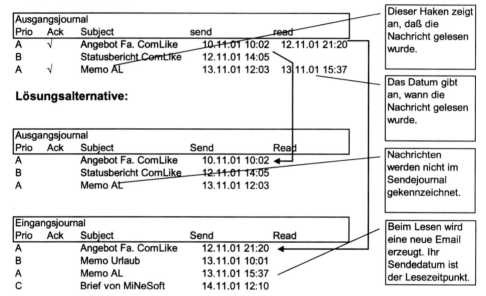

Abb. 4-9: Erste Idee zur Lösung der Probleme bei Interprod

Das verwendete Email-System erlaubt es, ein Programm zu starten, wenn eine neue Mail eingeht. Dieses Programm könnte prüfen, ob es sich um eine Bestätigungs-Email handelt. Im positiven Fall könnte es die zugehörige Nachricht im Ausgangsjournal ausfindig machen. Anschließend könnte man diese Nachricht in ein neues Journal mit dem Namen „gelesene Nachrichten" eintragen und aus dem Sendejournal löschen. Der Anwender könnte also durch einen Blick feststellen, ob eine Nachricht gelesen wurde oder nicht. Die Lösung wird später noch genauer dargestellt (s.a. Abb. 4-10).

Krisenpartner einbeziehen

Gainplan ist überzeugt, dass dieser Lösungsansatz Rekauv überzeugen wird. Er beschließt, beim nächsten Telefongespräch diesen Punkt mehr zufällig anzusprechen. Gleichzeitig will er aber zunächst so tun, als wenn das zwar eine gute Idee, aber nur mit Hilfe des Vorlieferanten zu realisieren sei. Auf diese Weise will er verhindern, dass Rekauv sich auf die Lösung „einschießt", bevor er sie technisch und kommerziell evaluiert hat.

Rekauv hält die Idee mit dem Journal für gelesene Nachrichten für sehr interessant, ist aber pessimistisch, als er erfährt, dass die Lösung von dem Vorlieferanten abhängt. Die Vergangenheit hat für ihn deutlich gemacht, dass dort die eigentliche Ursache für die Krise zu suchen ist.

Gainplan hat seine Ziele bis zum jetzigen Zeitpunkt erreicht:

- Ihm ist klar geworden, dass die Problemlösung nicht in der Bewältigung der Softwarefehler des Vorlieferanten liegen muss, sondern dass es auf der Basis der ursprünglichen Zielsetzung des Kunden auch alternative Lösungen geben kann.
- Er kennt Rekauvs Intentionen und die der Fa. Interprod.
- Er hat eine erste Lösungsidee, die zumindest von Rekauv für akzeptabel gehalten wird.
- Aus dem Gespräch mit Rekauv hat er eine ungefähre Vorstellung von der Höhe der Kosten des Kunden. Gleichzeitig weiß er, dass der Kunde diesen Schaden nicht tatsächlich nachweisen kann, so dass eine Rückabwicklung ihm nicht unerhebliche Kosten aufbürden würde.

Schadenserwartung

Anstatt jetzt unverzüglich mit der Erarbeitung einer fachlichen Lösung zu beginnen, beschließt er, auch weiter systematisch vorzugehen. Daher versucht er als nächstes, den Schaden zu ermitteln.■

Die Problemverlagerung ist der Schlüssel zu einer Lösung, selbst in scheinbar aussichtslosen Situationen. Bei der Anwendung gibt es jedoch häufig Schwierigkeiten, da eine Seite von der ursprünglichen Problemstellung nicht abweichen will. Auf die emotionalen Aspekte in diesem Bereich wird im Kapitel „*Psychologische Aspekte einer Krise*" eingegangen. Für die rationale Argumentation empfiehlt sich die Bewertung der Lösungen anhand von konkreten Zahlen.

4.5.3
Wie lässt sich der Schaden ermitteln?

Erst wenn verschiedene Lösungsalternativen vorliegen, ist eine Bewertung des Schadens möglich. Denn ohne eine Lösungsalternative könnte nur der schlimmste Fall (der sog. *worst case*) angenommen werden. Das bedeutet in aller Regel, dass z.B. der unwahrscheinliche Fall – eine vollständige Rückabwicklung des Vertrags – unterstellt wird. Die Praxis zeigt, dass dieser Fall die Ausnahme ist. Aus diesem Grund muss von einer realistischen Schadenserwartung auf der Basis von Lösungsalternativen ausgegangen werden. Die Grundfrage, die sich in der vorliegenden Phase ergibt, lautet daher:

Welcher konkret messbare Schaden ist bisher eingetreten?

Bei der Bewertung der Kosten sollte eine möglichst realistische Einschätzung vorherrschen. Das wird i.d.R. dadurch erreicht, dass Extremwerte nur dann angenommen werden, wenn eine Zahl mit vielen Unwägbarkeiten verbunden ist. In diesem Fall wird die eigene Position mit den ungünstigsten Kosten und die der anderen Krisenpartei mit den günstigsten Kosten belegt. In Tabelle 4-5 wird gezeigt, welche Kosten zu berücksichtigen sind:

Die *Gesamtkosten* eines Projekts setzen sich auf der Lieferantenseite aus den Projektkosten und den schadensbezogenen Kosten (Schadensersatz und Krisenhandlungskosten) zusammen. Auf der Kundenseite kommen Kosten für Nutzungsminderung und Gewinnausfall hinzu. Ein Teil der schadensbezogenen Kosten des Lieferanten können zu Einnahmen beim Kunden führen.

Wichtig ist, dass über beide Spalten keine Summe gebildet wird. Denn hier geht es zunächst nur um eine Aufnahme der möglichen Schäden. Ihre Bewertung findet später statt.

Nach Möglichkeit sollte schon jetzt eine Schätzung über die Höhe der Kosten für das Krisenmanagement abgegeben werden. Diese Kosten umfassen z.B.

*   den Krisenmanager selbst,
*   Ersatz- oder Unterstützungsleistungen, die den weiteren Betrieb sichern (*s.a. Abschn. 5.4*),
*   Aufwände für die Evaluierung von Lösungsalternativen.

Ich fasse diese Kosten unter dem Begriff *Krisenhandlungskosten* zusammen. Sie umfassen all jene Kostenarten, die dadurch entstehen, dass bewusstes Krisenmanagement betrieben wird.

Davon zu unterscheiden sind die schadensbezogenen Kosten. Das sind all jene Kosten, die für die unmittelbare Behebung der Probleme oder die daraus resultierenden Schäden nötig sind.

Krisenhandlungskosten und schadensbezogene Kosten sollten sich komplementär zueinander verhalten. Mit anderen Worten: Durch Krisenmanagement müssen schadensbezogene Kosten überproportional gesenkt werden.

Tabelle 4-5: Schadensermittlung

Lieferant	Kunde
Einzahlungen	Auszahlungen
– Projektkosten	– Projektkosten
	– Nutzungsminderung/-ausfall
	– Gewinnausfall
– Pönalen, Schadensersatz	+Schadensersatz, Pönalen
– Krisenhandlungskosten	– Krisenhandlungskosten

In der vorliegenden Phase der KOPV-Methode ist die Schadensermittlung nicht einfach. Es gibt noch offene Punkte, für die Annahmen getroffen werden. Das sollte aber nicht daran hindern, diesen Ansatz trotzdem zu versuchen. Denn eine gute Darstellung hilft später bei der Durchsetzung der Lösung sowohl beim Lieferanten als auch beim Kunden, weil sie die wirtschaftlichen Fakten für beide Seiten in den Vordergrund stellt.

Die in Tabelle 4-6 enthaltene Kostengegenüberstellung von Gainplan dokumentiert gleichzeitig die Erkenntnisse, die er aus den Gesprächen mit Regauv gewonnen hat.

Die Kostengegenüberstellung zeigt, welche Zahlungsströme auf beiden Seiten bisher entstanden sind bzw. welche noch realistischerweise entstehen können. Aus diesem Grund sind die Kosten für die Pönale (Interprod muss nur in Verzug setzen und die Pönale wird bis zu diesem Betrag fällig) und die Krisenhandlungskosten schon mit angesetzt.

Gainplan hat sich bemüht, realistische Kosten anzusetzen (z.B. das Projektbudget bei den Projektkosten auf der Lieferantenseite): Wo es Bewertungsfreiräume gab, hat er beim Lieferanten den ungünstigsten (z.B. bei der Pönale) und beim Kunden den günstigsten Wert eingesetzt. So steht z.B. bei den Projektkosten des Kunden der höhere der beiden Werte, die Regauv nannte, obwohl er (Regauv) selbst Zweifel hatte, ob die Kosten überhaupt in dieser Höhe nachweisbar sind.

Die Kostengegenüberstellung soll die kommerziellen Probleme in einer möglichst objektiven Form wiedergeben. Sie gibt keine Auskunft über die Höhe des Schadens. Aus diesem Grund macht auch eine Summenbildung über die Spalten keinen Sinn.

Bei den Positionen Nutzungsminderung und Gewinnausfall geht Gainplan davon aus, dass Interprod diese Kosten nicht nachweisen kann und daher auch nicht im Falle einer Rückabwicklung fordern wird. Ansonsten müssten sie geschätzt werden.■

Beispiel

Tabelle 4-6: Kostengegenüberstellung

Art	Lieferant	Betrag	Kunde	Betrag
Einzahlungen/ Auszahlungen	Teilrechnung über 80 %	536.000,- €	Teilrechnung über 80 %	-536.000,- €
Projektkosten	Waren, Personal-kosten etc.	-480.000,- €	Einführung, Schulung, Projektleitung	-400.000,- €
–	–	–	Nutzungsmind.	unklar
–	–	–	Gewinnausfall	unklar
Pönale	Maximalwert	-201.000.- €	noch nicht wirksam	201.000,- €
Krisenhand-lungskosten	Krisenmanager, Reisekosten etc.	-20.000,- €	Kosten für Regauv	-20.000,- €

4.5.3.1
Kreativitätstechniken

Das Auffinden von Lösungsalternativen ist ein kreativer Prozess, der nur schwerlich unabhängig von konkreten Aufgabenstellungen systematisiert werden kann. Für diese Arbeit muss daher auf die jeweiligen Verfahren des fachlichen Bereichs verwiesen werden, der für das vorliegende Problem einschlägig ist.

Unabhängig von diesen fachspezifischen Methoden gibt es eine Reihe von sog. Kreativitätstechniken, wie das laterale Denken oder Brainstorming (vgl. [De Bono 1996]). Der interessierte Leser sei auf die Literatur zu diesem Bereich verwiesen.

Für den Zweck dieser Arbeit sollen folgende allgemeine Hinweise genügen.

4.5.3.2
Allgemeine Hinweise zur Lösungssuche

Grundsätzlich sollte in dieser Phase alles in Frage gestellt werden, was nicht schwarz auf weiß nachzulesen ist. Viel zu oft werden Annahmen getroffen, die nicht nachgeprüft wurden. Hier gilt es, z.B. die Verträge zu prüfen oder – wenn jemand behauptet, dass eine Lösung für den Kunden nicht akzeptabel sei – den Kunden nach seiner Meinung zu fragen.

Nur wenn das Problem klar formuliert wurde, kann auch eine Lösung gefunden werden. Oft sind für die Erarbeitung einer Lösung viele Fachleute erforderlich. Für sie müssen bestimmte Fragestellungen u.U. neu formuliert werden, damit sie im Rahmen ihrer Kompetenz überhaupt bearbeitet werden können.

Wenn es viele Probleme gibt, ist es unabdingbar, Prioritäten zu setzen. Wichtige Kriterien für die Priorisierung sind z.B.

Prioritäten

- Probleme, deren kostenmäßige Konsequenz nicht kalkulierbar sind.
- Probleme, die einfach zu lösen sind, aber trotzdem einen hohen Nutzen für den Kunden bieten.
- Probleme, deren Lösung den Schaden besonders deutlich reduzieren.

Wie schon im vorherigen Beispiel angedeutet, sollte für jede Lösungsalternative versucht werden,

- die Idee mit einer Vertrauensperson aus dem eigenen Unternehmen oder im Bekanntenkreis zu besprechen,
- die Idee mit dem Kunden so zu erörtern, dass dessen Position in groben Zügen klar ist. Hierbei sollte aber darauf geachtet werden, dass die spätere Verhandlungsposition durch eine zu frühe Information nicht geschwächt wird,
- den Kunden in den Lösungsprozess mit einzubinden. Ein Weg kann z.B. die direkte Ansprache des Kunden sein, wie er sich eine optimale oder pragmatische Lösung vorstellen könne.

4.5.3.3
Lösungskosten

Die Kosten einer Lösung sind *das* wesentliche Kriterium für die Bewertung von Alternativen. Grundsätzlich gilt:

Gute Lösungen minimieren die Kosten beider Krisenpartner.

Im Gegensatz dazu deuten teure Lösungen darauf hin, dass keine echte Problemverlagerung erreicht wurde. Diese „Kopf-durch-die-Wand-Methode" ist zum einen nur möglich, wenn dem Projektmanager solche Mittel auch tatsächlich zur Verfügung stehen. Zum anderen ist gerade, wenn es sich um eine Form von Unmöglichkeit handelt, mehr als unwahrscheinlich, dass der massive Einsatz von Mitteln hier weiterhilft.

Teure Lösung

Die eigentlichen Lösungskosten sind jene Kosten, die unmittelbar für die Erstellung oder Erarbeitung der konkreten Lösung erforderlich sind. Die übrigen Kosten lassen sich im Wesentlichen aus der schon behandelten Schadensermittlung ableiten.

B e i s p i e l

Schon bei der Problemverlagerung hatte Gainplan eine gute Lösung (Journal „gelesene Nachrichten") gefunden. Er versucht, sie systematisch auszubauen und zu bewerten.

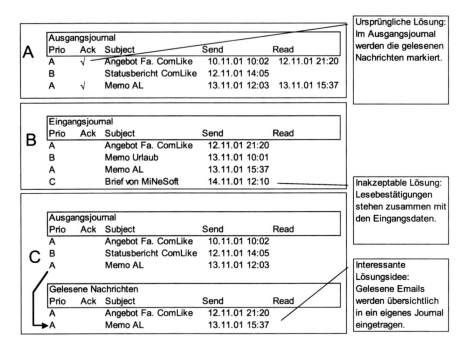

Abb. 4-10: Journallösung. Die Bestätigungsnachrichten werden jetzt nicht mehr im Eingangsjournal eingetragen, sondern erscheinen in einem neuen Journal mit dem Namen *„gelesene Nachrichten"*

Vorstellung der
Journallösung im Team

Aufbauend auf der ersten Idee, ein Journal mit gelesenen Nachrichten einzurichten, setzt sich Gainplan für eine Stunde mit zwei Teammitgliedern zu einer Brainstormingsitzung zusammen. Zur Einleitung stellt er die Grundidee anhand von

Abb. **4-10** vor. Zur einfacheren Darstellung nennen wir diese Lösung *Journallösung*. Diese neue Lösung hat gegenüber der unter B dargestellten inakzeptablen Lösung den Vorteil, dass alle (unter C aufgeführten) Antworten in genau ein Journal geschrieben werden. Sie hat von daher große Ähnlichkeit mit der ursprünglich angebotenen Lösung.

Die Sitzung führt zu folgenden Ergebnissen:

- Die Journallösung hat einen entscheidenden Nachteil: Die Lesebestätigung wird nur von solchen Anwendern angezeigt, die zur Interprod-Gruppe gehören. Externe Nutzer würden nicht über die von ComLike vorgeschlagene Erweiterung verfügen. Das Originalsystem hätte eine Lesebestätigung für alle Nutzer ermöglicht, die das gleiche Protokoll verwenden. Für die Realisierung werden ca. 20 Tage Entwicklung benötigt. Com-Like rechnet grundsätzlich mit 25% Mehraufwand auf die reine Entwicklungszeit für Managementaufgaben, so dass sich ein Aufwand von ca. 25 Personentagen ergibt.

- Alternativ zur Lösung von Gainplan wäre es auch möglich, eine Suchfunktion nach gelesenen Nachrichten zu implementieren. Hierbei würde der Anwender eine Nachricht im Ausgangsjournal auswählen und anschließend eine Suche (über eine Funktionstaste) auslösen. Ihm würde dann angezeigt, ob und wann die Nachricht gelesen wurde. Diese Lösung heißt *Suchlösung*. Ihr Aufwand beträgt auch ca. 25 Personentage.

- Es wäre prinzipiell möglich, im Journal *gelesene Nachrichten* das Sendedatum in die Lesespalte zu verschieben. Dadurch wird dem Anwender weiter verdeutlicht, dass es sich um eine Lesebestätigung handelt und nicht um eine Bestätigungs-Email. Die daraus resultierende Änderung ist in Abb. 4-11 dargestellt. Diese Lösung wird als *Lesedatumslösung* bezeichnet und ist eine Zusatzfunktion der Journallösung. Ihr Implementierungsaufwand liegt bei ca. 10 Tagen.

- Die Lösung ließe sich auch so erweitern, dass eine Lesebestätigung erfolgt, wenn sie explizit vom Versender gewünscht ist. Hierdurch würde der Umfang des Journals *gelesene Nachrichten* wesentlich verringert. Der Anwender würde eine Bestätigung nur dann bekommen, wenn sie für ihn wirklich wichtig ist. Der Aufwand für die Umsetzung dieser Erweiterung wird ebenfalls mit zwei Wochen veranschlagt.

| Gelesene Nachrichten | | | | |
Prio	Ack	Subject	Send	Read
A		Angebot Fa. ComLike	12.11.01 21:20	
A		Memo AL	13.11.01 15:37	

| Gelesene Nachrichten | | | | |
Prio	Ack	Subject	Send	Read
A		Angebot Fa. ComLike		12.11.01 21:20
A		Memo AL		13.11.01 15:37

Abb. 4-11: Lesedatumslösung. Das Datum für die Lesebestätigung wird in das Lesefeld verschoben. Dadurch wird deutlicher, dass es sich um das Lesedatum handelt

In der Brainstormingsitzung wurde aber nur eine wirklich neue Alternative (Suchlösung) gefunden. Alle Teammitglieder sind sich einig, dass diese Lösung schlechter ist, als die von Gainplan eingangs vorgestellte. Sie kostet ungefähr das Gleiche, wie die ursprüngliche Alternative.

Gainplan beschließt, beide Lösungen dem Kunden vorzuschlagen. Die übrigen Alternativen will er ebenfalls vorstellen. Da die Alternativen über die ursprüngliche Leistungsbeschreibung hinaus gehen, kann er sich auf den Standpunkt stellen, dass diese Leistungen auch nicht erbracht werden müssen. Er wird sie deshalb als kostenpflichtige Option anbieten.

Vertragsstrafe

Zum Abschluss dieser Phase der KOPV-Methode bleibt ihm nur noch die Aufgabe, die Kosten für die Lösungsalternative zu ermitteln und mit seinem Vorgesetzten abzustimmen. In Tabelle 4-7 sind die Kosten für verschiedene Szenarien dargestellt. Bei den beiden letzten Lösungen muss u.U. mit der Zahlung einer Vertragsstrafe von ca. 100.000,- € gerechnet werden, da die Umsetzung ungefähr sechs Wochen benötigt.

Tabelle 4-7: Kostenübersicht für verschiedene Lösungsalternativen

Kostenübersicht	
Alternative Rückabwicklung	
Personalkosten (bisher aufgelaufen)	-150.000,- €
Vorlieferant-250.000,- €	-200.000,- €
Schadensersatz ComLike an Interprod	150.000,- €
Schadensersatz Vorlieferant an ComLike	450.000,- €
Summe	
Alternative Ersatzlösung	
Personalkosten	-250000,- €
(bisher aufgelaufen plus Aufwand für Installation des neuen Systems)	
Alter Vorlieferant	-250000,- €
Neuer Vorlieferant	-200000,- €
Schadensersatz Vorlieferant an ComLike	150000,- €
Summe:	550000,- €
Alternative Journallösung	
Journallösung	25.000,- €
(20 Tage Entwicklung, fünf Tage Projektleitung zu 1000,- €/Tag)	
Lesedatum 10 Tage + 25%	12.500,- €
Zwischensumme	37.500,- €
Kalkulatorischer Aufschlag (30%)	11250,- €
Summe	48750,- €
Jede Alternative verursacht folgende Kosten:	
Krisenhandlungskosten	20.000,- €

Gainplan stellt die verschiedenen Lösungen in einer einfachen Übersicht dar. Die zugrunde liegenden Annahmen gibt er mündlich wieder.

- Der Vorlieferant wird erfahrungsgemäß nicht für alle Schäden aufkommen, die ComLike entstanden sind.

- Auch ComLike wird nicht für alle Schäden von Interprod aufkommen müssen.

Unabhängig davon ist die Journallösung aus ComLikes Sicht so viel günstiger, dass die genaue Berechnung der Alternativen ohnehin überflüssig ist.

Außerdem hat Gainplan bei der Darstellung der Kosten gegenüber dem Kunden auf alle Preise einen kalkulatorischen Aufschlag vorgenommen. Hierbei verhält er sich so, als wenn er die neuen Leistungen wie in der Vertriebsphase im Rahmen eines Angebots anbieten würde. Ihm ist dabei klar, dass der Kunde davon ausgeht, dass die Umsetzung der neuen Lösung für ihn kostenfrei ist. Trotzdem ist es sinnvoll, auch die wertmäßige Betrachtung aus Kundensicht darzustellen, da auf diese Weise die üblichen Risiken der Umsetzung angemessen kalkulatorisch berücksichtigt werden. [7] ■

4.6
Lösungsalternativen systematisch suchen

Wenn alle relevanten Informationen vorliegen und der eingetretene Schaden bekannt ist, muss systematisch nach einer Lösung gesucht werden. Dieser Vorgang fordert stets

- Kreativität und
- Fachkenntnis.

Kreativität lässt sich nur in engen Grenzen erlernen. Die wenigen systematischen Ansätze hierzu werden unter dem Sammelbegriff *Kreativitätstechniken* zusammengefasst. Sie werden hier nicht weiter vertieft. Der interessierte Leser findet z.B. in [De Bono 1996], [Guntern 1994] und [Csikszentmihalyi 1997] eine gute Einführung zu diesem Thema.

Auch die fachliche Kompetenz kann hier nicht weiter untersucht werden, da die KOPV-Methode unabhängig von konkreten Fragestellungen angewendet werden soll. Aus diesem Grund werden hier im Bereich der Synthese nur folgende Fragen untersucht:

Kreativität

---

[7] Bei strenger Anwendung der KOPV-Methode gehören diese Überlegungen eigentlich in die Phase der *Darstellung des Nutzens* mit dem Kunden, denn in deren Vorfeld muß eine Verhandlungsstrategie entwickelt werden. Die Darstellung der Kosten für den Kunden ist hier aber aus taktischen Gründen meist völlig anders als die interne Darstellung.

- Wie lassen sich die verschiedenen Lösungsalternativen in einer Krise bewerten?
- Welchen Einfluss haben die Rahmenbedingungen auf der Suche nach einer Problemlösung?

Schadensumfang

Für den ersten Punkt ist der vom Kunden erwartete Schadensumfang ausschlaggebend. Denn er wird jede Lösung, die ihm einen geringeren Schaden in Aussicht stellt, als er erwartet hat, ohne großen Widerstand akzeptieren. Die Veränderung der Rahmenbedingungen ist der zentrale Ansatzpunkt der KOPV-Methode. Dieser Punkt geht über die rein fachlichen Aspekte hinweg, und öffnet den Blick für wirtschaftliche, emotionale und taktische Aspekte.

4.7
Darstellung des Nutzens

Die beste Lösung mit einem optimalen Nutzen für den Kunden ist nichts wert, wenn sie nicht angemessen kommuniziert wird. Es ist ebenso, wie ein gutes Produkt, das nicht angemessen vermarktet wird.

Grundfrage

Wie kann der Nutzen der Lösung für den Kunden nachvollziehbar dargestellt werden und mit welchen Maßnahmen kann er davon überzeugt werden, dass sich die Lösung auch tatsächlich umsetzen lässt?

In Abb. 4-12 werden die grundsätzlichen Zusammenhänge verdeutlicht:

- Eine realistische Schadenserwartung erleichtert die Präsentation einer Lösung, da es dann einfacher ist, die Erwartungen des Kunden zu unterschreiten. Ist das nicht der Fall, wird er sich kompromisslos zeigen. Gerade daher muss er zu einer realistischen Einschätzung seiner Lage gebracht werden.
- Wenn die eigene Lösung trotz einer realistischen Einschätzung die Schadenserwartung des Kunden nicht unterschreitet, so kann das daran liegen, dass die andere Seite davon ausgeht, den wesentlichen Teil des Schadens auf den Lieferanten abwälzen zu können. In diesem Fall muss die eigene Position überprüft und gegebenenfalls an die tatsächlichen Rahmenbedingungen angepasst werden.

Im einfachsten Fall genügt es, die unterstellte Schadenserwartung zu korrigieren. Wenn sich hieraus nicht akzeptable Lösungen ergeben, müssen neue Lösungsalternativen gesucht werden.

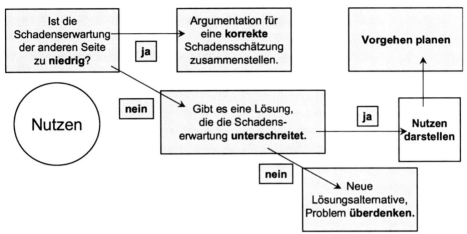

Abb. 4-12: Nutzendarstellung und Vorgehen. Ein Nutzen lässt sich nur darstellen, wenn er in seiner Konsequenz die Schadenserwartung unterschreitet

Die Darstellung des Nutzens als solches wird im Kapitel *„Durch Verhandlung die Einigung herbeiführen"* ausführlich behandelt. An dieser Stelle soll dieses Thema nur durch die Fortsetzung des oben begonnenen Beispiels vertieft werden.

B e i s p i e l

Gainplan hat sich entschieden, beide Lösungsalternativen (Journal *„gelesene Nachrichten"* und Suchfunktion *„Antwort"*) zu präsentieren. Er überlegt sich nun, wie er den Nutzen der Lösungen optimal vermitteln kann.

Nach den bisher geleisteten Vorarbeiten fällt es ihm nicht schwer, die Vorteile der Lösungen darzustellen:

- Die Lösungen erfüllen die ursprüngliche Anforderung des Kunden inhaltlich.
- Besonders die Lösung *„gelesene Nachricht"* ist für den Endanwender gut zu nutzen. Mit der Erweiterung um eine selektive Lesebestätigung hat sie sogar Vorteile gegenüber der ursprünglich angebotenen Lösung.
- Die Lösung lässt sich schnell umsetzen.
- Sie ist durch ComLike realisierbar. Dadurch entfällt die Abhängigkeit von dem Unterlieferanten, der auch aus Sicht des Kunden die eigentliche Ursache für die Misere ist.

Die Kosten dieser Vorgehensweise sind ebenfalls klar. Es geht jetzt also darum, die Lösung dem Kunden zu präsentieren und eine verbindliche Vereinbarung mit ihm zu treffen. ■

4.8
Vereinbarung über die Lösung

Glück

Nach soviel Vorbereitung ist im Grunde nur noch ein wenig Glück nötig, um erfolgreich zu verhandeln.[8] Wurden die vorherigen Schritte konsequent angewendet, so ist es i.d.R. möglich, in der Verhandlung einen Erfolg zu erzielen. Doch was bedeutet das? Nun, eine Verhandlung ist sicher dann erfolgreich, wenn wesentliche Verhandlungsziele erreicht werden. Im Rahmen der KOPV-Methode ist der Verhandlungserfolg aber nur Mittel zum Zweck. Denn was nützt der beste Verhandlungserfolg, wenn er nicht rechtsverbindlich dokumentiert wird? In der Regel nichts!

Auch hier werden die Konzepte nur anhand des bisher verwendeten Beispiels erläutert. Die tiefergehende inhaltliche Betrachtung wird aus Gründen der Übersichtlichkeit in die folgenden Kapitel verlegt.

Beispiel

Gainplan hat alle Phasen der KOPV-Methode durchlaufen. Nun stellt sich die Frage, wie er den Kunden über seine Arbeiten informieren und für sich gewinnen will. Da er Probleme verlagern kann, benötigt er die Zustimmung des Kunden. Wie soll er dabei vorgehen?

Darstellung festlegen

Für die Präsentation zusammen mit seinem Vorgesetzten trifft er folgende Entscheidungen bzw. ergreift er folgende Maßnahmen:

- Der Vorschlag verändert wesentliche Teile der Leistungsbeschreibung. Das kommt einer Vertragsänderung gleich. Außerdem will er zusätzliche Leistungen anbieten. Er weiß, dass sowohl er, als auch Rekauv, nicht berechtigt sind, solche Entscheidungen zu treffen. Schon aus diesem Grund muss ihn sein Vorgesetzter mit zur Präsentation begleiten. Er bittet Rekauv, seinen Chef ebenfalls hinzuzuziehen.
- Er erstellt (in Abstimmung mit Rekauv) eine Agenda, die folgende Punkte enthält:
  - Vorstellung der Teilnehmer
  - Statusbericht und Analyse der Situation
  - Darstellung von Lösungsalternativen
  - Bewertung der Alternativen
  - Definition der Maßnahmen
  - Dokumentation des Vorgehens

---

[8] Wie weiter unten noch deutlich wird, gehören neben der durch KOPV vorgegebenen Methode auch noch viele menschliche Fähigkeiten zu einer erfolgreichen Verhandlung. Doch ohne etwas „Fortune" geht es auch nicht.

- Jedem dieser Punkte ordnet er ein Zeitbudget zu, innerhalb dessen der Punkt bearbeitet werden sollte.
- Damit er die Lösung einfach und eindrucksvoll vortragen kann, erstellt er eine Folienpräsentation, die die Lösung leicht verständlich darstellt.
- Außerdem erstellt er ein Dokument, das die technische Lösung, deren Kosten und die konkrete Planung beschreibt.

Das alles bespricht er vorher eingehend mit seinem Vorgesetzten. Außerdem informiert er Rekauv grob, wie er vorgehen will und welche Ziele er jeweils verfolgt. Hierzu wendet er folgende Taktik an:

Er bittet Rekauv, seine Ziele zu nennen und gibt nur dann seine eigenen preis, wenn sie in offensichtlichem Widerstreit zueinander stehen. In diesem Fall prüft er, ob seine Position zu unvereinbaren Problemen führt. Außerdem klärt er diese Punkte nicht in einem eigenen Gespräch, sondern stets am Rande von anderen Unterredungen.

Hierbei stellt sich heraus, dass Rekauv es für unmöglich hält, unter dem Punkt *Definition von Maßnahmen* eine Entscheidung für eine der Lösungen herbeizuführen. Er will im Gespräch nur die Konsequenzen jeder Lösung darstellen, ohne sich zu entscheiden. Entsprechend versteht er unter dem Punkt *Dokumentation des Vorgehens* auch nicht wie Gainplan den Abschluss eines modifizierten Vertrags, sondern die Vorgehensweise für die Evaluierung der Lösungsalternativen. Gainplan nimmt diesen Dissens zur Kenntnis, ohne ihn offen anzusprechen. Für die Präsentation muss er eine Taktik entwickeln, die ihn dabei unterstützt, diese Einstellung zu verändern.

Eine Methode, die Gainplan in solchen Fällen oft mit Erfolg angewendet hat, versucht, den Kunden künstlich unter Zeitdruck zu setzen. Nach längerem Überlegen versucht er es mit folgendem Ansatz:

Das Wirtschaftsjahr der Fa. Interprod endet in vier Monaten. Üblicherweise ist es für einen Manager in einem großen Unternehmen günstig, wenn ein Projekt noch im geplanten Geschäftsjahr abgenommen und bezahlt wird. Gainplan plant das Vorhaben daher so, dass der Beginn der Abnahme zwei Wochen vor dem Jahresabschluss liegt.

Seinen Vorgesetzten macht er auf den Termin für den Wechsel des Geschäftsjahres aufmerksam und bittet ihn, den Vorgesetzten von Rekauv direkt anzusprechen und darauf zu verweisen, dass eine schnelle Entscheidung nötig sei, da der geplante Abnahmetermin sonst nicht mehr zu halten sei. Er (Gainplans Vorgesetzter) selbst sei notfalls bereit, noch heute zu einer Einigung zu kommen.

Zielsetzung festlegen

Intensive Vorbereitung
des Vortrags

Gainplan ist klar, dass das nur ein schwacher Versuch ist, aber er ist es trotzdem wert.

Vor der Präsentation übt Gainplan seinen Folienvortrag mehrfach. Er gibt sich erst zufrieden, als er ohne jedes Stocken und Überlegen sprechen kann (er lernt natürlich nichts auswendig). Bei der Formulierung der Vorteile und des Nutzens seiner Lösungsalternative achtet er auf jedes Wort und verweist mehrfach auf die schriftliche Ausarbeitung. Er zeigt auf, wie er zu der Lösung gekommen ist und warum er persönlich von deren Vorteilhaftigkeit für beide Seiten überzeugt ist. Er lässt aber auch die Schwachstellen nicht aus (z.B. keine Lesebestätigung von Empfängern außerhalb des Konzerns), ohne sie besonders hervorzuheben.

Schließlich überlegt er sich, welche Einwürfe während und welche Fragen nach dem Vortrag kommen könnten. Er versetzt sich dazu intensiv in die Situation des Kunden. Er schreibt sich solche Fragen auf und versucht sie mehrfach laut zu beantworten.

Kommunikationsziele

Hiermit verfolgt er folgende Kommunikationsziele:

*   Kompetenz (z.B. durch einen souveränen Vortrag, durch schriftliches Material).
*   Objektivität (z.B. durch Nennung von Vor- und Nachteilen).
*   Sicherheit (z.B. durch knappe Formulierung, klare Reaktion auf Einwürfe).
*   Ernsthaftigkeit (z.B. durch intensive Vorbereitung).
*   Zielorientierung (z.B. durch eine Agenda, durch klare Ansprache des persönlichen Ziels).∎

4.9
Zusammenfassung

Das vorliegende Kapitel hat einen umfassenden Überblick über die KOPV-Methode gegeben. Dabei wird ausgehend von einer eingehenden Analyse versucht, eine problem- und kostenorientierte Lösung zu finden. Ein Schlüsselelement hierbei ist die *Problemverlagerung*. Sie versucht, vordergründige Problemstellungen zu überwinden und in allgemeine Fragestellungen zu übersetzen. Ausgangspunkt hierfür sind die tatsächlichen Anforderungen des Kunden, die u.U. neu formuliert und definiert werden müssen. Hieraus lassen sich i.d.R. neuartige Lösungsalternativen ableiten, die unter den gegebenen Rahmenbedingungen einen Nutzen für den Kunden darstellen. Diesen gilt es zum Kunden hin mit dem Ziel zu kommunizieren, dass eine neue Vereinbarung mit einer neuen Leistungsbeschreibung getroffen werden kann.

In der Rückschau auf dieses Kapitel soll der Name der Methode noch einmal motiviert werden. In der ersten Phase der Methode überwiegen analytische und systematische Aspekte. In den letzten Phasen überwiegen kommunikative und subjektive Aspekte. Die mittleren Phasen sind von beiden Aspekten geprägt. Diese gegenläufige Tendenz ist in Abb. 4-13 grafisch veranschaulicht.

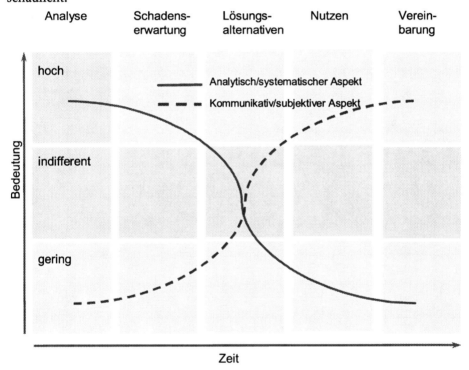

Abb. 4-13: Die Bedeutung der verschiedenen Aspekte der KOPV-Methode

KOPV versucht, diese Aspekte alle zu berücksichtigen und jedem Aspekt einen der Bewältigung einer Krise angemessenen Platz zuzuordnen. Hieraus ergibt sich das eigentliche Ziel und Gestaltungsmittel der Methode.

Das vorliegende Kapitel legt den Schwerpunkt auf systematische und analytische Themen. Die folgenden Kapitel zeigen, wie in den einzelnen Phasen der kommunikative Aspekt bewältigt werden kann.

Meine Erfahrung zeigt, dass – je nach persönlicher Prägung des Projektmanagers – *entweder* der analytisch/systematische *oder* der kommunikativ/subjektive Aspekt im Vordergrund steht. Die bewusste Anwendung von KOPV bringt die erforderliche Ausgewogenheit beider Aspekte. Damit kann die Methode keinen Erfolg garantieren, aber in jedem Fall die Krisenkosten senken und die Erfolgswahrscheinlichkeit steigern.

5 Praktische Krisenbewältigung

Krisen entstehen nicht nur zwischen Institutionen oder Firmen, sondern sie entstehen auch (oder gerade) zwischen Personen. Alle Methodik und Systematik wäre vergebens, wenn nicht darauf geachtet würde, dass das *richtige* Klima zwischen den Personen im Projekt herrscht. Der Begriff „richtig" bedeutet nicht, dass es immer harmonisch, sondern der aktuellen Situation angemessen zugehen muss.

Das vorliegende Kapitel beschäftigt sich im Wesentlichen mit folgenden Fragen:

- Verhalten bei einer Krisennachricht
- Unmittelbare Reaktion in der Krisensituation
- Kommunikation bis zur Verhandlung.

Alle diese Punkte werden anhand von typischen Situationen behandelt. Hierbei werden konkrete Handlungsmuster aufgezeigt, die sich in der Praxis bewährt haben.

5.1
Anwendung von Handlungsregeln

Diese Ausführungen sind das Resultat meiner langjährigen, persönlichen Erfahrungen im Bereich des Krisenmanagements. Die Darstellung berücksichtigt aber auch viele Erkenntnisse von Kollegen oder Mitarbeitern, die durch Beobachtung oder Diskussion eingeflossen sind. Sie haben in den letzten Jahren häufig dazu gedient, neuen oder jungen Mitarbeitern praktische Hilfestellungen bei der Bewältigung von Krisen zu geben. Es muss trotzdem vor einer unkritischen Anwendung gewarnt werden.

Die vorgestellten Handlungsregeln unterstellen eine gewisse soziale Kompetenz und menschliche Reife.

Jeder Leser sollte sich fragen, ob die vorgeschlagene Handlungsregel seinen persönlichen Fähigkeiten und seinem Naturell entspricht. Nur dann sollte er sie auch anwenden. Wenn es Zweifel gibt, wird empfohlen, die jeweilige Handlungsregel außerhalb einer Krisensituation anzuwenden. Hierüber können eigene Erfahrungen gesammelt werden. Positive Erlebnisse helfen, weitergehende Vorschläge aus diesem Buch aufzugreifen; negative Erlebnisse sind aber auch ein Zeichen dafür, dass die hier jeweils angewendete Handlungsregel vielleicht nicht angemessen ist. Es sollte in jedem Fall das Ziel eines jeden Lesers sein, seinen persönlichen Stil für die Behandlung von Krisen zu finden. Nur wenn das gelingt, werden Handlung und Person in einer Krisensituation überzeugend sein. Dieser Prozess kann Jahre dauern. Er ist nur erfolgreich, wenn ständig versucht wird, das eigene Verhalten in der Krise zu verbessern.

Handlungsregeln üben   Die oben vorgestellten Überlegungen gelten auch für die beiden folgenden Kapitel. Es wird empfohlen, sich nach der ersten Lektüre nicht mehr als drei bis fünf Punkte farblich zu markieren, die besonders interessant erscheinen und die dem Leser persönlich zusagen. Diese Handlungsregeln sollten für einen längeren Zeitraum (ca. zwei bis drei Monate) möglichst oft in unkritischen Lebenssituationen angewendet werden. Dabei kann nicht nur das berufliche, sondern auch das private Umfeld genutzt werden. In einem Abstand von drei Monaten[9] wird dann überprüft, was umgesetzt werden konnte und welche Probleme es dabei gab. Bei dieser Gelegenheit sollten die Kapitel erneut überflogen und neue Punkte mit einer anderen Farbe markiert werden. Mit diesen wird dann in gleicher Weise verfahren.

Diese Vorgehensweise sichert langfristig den Lernerfolg und hilft, dass der Stoff in „Leib und Blut" übergeht.

5.2
Krisenablauf aus praktischer Sicht

Der Krisenlebenszyklus wurde schon eingehend vorgestellt. Diese Darstellung soll für den Zweck dieses Kapi-

---

[9]   Am besten notiert man schon jetzt einen Termin im Kalender, zu dem dieses Buch erneut in die Hand genommen wird.

tels weiter konkretisiert werden, um daran einige praktische Aspekte für das Verhalten in der Krise zu verdeutlichen.

In Abb. 5-1 sind die wesentlichen Ereignisse und Handlungen in der ersten Phase einer Krise dargestellt. Unabhängig davon, ob eine formelle Krisennachricht erfolgt oder ob es sich um ein konkretes Krisenereignis handelt, muss zunächst mit einer Beschreibung der Krise begonnen werden. Hiervon ausgehend muss ein Krisenmanagement beginnen. Für die erste Analyse der Krise werden in erster Linie folgende Tätigkeiten ausgeführt:

- Besprechung mit den am Projekt beteiligten Personen
- Studium des vorliegenden Aktenmaterials
- Kommunikation mit allen relevanten Beteiligten.

Diese Tätigkeiten werden in den nächsten Abschnitten aus verschiedenen Perspektiven beleuchtet.

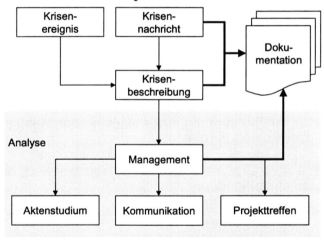

Abb. 5-1: Ausschnitt aus dem Krisenlebenszyklus, nach praktischen Aspekten detailliert

5.3
Auf Krisennachrichten richtig reagieren

Die bisherigen Untersuchungen haben u.U. den Eindruck erweckt, dass die Krisenerkenntnis das Ergebnis eines langwierigen Analyseprozesses ist. Das gilt aber i.d.R. nur für eine Krisenpartei. Denn wenn eine Partei zu dem Schluss kommt, dass es sich um eine Krise handelt, wird sie die andere darüber informieren und entsprechende Maßnahmen einleiten oder verlangen.

Aussendung der Krisennachricht

Krisennachrichten können auf unterschiedlichsten Wegen „versandt" werden. Im einfachsten Fall ist es ein Beschwerdebrief oder ein Telefonat. Es kann aber ebenso gut ein Gespräch beim Kunden sein,

- in dem eine Regressforderung gestellt wird oder
- in dem ein letzter Termin für die Beseitigung von Mängeln genannt wird.

Trifft solch eine Krisennachricht ein, so ist davon auszugehen, dass die andere Seite sich mit der Situation ausführlich auseinandergesetzt hat und die Krisennachricht begründet ist. Dass das in der Praxis nicht immer richtig sein muss, ist mir wohl bewusst. Doch was ist die Alternative? Soll die Nachricht zunächst nicht ernst genommen werden? Das wäre grob fahrlässig, denn dadurch würden u.U. wichtige Maßnahmen nicht oder erst zu spät ergriffen. Oder sollte jetzt zuerst mit einer ausführlichen Analyse begonnen werden, die die Aussage der anderen Seite auf Validität prüft? Es gibt daher nur eine Möglichkeit: Die Krisennachricht muss in jedem Fall ernst genommen werden.

Handlungen können Krisennachrichten sein

Krisennachrichten sind zuweilen auch in Handlungen (oder deren Ausbleiben) versteckt:[10]

- Eine Rechnung wird trotz Fälligkeit nicht bezahlt
- Einem Techniker wird der Zugang zum Liefergegenstand verweigert
- Eine Abnahme wird verweigert oder verzögert.

Krisennachricht

Eine Krise kann aber auch durch ein konkretes Ereignis ausgelöst werden:

- Ein Anlagenteil fällt zu oft aus
- Die Mängelliste wächst monoton an
- Das Budget wird überschritten.
- Ein wichtiger Termin wird nicht gehalten.

In solchen Fällen gibt es zunächst keine Nachricht im

---

[10] Mir ist z.B. ein Fall bekannt, in dem ein Einkaufsmodul einer Verwaltungssoftware sporadisch Bestellungen doppelt ausführte. Nachdem verschiedene Beschwerden keine Besserungen brachten, wurde bei dem Hersteller der Software ein großer Spiegelschrank für ein Badezimmer angeliefert. Dieser war aufgrund einer Doppelbestellung auch doppelt geliefert worden. Der beiliegende Brief appellierte an den Softwarehersteller, das Problem etwas ernster zu nehmen.

Sinne einer zweiseitigen Kommunikation. Es wäre aber sicher fahrlässig, wenn in diesem Fall einfach nicht gehandelt oder auf eine förmliche Nachricht erst gewartet würde. Hier ist die frühzeitige Reaktion schon deshalb von Vorteil, weil so die Initiative bei einem selbst liegt.

Gleichgültig wie eine Krisennachricht dem Projektmanager übermittelt wird, sie sollte ernst genommen werden. Äußerungen wie:

Krisennachrichten immer ernst nehmen

- „Die verstehen unsere Probleme eben nicht,"
- „Die können die Anlage nicht bedienen,"
- „Die sabotieren uns ohnehin nur,"
- „Die regen sich doch immer über jede Kleinigkeit auf,"

führen zu nichts und verschärfen nur die Situation. Sie sind Ausfluss einer kommunikationsfeindlichen Einstellung, die die Probleme der anderen Seite einfach ignoriert.

Die Nachricht über eine Krise kann natürlich von jeder Seite (also vom Kunden oder vom Lieferanten) ausgelöst werden. Je nachdem, ob eine Meldung ausgesendet oder empfangen wird, muss unterschiedlich reagiert werden, so dass sich zunächst vier prinzipielle Möglichkeiten ergeben:

- Lieferant meldet an Kunden
- Kunde empfängt vom Lieferanten
- Kunde meldet an Lieferanten
- Lieferant empfängt vom Kunden.

Die beiden ersten Fälle kommen in der Praxis nur selten vor. Sie sind auch unkritisch, da i.d.R. der Lieferant gezwungen ist, zu agieren. Er kann sich in diesem Fall vorbereiten und so schon vorweg Maßnahmen ergreifen, um die Nachricht für sich günstig zu platzieren. Er kommt damit seiner Verpflichtung zur Aktion nach und ist von daher – zumindest zunächst – in einer guten Position. Diese Fälle werden hier nicht weiter behandelt.

Die beiden letzten Fälle hingegen sind hoch brisant. Da in diesem Fall der Lieferant i.d.R. unvorbereitet angetroffen wird, er aber auf Grund seiner Position dazu gezwungen ist, kurzfristig zu agieren.

5.3.1
Nachricht des Kunden an den Lieferanten

Krisennachricht
systematisch vorbereiten

Während für den Lieferanten häufig Krisen „aus heiterem Himmel erscheinen", ist das auf der Seite des Kunden eher eine Ausnahme. Mehr noch, in vielen Fällen gibt es eine explizite Entscheidung, ein Problem zu *eskalieren*. Trotzdem kommt es immer wieder vor, dass aus einem aktuellen Problem heraus, ohne viel zu überlegen, agiert wird. Das Fass wurde eben zum Überlaufen gebracht. Und als Konsequenz wird ein aggressives und impulsives Gespräch mit dem Lieferanten geführt. Die Wahrscheinlichkeit, dass hierbei falsche Vorwürfe erhoben und unangemessene Maßnahmen ergriffen werden, ist sehr hoch. Wenn sich der Lieferant außerdem noch so verhält, wie es im folgenden Abschnitt dargelegt wird, dann erreicht er i.d.R. sein Hauptziel nicht, möglichst schnell zu einer Lösung zu kommen.

Aus diesem Grund ist es unratsam, seinem Ärger einfach „Luft zu machen". Es sollte vielmehr genau abgewogen werden, was aus Sicht des Kunden jetzt wirklich nötig ist, um die *Krise zu lösen*. Dabei geht es i.d.R. nicht um die Suche des Schuldigen und auch nicht um die Erkenntnis, dass die Probleme schon lange vorhersehbar waren.

Damit die Krise gelöst werden kann, muss das Problem klar umrissen sein. Das wird durch eine schriftliche Formulierung erleichtert. Wenn das gelungen ist, sollte überlegt werden, wie hoch der bereits entstandene Schaden ist und wie hoch er noch werden kann. Sollte das nicht eindeutig möglich sein, erfolgt statt dessen eine *realistische* Abschätzung des Minimal- und Maximalwertes.

Bevor der Lieferant angerufen wird, sollte die Formulierung der Probleme mit einem Mitarbeiter besprochen werden. Hierbei werden folgende Punkte geprüft:

- Ist die Problembeschreibung verständlich und (angemessen) vollständig?
- Gibt es konkrete Maßnahmen, die der Lieferant auch erfüllen kann?
- Wenn das Problem dringend ist: Wurden *Erste-Hilfe-Maßnahmen* definiert, die unabhängig von der konkreten Problemstellung bis zu einem *bestimmten Termin* erfolgen müssen?

- Sind die Forderungen an den Lieferanten klar niedergelegt und handelt es sich dabei auch um tatsächliche Pflichten des Lieferanten?[11]

Erst nach dieser Vorbereitung sollte der Lieferant angerufen werden. Denn nun hat sich

Nicht erregt anrufen

- die erste Aufregung gelegt und
- die inhaltlichen Fragen sind präzise definiert.

Als Gesprächspartner sollte der Vorgesetzte des sonst zuständigen Ansprechpartners auf der Lieferantenseite gewählt werden. Auch hierfür werden die Gründe kurz dargestellt:

- Das Problem muss so groß sein, dass es unter den gegebenen Voraussetzungen von dem Projektmanager auf der Lieferantenseite nicht bewältigt werden kann. Es ist daher nur logisch und im Sinne des hier verwendeten Krisenbegriffs, wenn das Gespräch mit einem Mitarbeiter des Lieferanten gesucht wird, der über zusätzliche Ressourcen verfügt.
- Eine Eskalation wird nur erreicht, wenn die nächst höhere Ebene der Aufbauorganisation angesprochen wird.
- Damit das Verhältnis zwischen den Projektleitern nicht getrübt wird, kann es sinnvoll sein, vorher einen informellen Hinweis auf die bevorstehende Mitteilung zu geben.

Rufen Sie den Vorgesetzten Ihres Ansprechpartners an und

- schildern Sie die ersten drei Problempunkte sachlich,
- kündigen Sie ein Fax an, das diese Punkte festhält,
- teilen Sie mit, wann Sie sich wieder melden,
- fordern Sie zu diesem Termin einen schriftlichen Maßnahmen-Katalog oder einen Termin in Ihrem Haus.

---

[11] Es bringt nichts, von einem Lieferanten die unverzügliche Entsendung eines Technikers zu fordern, wenn es weder einen Wartungsvertrag noch einen Gewährleistungsanspruch gibt. In diesem Fall verärgert man u.U. den Lieferanten nur. Es wäre in diesem Fall besser, den Lieferanten freundlich anzusprechen und ihn bei der „Ehre zu packen" oder, wenn das nicht geht, z.B. den baldigen Abschluss eines Wartungsvertrags in Aussicht zu stellen.

5.3.2
Nachrichtenempfang durch den Lieferanten

Nachricht kommt nicht zum Projektmanager

Geht eine Krisenmeldung per Post ein, so sollte sie möglichst schnell zum verantwortlichen Projektmanager weitergeleitet werden. Damit das schnell und ohne unnötige Verzögerung geht, sind folgende Punkte zu beachten:

- Jeder Mitarbeiter sollte Briefe, die eine Beschwerde oder Reklamation enthalten, die aber fälschlicherweise an ihn gesendet wurden, unverzüglich weiterleiten. Besonders kritisch sind Schreiben zu handhaben, die einen Termin setzen oder eine konkrete Forderung (z.B. Schadensersatz) stellen. Dabei sollte nicht einfach das Schreiben erneut in die Post (auch nicht in die Hauspost) gegeben werden, sondern der zuständige Projektmanager muss telefonisch ausfindig gemacht werden. Mit ihm wird dann auch geklärt, *wie* das Schreiben weitergeleitet werden kann.

- Ist der Projektmanager selbst nicht zu erreichen, so ist dessen Vorgesetzter oder sein Stellvertreter zu benachrichtigen. Die Verantwortung für einen solchen Fall sollte im Unternehmen klar geregelt sein. Die Natur der Sache macht es erforderlich, den Empfänger mit der ausschließlichen Verantwortung für die Weitergabe zu belasten.

Krisenmeldestelle

- Falls es begründeten Anlass gibt, zu befürchten, dass derartige Aufgaben von Mitarbeitern nur nachlässig bearbeitet werden (und wenn dieser Fall oft genug auch tatsächlich vorkommt), sollte eine zentrale Krisenmeldestelle eingerichtet werden, die dann die Weitergabe an den Projektmanager koordiniert und im Krisenfall auch gleich eine beratende Funktion übernimmt. Diese Aufgabe kann z.B. die zentrale Qualitätssicherung oder die Innenrevision übernehmen.

Sobald der Projektmanager das Schreiben selbst in der Hand hat, ist er für alles Weitere verantwortlich. Neben den durch die KOPV-Methode vorgegebenen Aufgaben sollten folgende *sofortige Maßnahmen* ergriffen werden:

- *Information*: Alle Beteiligten müssen unmittelbar informiert werden. Hierzu gehören die Projektmitglieder, der Vorgesetzte und alle übrigen Organisationseinheiten (z.B. die Serviceabteilung, die Fehlermeldungen entgegennimmt), die u.U. mit dem Kunden Kontakt haben.

- *Eskalation*: Wenn in dem Schreiben Fristen gesetzt sind oder Schadensersatz, Wandlung etc. gefordert werden, müssen in einem Unternehmen bestimmte Eskalationsroutinen ablaufen. So muss in diesem Fall z.B. in mittelständischen Unternehmen typischerweise die Geschäftsführung informiert werden, in einem Großunternehmen der zuständige Bereichs- oder Hauptabteilungsleiter.

- *Dokumentation*: Selbstverständlich wird das Schreiben selbst in den Projektordner geheftet. Darüber hinaus können aber weitere Aktivitäten sinnvoll sein:
  - Benachrichtigung der PR-Abteilung, damit diese, falls die Krise öffentliches Interesse hervorruft, angemessen informieren kann.
  - Wenn es ein Projektinformations- und -bewertungssystem im Unternehmen gibt, sollte das Projekt dort als risikobehaftetes Projekt eingetragen werden.

Diese Maßnahmen können in aller Regel ohne inhaltliche Prüfung angewendet werden. Auch wenn die Gefahr besteht, dass eine solche Prüfung das Nichtvorhandensein einer Krise ergibt, kann man das immer noch später feststellen. Um das jedoch ernsthaft zu prüfen, vergeht Zeit. Während dieser Zeit könnte z.B.

Formale Maßnahmen

- die Geschäftsführung des eigenen Unternehmens persönlich angesprochen werden, sie wüsste dann von nichts;
- ein Reporter den Pressesprecher des Unternehmens anrufen und um ein Stellungnahme bitten;
- ein neuer Fehler in der Serviceabteilung gemeldet und mit einer zu geringen Priorität bearbeitet werden.

Es ist daher besser, einmal zuviel diese formalen Maßnahmen zu ergreifen, als einmal zu wenig.

Bei der Übermittlung von Krisennachrichten gilt es, den Kunden ernst zu nehmen.

Wenn sich später herausstellt, dass eine Maßnahme zu früh ergriffen wurde, kann sie immer noch zurückgenommen werden.

Häufig werden Krisennachrichten persönlich (meist telefonisch) übermittelt. In diesem Fall handelt der Kunde häufig impulsiv und ohne genaue Analyse. Er greift zum Telefon oder sieht den Servicetechniker des Lieferanten und macht seinem Ärger „Luft". In diesem Fall muss die konkrete Gesprächssituation gemeistert werden. Da es hier zu vielen menschlichen Konflikten kommen kann, soll dieser Punkt getrennt behandelt werden.

5.3.2.1
Gesprächseröffnung

Der Anruf eines erregten Kunden, der eine Krisennachricht überbringt, kommt meist aus „heiterem Himmel". Wer häufiger mit dieser Situation zu tun hat, kann sich natürlich mental auf derartige Gespräche einstellen. Er ist damit eher Herr der Lage, als wenn solche Gespräche die Ausnahme sind. Wenn möglich, sollte der Projektmanager dem Endkunden nicht seine Durchwahl überlassen. Geht jedes Gespräch erst einmal über ein Sekretariat, können wertvolle Sekunden gewonnen werden. Eine geübte Sekretärin muss nicht erst nachfragen, worum es geht, um herauszufinden, dass der Kunde „sauer" ist. Sie gibt diese Information an ihren Vorgesetzten weiter und gibt ihm damit einige Sekunden, um sich mental auf das Gespräch einzustimmen.

Wenn der Kunde sich vorweg gut vorbereitet hat, wird das Gespräch in der oben vorgestellten Form ablaufen (*s.a. Abschn. 5.3.1*). In diesem Fall gilt es, lediglich festzulegen, wann das nächste Gespräch erfolgt.

Zuhören und mitschreiben — Ruft ein impulsiver Kunde an, wird zunächst einfach nur zugehört und mitgeschrieben. Unterbrechungen oder Erwiderungen sollten zunächst völlig unterbleiben. Der Kunde ärgert sich vermutlich schon länger über das Projekt. Er will jetzt seinem Ärger „Luft machen". Er steht gewissermaßen unter „Überdruck". Wer in dieser Situation den natürlichen „Kräftefluss" unterbricht oder gar Einhalt gewähren will, der versucht, gegen Naturgesetze anzukämpfen.

Sätze wie „was Sie da behaupten, ist unmöglich" oder „wir sind nur für die Lieferung zuständig; Probleme im Betrieb haben Sie zu verantworten" reizen den Kunden, ohne dass es das Thema voran bringt.

Beleidigungen nicht überbewerten — Selbst persönliche Beleidigungen sollten in dieser Phase des Gesprächs nachsichtig überhört werden. Sie sind meist Ergebnis einer cholerischen Charakterstruktur. Typischerweise entschuldigt sich der Anrufer für diesen Fehlgriff am Ende des Gesprächs von selbst. Wenn er es nicht tut, ist ein späterer Zeitpunkt besser geeignet, um eine Entschuldigung einzufordern.

Wenn der Kunde eine Meinungsäußerung wünscht, sollte diese unverbindlich sein. So zeigt eine Formulierung wie „ich kann Ihren Standpunkt durchaus verstehen", „ich merke, wie unzufrieden Sie sind" oder „ich halte das für ein ernstes Problem", dass die Probleme der anderen Seite ernst genommen werden, ohne dass damit ein Schuldeingeständnis verbunden ist.

Keine Schuld eingestehen

Jede Formulierung wie „Sie haben mit Ihren Anschuldigungen völlig recht" oder „Hier hat unser Mitarbeiter einen Fehler gemacht" müssen unterbleiben. Der Grund hierfür ist einfach: Es kann sehr gut möglich sein, dass der Lieferant das Problem nicht zu verantworten hat. Ein zu frühes Schuldeingeständnis macht es später aber schwer, die Verantwortung von sich zu weisen. Aus diesem Grund sollte man sich nicht zu derartigen Äußerungen zwingen lassen. Gleichgültig wie sehr der Gesprächspartner das auch fordert. Hier kann z.B. geantwortet werden: „Ich gestehe keine Schuld ein, ohne den Vorgang genau untersucht zu haben. Mir geht es jetzt darum, Ihr Problem zu lösen. Die Schuldfrage stellt sich *jetzt* nicht – sie löst auch keines Ihrer Probleme."

Umgekehrt bringt es auch nichts, wenn die andere Seite angegriffen oder beschimpft wird. Das liegt besonders dann nahe, wenn vom Kunden Beleidigungen oder ähnliches ausgesprochen werden. Auch eine sachliche Auseinandersetzung mit den Vorwürfen oder gar der Vorschlag einer Lösung für das Problem, ist in der emotionalen Stimmung nicht ratsam. Einige wichtige Gründe hierfür sind:

Keine Schuld zuweisen

- Gerade auf der Managementebene fehlt die genaue Kenntnis des Projekts und etwaiger technischer oder organisatorischer Zusammenhänge. In dieser Situation ist es i.d.R. schwierig, gute und richtige Argumente zu finden. Das um so mehr, als davon ausgegangen werden kann, dass der Kunde das Problem genau kennt und daher jede Einlassung, die nicht zu 100% korrekt ist, als ein weiteres Indiz für eine schlechte Betreuung sehen wird.

- Worin der Grund für die u.U. vorliegende Krise liegt, ist noch unklar. Doch kann davon ausgegangen werden, dass in vielen Fällen zumindest ein Teil der Probleme durch menschliches Versagen entstanden sind. Der Kunde ist also oft in seinem Vertrauen zum Lieferanten erschüttert. Wer jetzt zu schnell reagiert, bringt sich oft in den Verdacht, „aus der Hüfte zu schießen". Hierdurch wird das Vertrauen nur noch weiter vermindert.

• Vorschnelle Äußerungen lassen sich nachher nur schwer zurücknehmen. Wenn z.B. auf den Vorwurf „Sie haben ja noch nicht einmal die benötigten Ersatzteile, um die Maschine zu reparieren. Gar nicht davon zu sprechen was für eine Figur ihre Techniker bei uns abgeben" wie aus der Pistole geantwortet wird „Jeder Techniker hat einen kompletten Ersatzteilsatz in seinem Servicefahrzeug, daran kann Ihre Reparatur nicht scheitern", der wird u.U. erkennen müssen, dass in den letzten Wochen ein bestimmter Fehler so oft aufgetreten ist, dass das Ersatzteillager eben nicht mehr vollständig war.

Die aufgeführten Beispiele machen sicher deutlich, dass es zunächst keinen Sinn macht, Lösungen zu schnell zu präsentieren.

Das Wichtigste ist, wie schon gesagt, das Zuhören. Wenn kein direkter Widerspruch kommt, wenn keine Anschuldigungen gegen den Kunden ausgesprochen werden, wenn die Problemstellung in ihrem Ernst erkannt wird, dann wird der Anrufer irgendwann sein „Pulver verschossen haben". Wenn er sich erregt hat oder gar unverschämt wurde, wird er jetzt u.U. sagen: „Nehmen Sie mir die Erregung bitte nicht übel. Ich will Ihnen persönlich auch gar nichts. Mir geht es nur darum, dass das Problem endlich gelöst wird."

5.3.2.2
Informationsaufnahme

Fakten sammeln

Sobald die erste Erregung „verraucht" ist, gilt es, konkret nachzufragen. Hierbei sollten zunächst alle relevanten Fakten abgefragt werden. Der Kunde ist hierzu i.d.R. gerne bereit. Er sieht, er wird ernst genommen. Der Lieferant geht systematisch vor und versucht, sich zunächst ein objektives Bild über die Lage zu machen. Was im Einzelnen zu fragen ist, lässt sich natürlich nicht allgemein festlegen. Trotzdem gibt es einige Punkte, die generell von Interesse sind:

- Wann ist das Problem zum ersten Mal aufgetreten?
- Wie oft ist es aufgetreten oder besteht es permanent?
- Gibt es wichtige Identifikationsmerkmale (z.B. Transaktionsnummer eines Bankgeschäfts, Seriennummer einer Maschine, Versionsnummer einer Software)?
- Wurde an dem Problem schon einmal gearbeitet (z.B. durch einen Techniker des Kunden)?
- Gibt es schriftliche Unterlagen, die für die Problemanalyse verwendet werden können (z.B. Maschinenprotokolle, Fehlernummern, Statusberichte)?
- Was für eine Funktion hat der Anrufer?
- Gibt es weitere wichtige Ansprechpartner?
- Welche Konsequenzen hat das Problem für den Kunden?

Bei der Formulierung der Fragen sollte der Kunde nicht gelangweilt werden. So ist es sicher nicht ratsam, die vollständige Adresse abzufragen, wenn er bereits in der Kundenkartei erfasst wurde. Umgekehrt kann ruhig genau nachgefragt werden, wie der Anrufer heißt, wenn dessen Name nicht verstanden wurde. Er muss später zurückgerufen werden. Wenn dann der Name nicht bekannt ist, kostet die Recherche nicht nur Zeit, sondern ist auch ausgesprochen peinlich.

Die einzelnen Antworten sollten mitgeschrieben werden. Nach Möglichkeit direkt so, dass auch ein Dritter die Notizen lesen kann. Ich stelle immer wieder fest, dass in der Praxis entweder keine oder unleserliche Notizen angefertigt werden. Das muss nicht sein. Der Anrufer ist i.d.R. bereit, ein paar Sekunden zu warten, bis eine Notiz angefertigt wurde. Ein Hinweis wie „einen Augenblick bitte, ich notiere mir eben den Sachverhalt, dann kann ich ihn gleich an meine Mitarbeiter weiterreichen" führt dazu, dass der Kunde weiß, dass eine Notiz angefertigt wird. Wenn die Zeit für die schriftliche Ausformulierung etwas länger dauert, kann auch ein Teil der Formulierung laut vorgelesen werden. „Ich habe mir notiert: ‚Die roten Fehlerlampen unter der Stromanzeige blinken im Dreisekundentakt'. Außerdem schaltet ein Relais in der Konsole, nicht wahr? Gut, dann also ‚Relais schaltet ständig in der Konsole' ".

Während des Gesprächs Notizen anfertigen

Sachverhalt mit eigenen Worten wiederholen

Die Wiederholung von Sachverhalten ist nicht nur sinnvoll, um die Zeit für die Dokumentation der Probleme zu überbrücken, sie dient auch einer anderen wichtigen Funktion: Durch die Wiederholung der Problemstellung mit eigenen Worten kann sichergestellt werden, dass das Problem wirklich verstanden wurde.

Die Aufnahme des Sachverhalts sollte da enden, wo einer der beiden Gesprächspartner in seiner sachlichen Kompetenz überfordert ist. In diesem Fall sollten die zuständigen Experten das Gespräch fortführen. Andernfalls kann leicht wieder eine schwierige Gesprächssituation entstehen:

- Wenn der Gesprächspartner auf der Lieferantenseite überfordert ist, so wird er Fragen stellen, die nicht zielführend oder für den Kunden selbstverständlich sind. In diesem Fall wird er schnell wieder den Eindruck haben, dass es dem Lieferanten an Kompetenz fehlt. Dann ist es besser, einzugestehen, dass das Thema zu speziell ist und deshalb ein Experte hinzugezogen werden soll.

- Wenn der Kunde überfordert ist, wird er das vielleicht nicht gerne zugeben und daher nur vage oder gar falsche Angaben machen.

Fäden in der Hand behalten

Am besten wird versucht, eine telefonische Konferenz mit den Fachleuten zu arrangieren.[12] Ein Gespräch zwischen Experten ohne Anwesenheit des Projektmanagers ist zu diesem Zeitpunkt selten sinnvoll, denn ihnen fehlt oft die Erfahrung im diplomatischen Umgang mit dem Kunden. Außerdem sind sie oft schon vorher involviert gewesen und daher – was die Einschätzung der Lage angeht – nicht unvoreingenommen. Falls es sich um eine echte Krise handelt, wird ein Projektmanager Wert darauf legen, dass er in allen Phasen die „Fäden in der Hand behält". Das gilt besonders, wenn es um den Kontakt mit dem Kunden geht.

---

[12] Moderne Telefonanlagen bieten heute fast alle eine Möglichkeit zur Konferenzschaltung. Leider sind die entsprechenden Dienstmerkmale oft nicht freigeschaltet, oder der Mitarbeiter ist mit der Bedienung seines Telefons nicht vertraut. Es ist daher eine gute Idee, diese Eigenschaften bei unkritischen Gesprächen auszuprobieren. Eine einfache Lösung kann darin bestehen, daß der Spezialist einfach herbeigerufen wird. Mit einer Freisprechanlage kann auch so eine Konferenzschaltung „simuliert" werden.

5.3.2.3
Gesprächsabschluss

Bevor das Gespräch beendet wird, müssen sich die Ge- | Prioritäten gemeinsam
sprächspartner über das weitere Vorgehen einigen. Da | festlegen
sich im Verlaufe eines Gesprächs oft viele Aspekte ergeben, gilt es, nun Prioritäten zu setzen. Wenn sich der
Kunde gut auf das Gespräch vorbereitet hat, wird er die
Prioritäten von sich aus vorgeben und sie u.U. sogar
zusätzlich schriftlich zum persönlichen Gespräch über-
mitteln. Falls das nicht der Fall ist, sollte der Lieferant
von sich aus darlegen, wo er die Hauptprobleme sieht.
Anschließend sollte darüber mit dem Kunden Einigkeit
bestehen. Es ist daher zweckmäßig, diese Punkte
nochmals zu wiederholen.

Anschließend kann definiert werden, wie man zu
einer Problemlösung kommt. Dazu gehören nicht nur
die Analyse und Beseitigung des Problems selbst, sondern auch organisatorische Maßnahmen, die das bestehende Problem für den Kunden abmildern (z.B. Entsendung eines Technikers, der permanent im Betrieb
des Kunden präsent ist).

In vielen Fällen wird eine konkrete Maßnahme nicht
unmittelbar verabredet werden können. In diesem Fall
sollte nicht *blinder Aktionismus* regieren. Besonnenheit
wird in diesem Fall meist als positiv empfunden.

In jedem Fall sollte ein Termin für das nächste Gespräch vereinbart werden. Hierzu gibt es verschiedene
Möglichkeiten:

- *Besuch beim Kunden:* Wenn sich schnell Maßnah- | Kundenbesuch
  men ergreifen lassen, die zumindest zu einer für
  den Kunden erträglichen Situation führen, kann
  ein Gespräch beim Kunden sinnvoll sein.
  - Ein Besuch beim Kunden unterstreicht, dass das
    Problem äußerst ernst genommen wird und dass
    ein starkes Interesse an einer gemeinsamen Lö-
    sung besteht. Dieser Eindruck wird noch ver-
    stärkt, wenn ein Mitglied des Managements, das
    normalerweise nicht in das Projekt eingebunden
    ist, mit anreist.
  - Im persönlichen Gespräch lassen sich am besten
    alle Aspekte einer Problemlösung erörtern. Der
    geschulte Krisenmanager kann im persönlichen
    Kontakt auch die emotionalen Aspekte erspüren.
  - Die Auseinandersetzung mit den Problemen des
    Kunden wird von vielen Mitarbeitern leicht ano-

nymisiert. Sie leiden nicht mit dem Kunden mit. Es ist daher für die Motivation des eigenen Teams oft wichtig (auf der Seite des Lieferanten), dass die Mitarbeiter, die u.U. für die Entstehung einer Krise mit verantwortlich sind oder den entscheidenden fachlichen Impuls für die Lösung erbringen müssen, mit den Sorgen des Kunden unmittelbar konfrontiert werden.

Telefonischer Bericht

- *Telefonischer Bericht:* Immer dann, wenn im Gespräch keine unmittelbaren Maßnahmen verabredet wurden, ist wenigstens ein Termin für den nächsten Gesprächskontakt zu vereinbaren.

- Hierdurch wird der Kunde über den aktuellen Stand der Arbeiten informiert. Der Kunde bekommt so nicht den Eindruck, sein Problem sei vergessen worden oder werde nicht mit der nötigen Priorität verfolgt.

- Gerade der erste Bericht sollte kurze Zeit nach Eingang der Krisenmeldung erfolgen. Anschließend hängt es von der jeweiligen Problematik ab, wie oft berichtet wird. In jedem Fall sollte dieser Punkt mit dem Kunden abgesprochen werden.

Expertengespräch

- *Expertengespräch:* Wenn das Problem nicht vollständig verstanden wurde oder für die Lösung weiter detailliert werden muss, sollte – wie schon weiter oben angedeutet – eine Expertenrunde einberufen werden. Ein Telefongespräch reicht zunächst, da es i.d.R. darum geht, eine schnelle Lösung zu finden. Die Zeit für eine Reise zum Kunden würde zu Verzögerungen führen, da während der Abwesenheit des Experten nicht an der konkreten Problemlösung gearbeitet werden kann.

Zum Schluss noch einige Punkte, die zwar selbstverständlich erscheinen, aber in der Praxis immer wieder unbeachtet bleiben:

Gesprächsnotiz

- Über das Gespräch muss unbedingt eine Gesprächsnotiz angefertigt werden. Wenn es sich um eine Krise handelt, wird später die Zeit knapp sein und die Erstellung wird in Vergessenheit geraten. Die Gesprächsnotiz wird daher nach Möglichkeit während des Gesprächs angefertigt. Da es sich bei einer Krise oft um ein zeitkritisches Problem handelt, verbietet sich die Erstellung einer maschinengeschriebenen Notiz durch den Projektmanager von selbst. Hier reicht eine handgeschriebene Variante.

- Damit später gezielt mit dem Kunden kommuniziert werden kann, müssen folgende Informationen in der Notiz erscheinen:[13]
  - Name des Anrufers
  - Datum und Uhrzeit des Anrufs
  - Telefonnummer des Ansprechpartners, der für den Fortgang der Arbeiten beim Kunden verantwortlich ist.
- Schließlich wird die Notiz im Projektordner abgelegt (wenn es den nicht gibt, ist das der Startpunkt für einen solchen Ordner, in den schrittweise alle relevanten Dokumente eingeheftet werden).

5.4
Mit Interimshandlungen Probleme umgehen

Im vorherigen Abschnitt wurde ausgeführt, dass konkrete Maßnahmen zur Erarbeitung von Lösungen erst dann ergriffen werden sollten, wenn eine ausführliche Analyse der Krisensituation vorliegt. Diese Ausführungen bezogen sich aber auf Maßnahmen, die eine echte Beseitigung der Krisensituation zum Ziel haben. Da dieser Vorgang u.U. längere Zeit dauern kann, ist es ggf. erforderlich, in der Zwischenzeit dafür zu sorgen, dass die unmittelbaren Folgen des gemeldeten Problems abgemildert oder erträglich gestaltet werden. Es geht also darum, einerseits die Zeit zu gewinnen, um eine sorgfältige Analyse der vorliegenden Situation anzufertigen und andererseits mögliche akute Folgen der Problemeskalation auf ein erträgliches Maß zu reduzieren. Interimshandlungen zeichnen sich dadurch aus, dass sie das unmittelbare Problem zwar nicht lösen, es aber in seinen Folgen abmildern.

Was im einzelnen als Interimshandlung oder Zwischenlösung eingesetzt wird, hängt von der jeweiligen Projektsituation ab. Im Folgenden sollen einige in der Praxis besonders bewährte Maßnahmen kurz vorge-

Unmittelbare Folgen mildern

---

[13] Mir sind Fälle bekannt, in denen sich der Lieferant erst mühsam durch verschiedene Niederlassungen und Abteilungen eines Großkonzerns „durchfragen" musste, ehe der richtige Ansprechpartner gefunden wurde. Das ist nicht nur ausgesprochen peinlich, sondern verzögert auch die weiteren Arbeiten am Thema.

stellt werden. Diese Vorschläge dienen als Anregung und erheben keinen Anspruch auf Vollständigkeit. Im Gegenteil: Je kreativer ein Krisenmanager in diesem Bereich Interimslösungen anbietet, um so mehr Zeit gewinnt er für die tatsächliche Lösung des Problems. Bevor auf die einzelnen Punkte eingegangen wird, soll ein kurzer Überblick über die hier vorgestellten Interimshandlungen gegeben werden:

Problembereiche umgehen

- *Workaround*
  Unter einem Workaround versteht man eine Maßnahme, die gezielt versucht, das jeweilige Problem durch Einführung neuer Verfahren oder Techniken zu umgehen. Damit einher geht i.d.R. ein gewisser Komfortverlust bei der Nutzung oder eine Erhöhung der Kosten beim Betrieb des problemverursachenden Gegenstandes.

Kunden entlasten

- *Vor-Ort-Einsatz*
  Immer dann, wenn der problemverursachende Gegenstand im Prinzip funktionsfähig ist, aber in der vorliegenden Situation zu häufigen Störfällen oder Problemen führt, ist es sinnvoll, Personal vor Ort beim Kunden zu positionieren, das die Folgen der gemeldeten Probleme durch direkte Maßnahmen mildert.

Ersatz bereitstellen

- *Hot-Stand-By*
  Wenn das vorliegende Problem eine in sich eingrenzbare Komponente eines größeren Gesamtsystems ist, (dies ist häufig bei Datenverarbeitungsanlagen der Fall) oder wenn ein Gerät sehr leicht im Betrieb ausgetauscht werden kann, ist es sinnvoll, ein Ersatzgerät zur Verfügung zu stellen. Wenn das gemeldete Problem erneut auftritt, kann schnell mit dem Ersatzgerät weitergearbeitet werden kann.

Alternative Standorte

- *Auslagerung*
  In vielen Fällen bringt es die Komplexität oder die Natur des Problems mit sich, dass ein Hot-Stand-By-System nicht zur Verfügung gestellt werden kann. In diesem Fall kann auch überlegt werden, ob nicht ganze Problemfelder aus dem Unternehmen des Kunden ausgelagert werden können. In diesem Fall übernimmt der Lieferant oder ein befreundetes Unternehmen z.B. den Betrieb eines Systems oder die Produktion von Waren für den Kunden.

Die Darstellung der Maßnahmen wird in den folgenden Abschnitten jeweils durch einige kurze Beispiele verdeutlicht.

5.4.1
Workarounds

Ein Workaround ist dadurch gekennzeichnet, dass gezielt versucht wird, das aktuelle Problem zu umgehen. Typischerweise finden derartige Maßnahmen in der Technik Anwendung. Und so sind die hier angeführten Beispiele auch alle dem technischen Bereich entnommen. Genau genommen werden Workarounds aber auch außerhalb der Technik eingesetzt. Immer dann, wenn ein Problem aktuell nicht lösbar ist, so wird man versuchen, es zu umgehen oder ersatzweise eine andere leichtere Fragestellung zu beantworten. Trotz dieser Analogie ist es unüblich, in derartigen Fällen von einem Workaround zu sprechen.

In einem metallbearbeitenden Betrieb wurde eine Maschine angeschafft, die es ermöglicht, in einem Arbeitsgang ein Loch und ein Gewinde in ein Metallwerkstück zu bohren und zu schneiden. Bei der Inbetriebnahme der Maschine stellt sich heraus, dass die Gewinde nicht den Anforderungen des Kunden entsprechen. Reparaturversuche scheitern. Der Lieferant schlägt dem Kunden daraufhin folgenden Workaround vor: Zur Umgehung des Problems werden zunächst mittels einer Standbohrmaschine Löcher in das Werkstück gebohrt. Anschließend wird in einem zweiten Arbeitsgang eine am Markt verfügbare Messinggewindehülle in das Loch von Hand eingeschlagen. Das Werkstück erfüllt so die geforderte Spezifikation. Der Lieferant erklärt sich außerdem bereit, die erforderlichen Messinggewindehülsen kostenlos bereitzustellen. Der zusätzliche Aufwand für die manuelle Bearbeitung des Werkstücks ist für den Kunden zunächst akzeptabel: Er ging für die Anfangsphase ohnehin nur von einer geringen Stückzahl aus, da das Produkt gerade erst am Markt eingeführt wurde. ∎

Beispiel

5.4.2
Vor-Ort-Einsatz

Der Vor-Ort-Einsatz ist zweifellos in vielen Fällen eine scheinbar teure Alternative. Doch muss das auch in Relation zum Gesamtprojektvolumen und zu den Krisenkosten gesetzt werden. Darüber hinaus wird häufig als Nachteil angeführt, dass durch den Vor-Ort-Einsatz wichtige personelle Ressourcen, die im eigenen Haus dringend benötigt werden, nun mehr oder weniger nutzlos beim Kunden verbleiben. Das ist freilich nur dann richtig, wenn es sich bei dem Vor-Ort-Einsatz um eine reine vertrauensbildende Maßnahme handelt.

Taktischer Vor-Ort-Einsatz

Es ist daher in vielen Fällen sinnvoll, zwischen technischen und taktischen Vor-Ort-Einsätzen zu unterscheiden. Ein taktischer Vor-Ort-Einsatz dient im Wesentlichen der Beruhigung des Kunden im Rahmen von vertrauensbildenden Maßnahmen und der gezielten Informationsbeschaffung über die weiteren Umstände der Krisensituation beim Kunden. Es werden also zwei Ziele gleichzeitig erreicht:

- Der Kunde erhält einen Ansprechpartner vor Ort, der für ihn administrative oder Routinetätigkeiten übernimmt. Er soll außerdem bei der Analyse und Dokumentation von Krisensituationen unterstützen. Durch den Vor-Ort-Einsatz erhält der Mitarbeiter wertvolle Informationen über die Situation beim Kunden. Er kann daher später in vielen Fällen wertvolle Informationen für die Einschätzung der Krise beim Kunden liefern, die bei der Suche nach einer Lösung und für die Vorbereitung der Verhandlung nützlich sind.

- Außerdem kann er ein realistisches Bild der jeweiligen Krisensituation zeichnen, so dass u.U. andere Interimsmaßnahmen besser und gezielter angewendet werden können. Häufig ist es nach einem Vor-Ort-Einsatz möglich, einen wirkungsvollen und akzeptablen Workaround für den Kunden zu finden und damit den Vor-Ort-Einsatz zügig zu beenden.

Technischer Vor-Ort-Einsatz

Bei einem technischen Vor-Ort-Einsatz geht es darum, Problemsituationen unmittelbar beim Kunden zu analysieren, zu lösen oder abzumildern. Auch hier sind die Kosten für derartige Einsätze relativ hoch. Viele Unternehmen haben daher in der Vergangenheit ihre technischen Systeme mit umfangreichen Ferndiagnosesystemen ausgestattet. Hierdurch wird es möglich, viele Fehlersituationen und Probleme zu analysieren, ohne dass ein Techniker ausrücken muss. Diese wirtschaftlich zweifellos sinnvolle Einrichtung sollte in Krisensituationen vorsichtig eingesetzt werden. Denn gerade dann, wenn Fehler mehrfach nicht beseitigt werden konnten oder immer wieder neue Probleme auftauchen, ist das ein Zeichen dafür, dass z.B. die Diagnosemöglichkeiten des Systems nicht ausreichend sind.

Diagnosesysteme gehen häufig von bestimmten Annahmen aus, die sich durch eine einfache Vor-Ort-Inspektion als falsch erweisen können. Es ist daher grundsätzlich anzuraten, in schwierigen Situationen einen Techniker zu entsenden. Hierdurch zeigt der Lieferant deutlich, dass er die Probleme ernst nimmt und er kann auch bei einer weiteren Eskalation der Probleme darauf verweisen, dass alle notwendigen Maßnahmen in der Vergangenheit zur Bewältigung der Probleme getroffen wurden.

5.4.3
Hot-Stand-By

Wenn sich ein Problem auf eine bestimmte Komponente eingrenzen lässt, die z.B. sehr häufig ausfällt, außerdem leicht transportabel und in ein größeres System integriert ist, kann mit einem Hot-Stand-By-System gearbeitet werden. Dem Kunden wird in diesem Fall angeboten, neben dem ohnehin im Betrieb befindlichen System, ein weiteres System aufzustellen, das für den Fall, dass die Problemkomponente erneut ausfällt, sofort oder doch zumindest in sehr kurzer Zeit dessen Funktion übernimmt.

Schneller Ersatz von Komponenten

Diese Maßnahme lässt sich sehr oft im Bereich der Datenverarbeitung effizient einsetzen, da hier durch moderne Vernetzungsmethoden eine Integration weitgehend problemlos erfolgen kann. Aber auch in einem Fertigungsprozess lassen sich Hot-Stand-By-Systeme realisieren. So kann z.B. in einer Fertigungsstraße eine zusätzliche Maschine neben dem Fertigungsstrang aufgestellt werden. Die muss dann zwar u.U. manuell bestückt und entsorgt werden, dafür kann aber der Produktionsprozess mit gebremster Leistung auf der gesamten Fertigungsstraße fortgesetzt werden.

Hot-Stand-By-Lösungen erscheinen auf den ersten Blick immer besonders aufwendig und teuer. Doch hilft es hier häufig, „über den Tellerrand" hinaus schauen. Es ist zwar richtig, dass die meisten Entwicklungs- oder auch die Serviceabteilungen nicht über überflüssige Geräte oder Systeme verfügen, die bei jedem Anschein einer Krise zum Kunden als Hot-Stand-By-Gerät transportiert werden können. Es gibt viele Anlaufstellen im

Alle Quellen nutzen

Unternehmen, die u.U. über derartige Systeme verfügen:

- So verfügen die Vertriebs- und Marketingabteilungen häufig über Vorführsysteme, die auf Messen oder zu Demonstrationszwecken beim Kunden eingesetzt werden.
- In manchen Fällen hat die Qualitätssicherungsabteilung Referenzgeräte, die zur Lokalisierung von Qualitätsproblemen eingesetzt werden.
- Bei großen Unternehmen mit einer regionalen Unternehmensstruktur gibt es häufig Geschäftsstellen, in denen „vergessene" Systeme vorrätig sind.
- Systeme, die seit vielen Jahren im Einsatz sind, werden u.U. auch schon bei existierenden Kunden ausgemustert. Sie wurden noch nicht verschrottet, weil der Kunde seinerseits dieses Gerät im Problemfall als Hot-Stand-By verwenden will. Wenn man zu solch einem Kunden ein gutes Verhältnis hat, wird er sicher bereit sein, dieses System leihweise zur Verfügung zu stellen.

5.4.4
Auslagerung

Als letztes Beispiel für Interimsmaßnahmen soll die Auslagerung kurz erörtert werden. Sie ist besonders dann sinnvoll, wenn ein Hot-Stand-By-System oder ein Workaround nicht eingesetzt werden kann. In diesem Fall wird versucht, die durch den Kunden nicht mehr zu erbringenden Leistungen an einen anderen Ort auszulagern. Das ist besonders dann möglich, wenn es sich um ein normiertes Gut handelt, das an verschiedenen Standorten u.U. auch nach verschiedenen Methoden erstellt werden kann. Dem Lieferanten kommt in diesem Fall die Aufgabe zu, eine entsprechende Fertigungsstelle zu finden und die entsprechenden Aufträge zu vermitteln. Darüber hinaus muss die entsprechende Logistik aufgebaut werden, um etwaige Zulieferteile zum Auslagerungsort hin und etwaige Produktionsergebnisse zum Kunden zurück zu transportieren.

Kosten vs. Schadenserwartung

Die dadurch entstehenden zusätzlichen Kosten sind u.U. vergleichsweise gering, wenn z.B. Schadensersatzforderungen für entgangenen Gewinn in Betracht gezogen werden (*s.a. Abschn. 4.5.1*). In vielen Fällen ist es außerdem möglich, den Kunden davon zu überzeugen, dass er wesentliche Teile der zusätzlichen Kosten selbst übernimmt. Die Leistung des Lieferanten besteht in diesem Fall in erster Linie darin, die entsprechenden Produktionsmöglichkeiten zu vermitteln.

Maßnahmen zur Auslagerung von einzelnen Aktivitäten in Krisensituationen sind im Bereich der Industrie durchaus üblich und gehören damit in das Standardrepertoire eines Krisenmanagers. Häufig ist nicht bekannt, dass ähnliche Verfahren auch im Dienstleistungsbereich eingesetzt werden können. Das gilt besonders dort, wo es sich um manuelle repetive Tätigkeiten handelt. So kann z.B. bei dem Ausfall eines großen Datenerfassungssystems diese Aufgabe an ein externes Dienstleistungsunternehmen vergeben werden. Die Daten werden dann dort erfasst und über ein Magnetband dem Kunden zur Verfügung gestellt. Ähnliches kann für besondere Fälle im Bereich der Lohnbuchhaltung oder auch der Buchhaltung kurzfristig zur Verfügung gestellt werden.

In jedem Fall ist klar, dass derartige Lösungen stets die Kompromissbereitschaft des Kunden benötigen. Diese ist aber immer dann vorhanden, wenn es sich um Probleme handelt, die bei einer anderen Lösung zu wesentlich höheren Kosten und z.B. zu Qualitätseinbußen führt.

5.5
Kommunikation als Mittel zur Lösungsfindung

Im Kapitel über die KOPV-Methode haben ich darauf hingewiesen, dass es, kurz nachdem eine Krise bekannt oder sie vermutet wird, nicht sofort mit der Generierung von Lösungsideen begonnen werden sollte. Zunächst ist eine genaue Analyse der Situation erforderlich. Es wurde aber ebenfalls klar, dass auf der Seite des Lieferanten in erster Linie Informationen zur Verfügung stehen, die die eigene Position wiedergeben. Der regelmäßige Kontakt mit dem Kunden eröffnet die einzige Möglichkeit, diese Informationen aus erster Hand ergänzen zu lassen. Die Phase unmittelbar nach der Krisenmeldung ist hierzu hervorragend geeignet. Zum einen bietet jeder Statusbericht die Möglichkeit, mit dem Kunden über das Problem in einen Dialog zu treten. Zum anderen wird der Lieferant versuchen, mit dem Kunden gemeinsam über Interimsmaßnahmen zu diskutieren. Gerade dieser Dialog ermöglicht eine konfliktfreie Kommunikation mit dem Kunden. Denn einerseits geht es zum aktuellen Zeitpunkt nicht um eine grundsätzliche Lösung des Problems (hier müssen viele Aspekte berücksichtigt werden: Kosten, Nutzen, Emotionen, etc.), die mit vielen Teilproblemen belastet sein können, sondern um eine pragmatische Lösung, die die Symptome des Problems kurzfristig mildern. Andererseits schafft der Versuch des Lieferanten, die konkreten Probleme des Kunden zu lösen, eine positive Atmosphäre.

Unangemessene Maßnahmen verhindern

Der Vorschlag, mit dem Kunden gemeinschaftlich Interimslösungen zu erarbeiten und diese Aktion zur intensiven Kommunikation zu nutzen, hat noch einen anderen Vorteil. Der Lieferant erhält auf diese Weise einen Einfluss auf die Art der Interimsmaßnahmen. Ich kenne viele Fälle, in denen der Kunde völlig unangemessene Interimsmaßnahmen eingeleitet hat. Diese Kosten wurden später im Zuge der Verhandlung als Kosten des Kunden geltend gemacht. Wenn dann erst auf die Unangemessenheit der Interimslösung eingegangen werden muss, ist das eine deutliche Schwächung der Verhandlungsposition des Lieferanten.

Die Darstellung der Interimsmaßnahmen in diesem Abschnitt wurde in erster Linie aus der Perspektive des Lieferanten dargestellt. Natürlich kann die Initiative auch vom Kunden ausgehen. Das gilt natürlich ebenso für die Kommunikation mit dem Lieferanten.

Projektklima

Zum Schluss dieses Kapitels soll noch zum Thema Projektklima angemerkt werden, dass, anders als in anderen Phasen des Krisenlebenszyklusses, zum vorliegenden Zeitpunkt grundsätzlich davon ausgegangen werden kann, dass ein positives, offenes und vertrauensvolles Klima den Erfolg des späteren Krisenmanagements nachhaltig beeinflusst. Hier werden die Weichen für das weitere Vorgehen gestellt. Wenn schon jetzt beide Seiten verantwortungsvoll und berechenbar reagieren, lassen sich die übrigen Schritte der KOPV-Methode wesentlich besser anwenden.

5.6
Zusammenfassung

Das vorliegende Kapitel beschreibt typische Situationen während einer Krise. Dabei wurden Handlungsmuster für ihre Bewältigung vorgestellt. Sie lassen sich auch außerhalb einer Krise einsetzen und können daher in unkritischen Situationen erprobt und eingeübt werden.

Die wichtigsten Punkte dabei sind:

- Krisenmeldungen sollten – soweit möglich – gut vorbereitet werden
- Krisenmeldungen sollten schriftlich aufgenommen werden
- Gemeinsam mit dem Kunden sollten Interimsmaßnahmen abgestimmt werden
- Interimsmaßnahmen lösen keine Krise aus, sondern sind oft Voraussetzung für eine ruhige Analyse der Probleme
- Regelmäßiger Kontakt zwischen Krisenpartnern reduziert Emotionen und hilft bei der Suche nach guten Lösungen.

6 Psychologische Aspekte einer Krise

Um auch schwierigen Situationen Stand zu halten, muss ein Krisenmanager sich selbst und andere einschätzen können. Hier sind Persönlichkeit und Menschenkenntnis gefragt. Auch wenn beides nicht durch ein Buch zu vermitteln ist, kann das vorliegende Kapitel helfen, in Krisensituationen als Mensch zu bestehen.

Die Bewältigung einer Krise ist mehr, als die bloße Anwendung einer Methode. Sie stellt hohe Anforderungen an die Persönlichkeit des Krisenmanagers. Er muss auch in schwierigen und scheinbar aussichtslosen Situationen einen klaren Kopf behalten, Optimismus nach innen wie nach außen verbreiten und nach Lösungen suchen, wo andere längst aufgegeben hätten. Die Kraft hierzu kann nur das Ergebnis einer selbstkritischen Prüfung der eigenen Einstellungen sein. Gleichzeitig gilt es, die Position der anderen Seite zu verstehen und ernst zu nehmen. Beides ermöglicht die realistische Einschätzung der eigenen Person in der Krise, die auch in schwierigsten Situationen gelassen bleibt, ohne dabei Probleme lässig zu handhaben.

Die im Folgenden vorgestellte Systematik ist keinem etablierten wissenschaftlichen Ansatz entliehen. Ich habe sie über viele Jahre hinweg entwickelt und schrittweise verfeinert und verbessert. Sie wurde dabei in verschiedenen Varianten in der innerbetrieblichen Ausbildung von Projektleitern erfolgreich eingesetzt. Die vorliegende Darstellungsform ist daher das Ergebnis didaktischer, pragmatischer und persönlicher Erfahrung.

Praktischer Ansatz

Der Ausgangspunkt dabei ist der Versuch, das Verhalten von Menschen in Krisensituationen anhand eines einfachen, leicht merkbaren Schemas zu kategorisieren. Im Vordergrund steht dabei das einfache Konzept, das auch in schwierigen Situationen leicht anwendbar ist. Es geht dabei nicht darum, Menschen pauschalierend zu bewerten, sondern die für die Krise wichtigen Intentionen herauszuarbeiten und innerhalb eines Projektteams eine einfache Kommunikation über menschliche Intentionen zu unterstützen.

Sich selbst in Frage stellen   Gleichzeitig soll die Systematik helfen, sich persönlich einzuschätzen und dadurch menschliche Schwächen zu erkennen, die in Krisensituationen u.U. eine Lösung verhindern können.

6.1
Kategorien von Persönlichkeiten in der Krise

Tiefgang und Optimismus   Eines ist sicher: Wer hoffnungslos, pessimistisch, traurig oder destruktiv ist, der meistert keine Krise. Doch was soll man tun, wenn alles sinnlos ist? Was tun, wenn alle auf einem „herumhacken"? Ein stumpfer und hohler Optimismus, der sich lediglich aus einer angeborenen sinnleeren Fröhlichkeit herleitet, kann nicht die Antwort sein. Der Optimismus eines Krisenmanagers und das damit verbundene Selbstbewusstsein sollten sich aus der Erfahrung im Projektmanagement herleiten.

Die Anwendung einer fundierten Methodik zur Lösung von Krisen kann dieses Selbstbewusstsein weiter unterstützen. Das geplante und methodische Vorgehen auch in Krisensituationen sollte dem Kunden zeigen, dass er dem Lieferanten vertrauen kann. Im umgekehrten Fall unterstreicht der Kunde sein Interesse an einer gemeinsamen Lösung mit dem Lieferanten und fordert ihn gleichzeitig zum geplanten und zielgerichteten Handeln auf.

Doch das ist nur der formale Teil der Kommunikation mit dem Kunden. Darüber hinaus gilt es, die menschlichen Schwächen der anderen Seite richtig einzuschätzen und zu versuchen, ungeachtet dieser Schwachstellen zu einer Lösung zu kommen. Gleichzeitig muss man selbst versuchen, die eigenen Schwächen zu erkennen und dafür zu sorgen, dass sie nicht zu einem Hindernis für eine Problemlösung werden.

In Tabelle 6-1 sind typische Verhaltensmuster vorgestellt, die im täglichen Leben immer wieder angetroffen und in den folgenden Abschnitten genauer vorgestellt werden.

Tabelle 6-1: Überblick über typische Verhaltensmuster in Krisensituationen

Typ	Eigenschaft	Kurzbeschreibung
A-Typ	Abwarten	Menschen, die selbst nicht aktiv werden und von anderen erwarten, dass sie den ersten Schritt tun.
B-Typ	Besitzen	Menschen, deren Hauptziel die Bereicherung ist. Hierbei stehen Geld, Macht oder Erfolg im Vordergrund.
C-Typ	Chronischer Mangel	Menschen, die knappe Ressourcen und den Wettbewerb um sie als Ursache für ihren persönlichen Misserfolg sehen.
D-Typ	Deklamieren	Rechthaberische Menschen, die nicht zuhören können und primär auf sich selbst fixiert sind.
E-Typ[14]	Emotional	Emotionale Menschen, die an Inhalten nicht interessiert sind. Sie sind beziehungsorientiert und unterteilen ihre Mitmenschen in Freund und Feind.
F-Typ	Formal	Formale Menschen, die alle Dinge des Lebens objektivieren wollen.

Diese Verhaltensmuster werden bewusst ein wenig überzeichnet und in der Darstellung pointiert wiedergegeben. Hierbei wird stets der idealtypische Charakter vorgestellt, wohl wissend, dass dieser idealtypische Fall nur ausgesprochen selten im realen Leben vorkommt. Die realistischen Fälle sind üblicherweise Kombinationen aus verschiedenen Idealtypen.

Jedes Verhaltensmuster ist durch einen typischen Begriff gekennzeichnet. Da diese alle mit den Anfangsbuchstaben des Alphabets beginnen, wird dieses Konzept Verhaltens-ABC genannt. Zur Vereinfachung wird hier und da nur der Anfangsbuchstabe zusammen mit dem Wort Typ verwendet: Ein A-Typ ist z.B. eine Person, die in der Gesinnung des Abwartens, ein B-Typ eine Person, die in der Gesinnung des Besitzens verhaftet ist.

6.2
Unfähigkeit zum Handeln (A-Typ)

Jede Aktivität oder Handlung beinhaltet ein gewisses Risiko. Das Risiko, Fehler zu begehen, sich zu blamieren oder bestraft zu werden. Menschen, die häufig schlechte Erfahrungen gemacht haben, neigen dazu, sich zurück-

Schlechte Erfahrungen bilden den Charakter

---

[14] In früheren Veröffentlichungen stand E-Typ für Existentialismus und F-Typ für Freind/Fein-Gesinnung. Ich habe die bedeutung vertauscht, weil die Begriffe die dahinter stehenden Einstellungen besser wiedergeben. Das Konzept ist ansonsten nicht verändert worden.

zuziehen und passiv zu werden. Die Ursache für solch ein Verhalten liegt oft Jahre zurück oder ist in der Kindheit begründet.

Passivität und die Unfähigkeit, selbständig zu agieren, auf andere zuzugehen, führt häufig dazu, dass aus dem Abwarten ein Erwarten wird. Insgeheim ist die Person sich darüber im klaren, dass sie in vielen Fällen aktiv werden müsste. Die Unfähigkeit dazu projiziert sie auf ihre Mitmenschen. Das, was sie selbst eigentlich tun müsste, erwartet sie nun von den anderen. Da sie ohnehin nicht sehr kommunikationsstark ist, fällt es ihren Mitmenschen schwer, ihre Wünsche und Intentionen zu erahnen.

Erscheinungsformen

Typische Erscheinungsformen für den abwartenden Menschen sind:

- Seit Jahren sitzt er mit einem Kollegen auf dem Zimmer, den er im Prinzip sehr nett findet. In der gesamten Firma ist es üblich, dass sich Zimmerkollegen duzen. Obwohl es als unerträglich empfunden wird, dass kein vertrauliches Verhältnis zum Zimmerkollegen aufgebaut werden kann, schafft er es nicht, von sich aus das „Du" anzubieten.

- In einer Krisensituation ist er dringend auf eine Information des Lieferanten angewiesen. Anstatt ihn anzurufen, um nach der Information zu fragen, wartet die Person ihrerseits auf den Anruf des Lieferanten. Mit jeder Stunde, die sie wartet, wird sie ungehaltener.

- Morgens am Frühstückstisch beschwert sich der abwartende Mensch schon bei der Ehefrau, dass ihn am Arbeitsplatz nur unfreundliche Gesichter erwarten. Derart missmutig gestimmt kommt er nun in das Büro seines Kollegen. Dieser ist zwar gut gelaunt, aber angesichts des missmutigen Gesichts seines Kollegen verdrießt es auch ihm die Stimmung.

- Die Person hat einem anderen ein Unrecht zugefügt, fühlt sich aber außerstande, diese Schuld einzugestehen und den anderen um Entschuldigung zu bitten.

- In einer Verhandlung sind die Positionen verfahren. Die Person ist jedoch nicht bereit, einen neuen Vorschlag zu unterbreiten, da sie der festen Überzeugung ist, die andere Seite müsse zuerst einen Vorschlag unterbreiten.

Allen diesen Erscheinungsformen ist gemeinsam, dass **Unfähig zu handeln**
der abwartende Mensch unfähig zum eigenen initiati-
ven Handeln ist. Entweder sieht er zwar ein, dass er eine
Initiative ergreifen müsste, ist aber aufgrund seiner
abwartenden Haltung unfähig dazu. Im fortgeschritte-
nen Stadium gesteht er sich diese tiefe Unfähigkeit
nicht mehr ein. Er projiziert vielmehr die Erwartungen
an sich selbst auf seine Umwelt.

Typische Konsequenzen aus einer derart abwarten-   **Konsequenzen**
den Haltung sind:

- Das Kommunikationsverhalten ist stark eingeschränkt und davon abhängig, dass andere Personen die Initiative ergreifen.
- Da der abwartende Mensch ständig darauf wartet,
  dass andere Personen bestimmte Handlungen oder
  Maßnahmen ergreifen, diese Erwartung aber nicht
  klar artikuliert, kommt es häufig zu Missverständnissen.
- Mangelhafte Kommunikation und häufige Missverständnisse führen in ihrer Konsequenz zu einer
  Isolation des abwartenden Menschen. Nur wenige
  Menschen können dauerhaft mit einer Person umgehen, die missmutig und in sich gekehrt ist und
  permanent unausgesprochene Ansprüche an ihre
  Umwelt stellt.
- Gerade bei älteren Menschen geht die Gesinnung
  des Abwartens in eine tiefe Verbitterung über.
- In einer Krisensituation sind abwartende Menschen meist unfähig, eine verfahrene Situation zu
  bewältigen. Ihre Unfähigkeit, selbst initiativ zu
  werden, verhindert, dass sie neue Lösungen entwickeln oder mit den Krisenpartnern über veränderte
  Rahmenbedingungen verhandeln können.

Abwartende Menschen sind angenehme Krisenpartner.   **Steuerbare Krisenpartner**
Sie können für den eigenen Standpunkt gezielt einge-
nommen werden, indem man aktiv auf sie zugeht. Dabei sollte man gezielt nach den Erwartungen der Person
fragen. Da sie es in den meisten Fällen nicht gewohnt
ist, dass man sich aktiv um sie bemüht und sie intensiv
nach ihren Wünschen befragt, wird sie bereitwillig Informationen über ihre Wünsche und Intentionen äu-
ßern. Durch eine systematische und intensive Informationspolitik ist es außerdem möglich, Reputation für die
eigene Person aufzubauen. Denn anders, als viele ihrer
Kollegen, verhält sich der Krisenmanager im vorliegen-

den Fall genauso, wie es die abwartende Person erwartet.

Zuwendung dosieren

Bei alledem sollte nicht zu intensiv auf die abwartende Person zugegangen werden. Sonst besteht u.U. die Gefahr, dass sie zu anspruchsvoll wird. Die Folge ist in diesem Fall, dass die Erwartungen an den Krisenmanager so hoch geschraubt werden, dass auch er nicht mehr in der Lage ist, diese Erwartungen zu erfüllen.

6.3
Gütererwerb als wichtigstes Bedürfnis (B-Typ)

Besitz als Stimulator

Das Streben nach Besitz und Macht ist sicher eines der zentralen Leitbilder unserer Gesellschaft. Es ist daher nicht verwunderlich, dass viele Menschen auch im persönlichen Leben diesem Leitbild folgen. In seiner idealtypischen Form führt die Gesinnung des Besitzens dazu, dass die entsprechende Person reflexartig versucht, Besitz anzuhäufen. Die Zunahme an Besitz vermittelt eine Art Glücksgefühl. Sie schaut gerne auf ihre Besitztümer und nutzt sie als ein Instrument der Selbstdarstellung.

Dabei geht es ihr nicht nur um materielle, sondern auch um immaterielle Werte. Doch die Lust des Besitzens birgt auch ihre Gefahren. Aus diesem Grund wird parallel zum Erwerb neuer Güter stets darauf geachtet, dass andere den eigenen Besitz nicht schmälern können.

Die typischen Erscheinungsformen sind davon geprägt, dass die Person unfähig ist, Dinge, die in ihrem Besitz sind, an andere weiterzugeben. Denn das würde dazu führen, dass der eigene Besitz, und sei es nur scheinbar, geschmälert würde. So fällt es Personen mit der Gesinnung des Besitzens, äußerst schwer, Informationen an andere weiterzugeben. Sie würden damit etwas preisgeben. In der idealtypischen Form geht das sogar soweit, dass Informationen, die für den Besitzer gar keinen Wert haben, nicht weitergegeben werden.

Statusdenken

Der ausgeprägte Stolz auf den erworbenen Besitz führt zu einem ausgeprägten Statusdenken. So legen solche Personen besonderen Wert darauf, dass akademische Titel oder Berufsbezeichnungen auch im täglichen Leben penibel angewendet und benannt werden. Für sie ist bei einer Beförderung die Ausstattung des

Büros wichtiger, als die mit der Funktion verbundene Aufgabe.

Im privaten Leben stellt man häufig fest, dass derartige Personen ein übertriebenes Sammelbedürfnis haben. So werden z.b. Güter auf dem Dachboden gehortet, die keinerlei Nutzen und Wert mehr haben. Man ist aber unfähig, diese Güter wegzuwerfen. Auch hier kommt wieder zum Tragen, dass die Gesinnung des Besitzens es der Person beinahe unmöglich macht, auf (wertlosen) Besitz zu verzichten. In Extremfällen ist es sogar so, dass dies besonders für solche Güter gilt, die aufgrund von Erbschaften oder Schenkungen erworben wurden. Sie symbolisieren das Glücksgefühl, das mit dem Erwerb ohne eigenes Zutun und ohne Preisgabe eigener Mittel verbunden ist.

Sammelleidenschaft

Im Beziehungsbereich handelt es sich häufig um Menschen, die zur Eifersucht neigen. Hier schwankt man zwischen dem Glücksgefühl des Besitzens und der Furcht vor dem Verlust. Je häufiger die Person den Verlust von Besitz erlebt, umso dominierender wird der Aspekt der Angst. Die oben genannten Erscheinungsformen verstärken sich und überzeichnen zunehmend das Glücksgefühl des Besitzens. Es ist daher häufig so, dass erfolglose Personen, die ihre Besitzwünsche nicht erfüllen konnten, verbittern und dann in die Gesinnung des *Chronischen Mangels* verfallen. Trotz dieser scheinbaren Nähe der beiden Gesinnungen zueinander, sind sie völlig unterschiedlich. So setzt der B-Typ einen Teil seines Besitzes ein oder schließt sich mit anderen gleich Gesinnten zusammen, um seinen Besitz zu mehren.

Eifersucht

Es fällt einer Person mit der Gesinnung des Besitzens schwer, sich ausschließlich an der Existenz des Besitzes zu erfreuen. Das eigentliche Glücksgefühl entsteht nur im Moment des Erwerbs. Verlust von Besitz wird doppelt negativ empfunden.

Typische Konsequenzen für eine derartige Gesinnung sind:

- mangelnde Teamfähigkeit
- keine Lösungsorientierung
- unbegründetes Elitedenken
- Isolation im Krisenfall

Auch Personen, die in der Gesinnung des Besitzens stehen, lassen sich in Krisensituationen gut steuern. So ist es sinnvoll, diesen Personen eine Sonderbehandlung zukommen zu lassen. Hierbei gilt es, besonders deren

Sonderbehandlung

Status hervorzuheben, Titel stets genau zu benennen, Besitztümer zu erkennen und zu bewundern.

Darüber hinaus ist es meist möglich, ihr Besitzstreben auf immaterielle Werte zu lenken. So kann man z.B. Informationen als erstes der entsprechenden Person zukommen lassen. Dabei ist es wichtig, dass die Sonderbehandlung auch explizit dargestellt wird: „Ich gebe diese Information zunächst nur an Sie, damit Sie schon jetzt entsprechende Vorkehrungen treffen können. Die offizielle Mitteilung werden wir erst in einer Woche herausgeben." Hierdurch wird einerseits deutlich, dass nur die betreffende Person die Information erhält. Sie erhält also zusätzlichen Besitz. Außerdem kann sie für eine Woche diese Information exklusiv nutzen, um ihren eigenen Besitz zu sichern und u.U. neuen Besitz zu erwerben. Tatsächlich ist eine derartige Preisgabe aber meist nicht mit einem wirklichen Zuwachs an Besitz verbunden.

Statusstreben nutzen   In vielen Fällen ist es auch sinnvoll, das Statusdenken der Person gezielt anzusprechen. Hierzu können z.B. bestimmte Probleme, die im Rahmen der Krise untersucht werden müssen, zuerst mit der Person besprochen werden. Hierdurch erhält man u.U. neue zusätzliche Informationen und macht gleichzeitig deutlich, dass die Person für die Problembewältigung einen besonderen Status einnimmt.

Im Rahmen einer Verhandlung ist es wichtig, solchen Personen Zugeständnisse zu machen. Gerade in der idealtypischen Form kann festgestellt werden, dass es nicht so sehr auf den Wert des Besitzes ankommt als auf das unmittelbare Lustgefühl des Erwerbs selbst. Die Frage der Werte hat häufig nur eine untergeordnete Bedeutung.

Eine derartige Taktik wird sicherlich nicht dazu führen, dass von teuren Gütern abgelenkt werden kann, bietet aber die Möglichkeit, zusätzliche Verhandlungsmasse aufzubauen.

6.4
Verlustangst behindert Kreativität (C-Typ)

Ressourcen sind knapp   Die Gesinnung des chronischen Mangels geht davon aus, dass Ressourcen (insbesondere die eigenen) knapp sind. Aus dieser Knappheit ergibt sich ein scheinbar logischer Wettbewerb um Ressourcen. Personen, die in der Gesinnung des chronischen Mangels verhaftet sind, müssen sich daher ständig vor Eingriffen in ihren eigenen Besitz schützen. Dahinter steckt die klare Überzeugung, dass unter knappen Ressourcen eine Bereicherung des Einzelnen nur durch Umverteilung möglich ist. Eine Erschließung neuer Ressourcen, wie es der Menschheit bei Nahrungsmitteln immer gelungen ist, ist für solche Personen unvorstellbar. Diese Gesinnung ist eng mit der des Besitzens verbunden:

- Während die Gesinnung des Besitzens den aktiven Erwerb neuer Werte in den Vordergrund stellt, ist die des chronischen Mangels auf Verteidigung des Erreichten ausgelegt.
- Während die Gesinnung des Besitzens von der positiven Lusterfahrung des Erwerbens geprägt ist, sieht die Gesinnung des chronischen Mangels in erster Linie den Verlust des Erreichten.

Mit anderen Worten: Auch wenn das Grundprinzip beider Gesinnungen strukturell sehr ähnlich ist (Zugewinn oder Verlust von Besitz), sind sie in ihren Erscheinungsformen doch recht unterschiedlich. Die Gesinnung des chronischen Mangels führt zu Pessimismus und verschiedenen Formen der Angst, die zu einem von Passivität geprägten Charakterbild führt.

Passivität

Eine Krisensituation ist für derartige Personen die Bestätigung ihrer eigenen Weltanschauung. Sie verstärkt die ohnehin vorhandenen Neigungen zu Pessimismus, Zukunfts- und Verlustangst. Solche Personen eignen sich in aller Regel nicht als Krisenmanager. Umgekehrt lassen sich, wie wir später noch sehen werden, diese Personen sehr gut steuern und sind von daher ideale Partner in einer Krisensituation.

In der Konsequenz lassen sich sehr häufig folgende Eigenschaften feststellen:

- Unzufriedenheit mit sich und der Umwelt,
- Misstrauen gegenüber jeder Veränderung,
- Verhandlungsunfähigkeit,
- mangelnde Kreativität.

Gerade der letzte Punkt ergibt sich unmittelbar aus dem hohen Angstanteil dieser Persönlichkeit. Er führt unter anderem auch dazu, dass solche Personen keine aktive Rolle in der Beseitigung von Krisen spielen können.

Personen, mit der Gesinnung des chronischen Mangels, sind ähnlich zu behandeln, wie die, mit der Gesinnung des Besitzen. Es gilt, im Laufe der Verhandlung und der Lösungsfindung möglichst viele geringwertige Güter in die Verhandlung einzubringen. Diese Güter sollten jedoch nicht geschenkt, sondern als knappe Ressource vom Gegenüber mühsam erstritten werden. Eine wichtige Information wird daher nicht freiwillig übergeben, sondern als streng geheim deklariert. Gleichzeitig wird darauf verwiesen, von welch großer Bedeutung die Information ist. Sie wird erst auf Bitten und Nachfragen herausgegeben.

6.5
Rechthaberei steht einer Krisenlösung entgegen (D-Typ)

Die Gesinnung des Deklamierens ist weit verbreitet. Sie äußert sich darin, dass wenig Bereitschaft besteht, auf andere einzugehen. Es kommt in erster Linie darauf an, seine eigene Meinung zu verbreiten und durchzusetzen. Mit der anderen Seite kommt es dabei nicht zum Dialog, es entsteht ein Monolog. Äußerungen der anderen Seite werden als prinzipiell falsch aufgenommen und als solche gar nicht erst bewertet oder berücksichtigt. In der Diskussion steht nicht die Sache im Vordergrund, sondern die Durchsetzung der eigenen Position; koste es was es wolle.

Erscheinungsformen   Eine derartige Gesinnung zeichnet sich durch folgende Erscheinungsformen aus:
- Überlange Wortbeiträge
- Unfähigkeit zuzuhören
- Vertreten von aberwitzigen Positionen
- Realitätsverlust
- Neigung, auf dem als richtig erkannten Weg zu beharren, auch wenn er zum falschen Ziel führt.

Personen, die in der Gesinnung des Deklamierens stehen, sind häufig äußerst dominant. Es verwundert daher nicht, dass sie im Rahmen von Diskussionen oder Besprechungen eine herausragende Position einnehmen. Bei der Lösung von konkreten Problemen sind sie jedoch wenig hilfreich. Sie lenken häufig von der eigentlichen Problematik ab und zwingen der Gesprächs-

runde eine eigene Diskussion auf, die letztendlich nur
ein Ziel hat: Recht zu behalten.

Der dominante Charakter dieser Gesinnung führt
häufig dazu, dass bei einigen Personen mit zunehmen-
dem Alter diese Gesinnung in idealtypischer Ausprägung vorliegt und daher in dieser reinen Form im All-
tag häufiger ist, als andere Gesinnungen.

In Verhandlungen sind sie oft unfähig, die Position
der anderen Seite zu verstehen und eigene konstruktive
Vorschläge zu unterbreiten. Da sie häufig ihre gesamte
Intelligenz auf die Absicherung der eigenen Position
verwenden, auch wenn diese schon längst nicht mehr
haltbar ist, werden sie häufig als ignorant eingestuft. All
das führt zu einer Lösungsunfähigkeit, die diesen Personen in einem projektorientierten Umfeld wenig Erfolgschancen gibt. Das ist wohl ein wesentlicher Grund
dafür, dass sie meist in Verwaltungspositionen oder im
Bereich des oberen Managements zu finden sind. Dort
ist typischerweise eine projektorientierte Arbeitsweise
nicht mehr üblich.

Der Umgang mit solchen Personen ist schwierig. Gerade die Prämisse der KOPV-Methode, die davon ausgeht, dass eine Kommunikation mit der anderen Seite
möglich ist, kann in diesem Fall nicht vorausgesetzt
werden. Es ist daher häufig sinnvoll, den Vorgesetzten
der betreffenden Person anzusprechen, um ihn darüber
zu informieren, dass ein Dialog und eine gemeinschaft-
liche Lösung nicht möglich sind.

Falls das nicht möglich ist, kann bei Personen, die
diese Gesinnung idealtypisch repräsentieren, versucht
werden, beim Einstieg in die Diskussion das Gegenteil
des eigenen Standpunkts zu vertreten. In manchen
Fällen wird die andere Krisenpartei dann die konträre
Position aufbauen, da sie ansonsten keine Gelegenheit
hätte, rechthaberisch zu sein. Nach längerem Streitge-
spräch sollte dem Gegenüber kurzerhand recht gegeben
werden. Nun hat er sein Ziel erreicht: Er hat recht bekommen. In Wirklichkeit handelt es sich jedoch um den
ursprünglichen Standpunkt. Diese Vorgehensweise
sollte nur dann angewendet werden, wenn man sich
seiner Sache sehr sicher ist.

Verhandlungsunfähigkeit

*Anwendung von KOPV
schwierig*

6.6
Emotionalisierung verhindert den Blick auf die Realität (E-Typ)

In einer weitgehend rationalen und materialistisch geprägten Welt finden wir heute häufig die Gesinnung des Besitzens, des Existentialismus oder des chronischen Mangels. Trotzdem ist das nicht alles. Menschen beflügeln Ideen, Visionen und Emotionen. Wenn Emotionen und die Beziehungen zu anderen Menschen im Vordergrund stehen, dann spreche ich von der Gesinnung des Freund-Feind-Denkens.

Personen, die in dieser Gesinnung verhaftet sind, teilen die Welt unabhängig von Sachinformationen, objektiven Erkenntnissen oder offensichtlichen Tatsachen, in zwei Teile: Entweder, eine Person ist ein *Freund* und damit bereit, alles, was man selbst tut, zu sanktionieren oder sie ist ein *Feind*, so wird sie alles tun, um einem selbst zu schaden.

E-Typen sind oft in hohen Managementfunktionen

Die idealtypische Ausprägung dieser Gesinnung findet man häufig im Top-Management. Der Grund hierfür liegt wohl darin, dass für den beruflichen Aufstieg eine hohe Sensibilität für emotionale Aspekte ebenso erforderlich ist, wie die Fähigkeit, gezielt Allianzen mit anderen wichtigen Personen herzustellen.

Je besser Freunde und Feinde für die eigenen Zwecke instrumentalisiert werden können, um so mehr muss befürchtet werden, dass einem selbst das gleiche widerfährt. Mitglieder des Top-Managements, die in der Gesinnung des Freund-Feind-Denkens stehen, zeigen aus diesem Grund in vielen Fällen eine Unsicherheit, die scheinbar zur erreichten Position im Widerspruch steht. Diese hat aber eine logische Begründung in der Furcht, selbst instrumentalisiert zu werden. Der Erfolg wird häufig den eigenen Freunden zugeschrieben. Diese haben mit ihrer positiven emotionalen Einstellung einem selbst genutzt. Im Umkehrschluss wird daher in vielen Fällen auch dort, wo eine rationale Begründung für ein Verhalten möglich wäre, ein emotionales Erklärungsmuster unterlegt. Im idealtypischen Fall führt das zu einer weitreichenden Emotionalisierung der gesamten Umwelt.

In extremen Fällen kann sich diese Gesinnung zu einer Art Verfolgungswahn steigern, der letztendlich zur Isolation führt.

In Krisensituationen neigen derartige Personen dazu, das eigentliche Problem zu ignorieren. Sie versuchen, das Problem durch die Einschaltung mächtiger Freunde zu lösen oder durch Vernichtung der Feinde zu umgehen. Auch wenn sich hierdurch i.Allg keine Probleme lösen lassen, kann diese Vorgehensweise im Einzelfall durchaus erfolgreich sein. Das gilt besonders dann, wenn die Krisenpartner auf einer relativ hohen Managementebene tätig und die Krisenkosten in Relation zu dem verwalteten Budget klein sind. In diesem Fall ist es u.U. möglich, das Krisenproblem regelrecht „freizukaufen". Dass solche Lösungsstrategien absolut betrachtet selten kostengünstig sind, versteht sich von selbst.

Keine Problemorientierung

Die oben benannten negativen Erscheinungsformen, wie Verfolgungswahn und Emotionalisierung der Umwelt, führen oft zu einer Art „Bunkermentalität" und „Scheuklappendenken", das von wenig Kreativität und eingeschränkter Lösungskompetenz begleitet wird. Darüber hinaus ist es schwierig, mit diesen Personen dauerhafte Vereinbarungen zu treffen. Sie neigen dazu, sich der jeweiligen Umgebung anzupassen. So werden sie in Gegenwart eines „Feindes" vermeiden, ihre tatsächlichen Intentionen klar zu vertreten. Das gleiche ist aber auch in Gegenwart eines „Freundes" möglich. Hier will man sich die Freundschaft der anderen Seite durch die Vertretung einer bestimmten Position erkaufen. Darüber hinaus geht es in vielen Fällen nicht um die „Sache", sondern um die Aufrechterhaltung einer Freundschaft. Da diese emotionale Ebene wichtiger ist als jedes Sachargument, wird eine Sachentscheidung oder ein Versprechen jederzeit emotionalen Vorteilen untergeordnet.

Erscheinungsformen

Der Umgang mit Personen, die in der Gesinnung des Freund-Feind-Denkens verhaftet sind, ist in einer Krisensituation meist sehr einfach: Es gilt, zu versuchen, ein Freund des Gegenübers zu werden. Falls sich keine emotionale Beziehung zu der Person aufbauen lässt, sollte versucht werden, jemanden in der eigenen Organisation auszumachen, der diese Aufgabe übernehmen kann.

In den meisten Fällen wird es genügen, eine positive und freundliche Atmosphäre zur anderen Seite aufzubauen. Darüber hinaus sollte, wie schon angedeutet, darauf geachtet werden, dass die „Chemie" zwischen den Krisenpartnern stimmt. Bei der Lösungsfindung muss die Lösung nicht nur die sachlichen, sondern auch die emotionalen Wünsche der anderen Seite berücksichtigen. Dabei ist besonders wichtig, dass die Lösung nicht nur sachliche Vorteile bringt, sondern wenigstens auch den Freunden der Gegenseite nützlich ist.

6.7
Formalismus negiert die Welt der Emotion (F-Typ)

Farblose und gefühlskalte Charaktere

Wir leben in einer Gesellschaft, die viele materialistische Züge hat. Die formale Gesinnung ist davon geprägt, dass die betreffende Person nur solche Dinge gelten lässt, die sich wissenschaftlich nachweisen lassen oder durch persönliche Erfahrung erworben wurden. Emotionen, Gefühle oder Ideale werden entweder geleugnet oder lächerlich gemacht. Es handelt sich dabei häufig um gefühlskalte Charaktere, die über eine mangelnde Abstraktionsfähigkeit verfügen. Sie sind hoch spezialisiert und in der Lösungsfindung meist auf den von ihnen vertretenen fachlichen Bereich eingeschränkt. Ihre mangelnde emotionale Anteilnahme führt zu einer mangelhaften Teamfähigkeit und starken Wissenschafts- und Fachgläubigkeit.

Logik und Zahlen

In Krisensituationen sollte versucht werden, diesen Personen möglichst logische, anhand von Zahlen untermauerte Lösungen vorzuführen. Das gilt besonders für alle Punkte, die sich normalerweise einer logischen Bewertung entziehen. Die mangelnde Abstraktionsfähigkeit kann hier am einfachsten durch eine scheinbare Versachlichung überwunden werden.

Personen, die in der formalen Gesinnung verhaftet sind, eignen sich nicht als Krisenmanager. Ihre mangelnde Kommunikationsfähigkeit und ihre Unfähigkeit, auf Emotionen und menschliche Zwischentöne einzugehen, machen sie unfähig zur kreativen Lösung und zum partnerschaftlichen Ausgleich innerhalb einer Verhandlung.

6.8
Selbstanalyse ist ein Schlüssel zum erfolgreichen Krisenmanagement

Auch wenn die idealtypische Form der oben vorgestellten Gesinnungen selten ist: es gibt sie. Nur in diesen seltenen Fällen sollten die oben vorgestellten Verhaltensweisen unverändert angewendet werden. Und auch in diesen Fällen gilt es, die Vor- und Nachteile sowie deren Risiken eingehend abzuwägen.

Allen Erscheinungsformen gemeinsam ist, dass die idealtypischen Personen meist nur eingeschränkt zur Reflexion fähig sind. Aus diesem Grund ist es häufig möglich, sie mit den scheinbar vordergründigen Methoden zu manipulieren. Der Begriff der Manipulation sollte hier wertneutral verstanden werden. Die betreffenden Personen sind in ihrer Gesinnung derart gefangen, dass sie zu Lösungsalternativen außerhalb ihrer „ausgetretenen" Denkmuster nicht fähig sind. Die erarbeitete Lösungsalternative muss so dargestellt werden, dass sie in das jeweilige Denkmuster hineinpasst. Die dadurch ausgeführte Manipulation ist daher Folge der mangelnden Reflexionsfähigkeit der anderen Seite und nicht Ergebnis einer schlechten Gesinnung auf der eigenen Seite.

Eingeschränkte Reflexion

Der „normale" Mensch verfügt über eine Mixtur aus den oben aufgeführten ABC-Einstellungen. Für den Krisenmanager selbst ist es wichtig, diese Mixtur zu erkennen und überall dort zu überwinden, wo sie Lösungs- und Verhandlungswege blockiert.

Mixtur

Es stellen sich folgende Schlüsselfragen
In welchen Lebenssituationen stützen Sie sich auf ABC-Einstellungen?
Wann haben Sie durch eine ABC-Gesinnung einen besonderen Erfolg davongetragen?
Häufig ist nicht immer die gleiche ABC-Einstellung von Bedeutung, sondern sie wird je nach Lebenslage variiert. So verhält sich u.U. eine Ehefrau ihrem Ehemann gegenüber stets rechthaberisch (D-Typ) und etabliert so eine permanente Streitkultur in der Familie. Außerhalb der Familie ist sie jedoch abwartend und zurückhaltend (A-Typ).

Das Verhaftetsein in einer Gesinnung muss nicht immer Nachteile mit sich bringen. Es kann sein, dass es unter bestimmten Umständen sogar Vorteile mit sich bringt, eine bestimmte Gesinnung zu vertreten. Der Erfolg kann unter solchen Umständen von vielen Dingen abhängen. So gibt es z.B. gruppendynamische Konstellationen, die bestimmte Gesinnungen fördern.

Häufig ist es auch sinnvoll, sich selbst zu beobachten, um zu prüfen, welche Gesinnungen einen besonders ärgern. Derartige ABC-Eigenschaften sind entwe-

Selbstbeobachtung

der aus der Erfahrung heraus negativ besetzt oder deuten auf eine persönliche Affinität zu dieser Eigenschaft hin. Gerade im letzten Fall sollte genau beobachtet und analysiert werden, weshalb mit den entsprechenden ABC-Eigenschaften nur schlecht umgegangen werden kann.

Allen ABC-Eigenschaften ist gemeinsam, dass sie nur in Ausnahmefällen die erfolgreiche Bewältigung einer Krise fördern. Sie sind nicht Ausdruck einer offenen und unabhängigen Persönlichkeit, die kreative und unkonventionelle Lösungen sucht.

6.9
Was bewegt Menschen in der Krise?

Analyse von Motiven

Die eigentliche Bedeutung der Analyse der ABC-Eigenschaften liegt nicht in der Selbstanalyse. Hierzu ist sie zu sehr auf die negativen Aspekte einer menschlichen Persönlichkeit ausgerichtet und auch durch die mangelnde Fähigkeit zur Selbstveränderung beschränkt. Ihr Nutzen liegt vielmehr in der Analyse von Motiven der an der Krise beteiligten Personen. Aus diesen Überlegungen folgt, dass das Verhaltens-ABC nicht außerhalb von Krisensituationen angewendet werden sollte. Es ist ein kategorisiertes Schema für jene Eigenschaften, die jenseits der rationalen Aspekte der Krise liegen. Hierdurch kann die Kommunikation innerhalb des Teams bedeutsam werden, da bestimmte, für die Krise wesentliche Eigenschaften, auf einfache Weise einer Person zugeordnet werden können.

Für die Erarbeitung von Lösungen bieten diese Kategorien darüber hinaus die Möglichkeit, emotionale Aspekte in die Lösungsfindung mit einzubeziehen.

Es gilt daher der Grundsatz

Die vorgestellte Lösung (und ihre Darstellung) sollte zumindest nicht der Gesinnung meines Gegenübers widersprechen. Wenn mehrere Personen berücksichtigt werden müssen, so sollte man sich auf die Entscheidungsträger und Meinungsführer konzentrieren.

Wer z.B. eine Präsentation des Nutzens im Rahmen der KOPV-Methode ausschließlich an Kostenvorteilen festmacht und dann einen E-Typen über eine halbe Stunde hinweg mit Kostenvergleichen langweilt, wird damit wohl nur wenig Erfolg haben. Umgekehrt ist diese Taktik für einen F-Typen geradezu ideal.

6.10
Zusammenfassung

Das vorliegende Kapitel hat die emotionalen Aspekte einer Krise aus einer spezifischen Sicht aufgearbeitet. Der Schwerpunkt lag dabei auf negativen Aspekten einer Persönlichkeit. Der Grund hierfür ist einfach: Negative Eigenschaften werden in kritischen Situationen dominanter und deutlicher als in normalen Lebenslagen. Die Aufgabe des Krisenmanagers liegt darin, die Lösungsfindung und die Argumentation so zu steuern, dass diese negativen Gesinnungen nicht überhand nehmen. Kommt es zu einer weitreichenden Emotionalisierung der Krise, so mündet dies zunehmend in einer Eskalation der Konflikte. Falls das nicht gelingt, werden Sachfragen zunehmend unwichtig. Als Konsequenz lassen sich dann die problemorientierten Methoden, die in Kapitel 4 vorgestellt wurden, nicht mehr anwenden.

Die hier vorgestellten sechs Typen sollen helfen, Personen besser einzuschätzen. Es bietet ein einfaches Schema, um in einem Team schnell zu einem gemeinsamen Verständnis von Intentionen und Gesinnungen der anderen Seite zu kommen.

Diese Einstufung ist auch eine Voraussetzung für die aktive Kommunikation in der Krise. Sie muss genutzt werden, um die im folgenden Abschnitt dargestellten Grundtechniken für die Kommunikation mit der anderen Seite zielgerichtet zu nutzen.

7 Durch Verhandlung die Einigung herbeiführen

Im Rahmen der KOPV-Methode werden alle relevanten Informationen zusammengetragen und Lösungskonzepte entwickelt. Diese werden so aufbereitet, dass der Nutzen für die andere Seite klar ersichtlich ist. Allein durch die geschickte Präsentation der Lösung lassen sich keine Verhandlungserfolge erzielen. Es geht darum, unter taktischen Aspekten die Gespräche so vorzubereiten, dass die eigenen Ziele mit hoher Wahrscheinlichkeit erreicht werden können, ohne dass hierdurch die *andere Seite übervorteilt wird.*

Dieses Kapitel soll die Vorbereitung und Durchführung von Verhandlungen unterstützen. Die Darstellung orientiert sich dabei eng an den spezifischen Fragestellungen einer Krisensituation. Leser, die darüber hinausgehende Informationen suchen, seien an die vielfältige Spezialliteratur zu diesem Thema verwiesen. Ein umfassender Überblick ist in [Heussen 1997] enthalten.

7.1 Verhandlungsvorbereitung

Eine intensive Vorbereitung der Verhandlung ist in aller Regel unerlässlich. Hierzu müssen im Einzelnen folgende Aspekte bedacht werden:

- Die *formale Vorbereitung* sichert den zielgerichteten Ablauf einer Verhandlung.
- Eine *inhaltliche Vorbereitung* stellt die benötigten Informationen und Ziele zusammen.
- Eine *taktische Vorbereitung* berücksichtigt emotionale Aspekte der Verhandlung, so dass die Ziele tatsächlich erreichbar sind.

Bevor auf diese Aspekte im Einzelnen eingegangen wird, sollen einige grundsätzliche Überlegungen angestellt werden.

Verhandlungspartner

Die konsequente Anwendung der KOPV-Methode erscheint aufwendig und mühsam. Letztendlich wird dieser Aufwand nur getrieben, um sich selbst und der anderen Seite deutlich zu machen, dass die vorliegende Situation sowohl unter inhaltlichen als auch unter kommerziellen Randbedingungen besondere Maßnahmen erfordert. Die Methode gipfelt darin, dass wesentliche Rahmenbedingungen verändert oder sogar die Problemformulierung, sowie deren Inhalte, in Frage gestellt werden. Zu diesem Umdenken wird die andere Seite in aller Regel nicht ohne weiteres bereit sein. Nur eine brillante Argumentationsführung wird nicht zum Ziel führen. Zu sehr können persönliche Einstellungen, Bedürfnisse und Intentionen einem Verhandlungserfolg entgegenstehen. Eine gute Vorbereitung berücksichtigt darum auch die persönlichen Einstellungen der Verhandlungspartner. Die weiter oben angestellten Überlegungen zum Thema Verhaltens-ABC können hier wichtige Hinweise geben.

Ein weiteres Problem ist nach meiner Erfahrung die häufig vorzufindende oberflächliche Vorbereitung auf eine Verhandlung. So reicht es nicht, „eben noch einmal über die Dokumente zu schauen". Ich wundere mich immer wieder, wenn ein Krisenmanager, der u.U. mehrere Wochen an der Lösung eines komplexen Problems gearbeitet hat, sich nur wenige Minuten für die eigentliche Vorbereitung der Verhandlung nimmt. Aus diesem Grund sollten die im Folgenden vorgeschlagenen Punkte für die Vorbereitung einer Verhandlung *ernst* genommen werden.

Intensive Vorbereitung

Wenn ich eine schwierige Verhandlung zu führen habe, so bereite ich mich intensiv vor. Dabei versuche ich, insbesondere die Position meines Verhandlungspartners zu verstehen und dessen Argumente vorweg zu erkennen. Ich überlege mir, wie ich schwierige Verhandlungssituationen meistern kann oder wie ich problematische Punkte prägnant formulieren muss. Gesprächspunkte, bei denen ich mich unsicher fühle, versuche ich vorweg alleine laut zu üben, um so einen sicheren Eindruck zu vermitteln. Eine solche detaillierte Vorbereitung kann ohne weiteres vier bis zwölf Stunden dauern. Ich bin verschiedentlich im Kollegenkreis belächelt worden, weil ich mich auf eine Verhandlung in dieser Weise vorbereitet habe. Meine Erfahrung beweist jedoch eindeutig, dass sich dieser Aufwand lohnt, und niemand braucht sich daher zu schämen, wenn er viel Aufwand in die Vorbereitung einer Verhandlung hineinsteckt. Ganz im Gegenteil: Wer das nicht tut, handelt fahrlässig und für sein Unternehmen schädlich.

7.1.1
Formale Vorbereitung

Es wird in der Praxis selten gelingen, sich ausschließlich auf die neu entwickelten Lösungskonzepte zu konzentrieren. Zu Beginn einer Verhandlung über eine Krisensituation steht typischerweise die Bewältigung der Vergangenheit. Wenn es in dieser Phase gelingt, die eigene Position besonders günstig darzustellen, ist das eine gute Basis für die weitere Verhandlung. Hier geht es typischerweise nicht darum, sich besonders gut zu präsentieren. Vielmehr gilt es, zu „beweisen", in welchem Maße die eigenen Verpflichtungen erfüllt wurden. Damit das Rüstzeug für diese gewissermaßen „außergerichtliche Verhandlung" präsent ist, sollten die relevanten technischen, kommerziellen und juristischen Dokumente zusammengestellt werden. In der Verhandlung kann dann immer wieder die eigene Position schnell und genau anhand von Dokumenten bewiesen werden. Je besser das gelingt, umso größer ist die Überzeugungskraft und Glaubwürdigkeit.

Damit schnell auf ein Dokument zugegriffen werden kann, sollte eine chronologische Ablage gewählt werden. Eine Kategorisierung etwa nach Ein- und Ausgangspost oder nach Schriftverkehr und Vertragsunterlagen hat sich nicht bewährt. Zum einen ist nicht immer klar, unter welcher Kategorie ein Dokument abgelegt wurde, und zum anderen ist meist ein chronologischer Zugriff gefordert. Wenn z.B. ein Verhandlungspartner darauf verweist, dass er im letzten Oktober den Mangel bereits schriftlich gemeldet hat, so wird i.d.R. das zeitlich darauf folgende Antwortschreiben benötigt, um zu beweisen, dass der Mangel bei der technischen Inspektion nicht nachgewiesen werden konnte.

Chronologische Ablage

Im Rahmen der formalen Vorbereitung sollte auch festgelegt werden, welche Argumentationshilfen in der Verhandlung verwendet werden. So kann es z.B. sinnvoll sein, Grafiken oder Statistiken zur Unterstützung

Argumentationshilfen

der eigenen Position anzufertigen. Für die Präsentation der eigenen Lösungsideen kann eine Folienpräsentation eingesetzt werden. Gerade bei komplizierten Fragestellungen ist es häufig sinnvoll, die Lösung anhand eines Modells, einer Referenzanlage oder eines Musters zu verdeutlichen. Je nach dem, welche Mittel für die Darlegung des eigentlichen Standpunktes benötigt werden, wird mit der anderen Seite abgestimmt, wo die Verhandlung stattfindet. In aller Regel wird eine Verhandlung beim Kunden geführt. Hiervon wird insbesondere dann abgewichen, wenn spezifische Ressourcen des Lieferanten benötigt werden. Das ist z.B. dann der Fall, wenn eine verbesserte Lösung an einer Referenzanlage vorgeführt werden muss, die nicht zum Kunden transportiert werden kann.

Vor der Sitzung sollte abgeklärt werden, ob die benötigten Hilfsmittel zur Verfügung stehen. Große Teile des Aufwands für die Vorbereitung wären vergebens, z.B. für eine Folienpräsentation, wenn beim Verhandlungspartner alle Overhead-Projektoren für andere Besprechungen benutzt werden.

Agenda festlegen Schließlich sollte vorab durch eine Agenda geklärt werden, welche Punkte verhandelt werden sollen und wer an der Verhandlung teilnehmen wird.

7.1.2
Inhaltliche Vorbereitung

Ausgangspunkt für die inhaltliche Vorbereitung sind die Probleme und Vorwürfe der anderen Seite. Es hat sich als zweckmäßig erwiesen, diese in Form einer Liste stichpunktartig aufzuführen. Probleme, die die eigentliche Krise verursacht haben, werden besonders hervorgehoben. Außerdem sollten diese Probleme möglichst kurz und prägnant schriftlich niedergelegt werden. Hierzu dient das in Abb. 9-1 dargestellte Formblatt. Diese Zusammenstellung wird in der Verhandlung dazu genutzt, die Problemlage nochmals darzustellen.

Das Hauptaugenmerk der inhaltlichen Vorbereitung liegt in der Darstellung der Problemverlagerung selbst. Hierbei muss der anderen Seite deutlich gemacht werden, dass der durch das Projekt eigentlich erzielte Nutzen (z.B. Zeitersparnis oder Kostenersparnis) auch auf andere Weise als ursprünglich vereinbart, erreicht werden kann. Bei einer entsprechenden Anwendung der

KOPV-Methode sind die hierfür erforderlichen Informationen bereits in schriftlicher Form verfügbar.

Schließlich sollte Klarheit darüber bestehen, welche Vereinbarungen während der Verhandlung geschlossen werden können. Dabei ist es wichtig, dass der beste und der schlechteste Fall für die Verhandlung genau formuliert wird. Insbesondere die Formulierung des schlechtesten Falles ist von äußerster Wichtigkeit. Wenn sich in der Verhandlung abzeichnet, dass selbst die Minimalziele nicht erreicht werden können, so sollte keine Vereinbarung getroffen werden. Es ist dann besser, unverrichteter Dinge nach Hause zu fahren und die Situation in Ruhe zu überdenken. Gerade dann sollte man nicht unter dem Eindruck des Misserfolges unüberlegt handeln.

Minimalziel definieren

Gleichzeitig sollte auch das Maximalziel festgelegt werden. Es sollte so gewählt sein, dass die andere Seite nicht übervorteilt wird. Hierdurch wird verhindert, dass z.B. eine langfristige Geschäftsbeziehung nicht durch eine kurzsichtige Verhandlungsführung gestört wird.

In vielen Fällen ist es sinnvoll, schon vorab ein Grundgerüst für eine Vereinbarung zu erstellen. Hierbei können all jene Punkte offen bleiben, die Gegenstand der eigentlichen Verhandlung sind. In jedem Fall sollten die Kernvereinbarungen noch in der Sitzung im Wortlaut festgehalten werden. Nur so ist einigermaßen sichergestellt, dass es nachher nicht zu unterschiedlichen Auffassungen kommt. Das Ergebnis lässt sich auf folgende Weise festhalten:

Kernpunkte festhalten

- Wenn es zwischen den Verhandlungspartnern noch ein Vertrauensverhältnis gibt, so ist es in aller Regel möglich, den genauen Text der Vereinbarung in Form eines Ergebnisprotokolls zusammenzufassen. Das kann dann nach der Sitzung mit der Bitte verschickt werden, etwaige Änderungen innerhalb eines bestimmten Zeitraumes zur Kenntnis zu geben.
- Ist das Vertrauensverhältnis weitgehend zerstört, so empfiehlt es sich, das Ergebnisprotokoll in der Sitzung schriftlich mit Bleistift (damit es leicht geändert werden kann) auszuformulieren. Jede Formulierung sollte dann zwischen den Vertragsparteien abgestimmt und unmittelbar in endgültiger Form schriftlich niedergelegt werden. Zum Ende der Sitzung wird dieses Dokument fotokopiert

und von beiden Seiten unterzeichnet. Es ist unerlässlich, dass die Verhandlungspartner auf beiden Seiten für die vorliegende Verhandlung eine entsprechende Vertretungsmacht besitzen.

7.1.3
Taktische Vorbereitung

Bei der taktischen Vorbereitung geht es insbesondere darum, die spezifischen emotionalen Aspekte der Verhandlungssituation zu berücksichtigen. Hierbei steht die Frage im Vordergrund: Wem werden die Vorschläge unterbreitet?

Meinungsführer ausfindig machen

Wenn nur ein oder zwei Personen auf der anderen Seite an der Verhandlung teilnehmen, so sind selbstverständlich sie die Empfänger des Vorschlags. Je nach Unternehmenskultur kann es aber vorkommen, dass an einer Verhandlung auch wesentlich mehr Personen teilnehmen. Aber auch in diesem Fall gibt es meist nur ein oder zwei davon, die die Verhandlung dominieren. Dabei handelt es sich um den ranghöchsten Teilnehmer in der Verhandlung. Außerdem gibt es häufig einen weiteren Meinungsführer, der aus den verschiedensten Gründen auf das Verhandlungsergebnis Einfluss nehmen kann. Es sollte bedacht werden, welche Außenwirkungen die vorgeschlagene Lösung auf diese Verhandlungspartner persönlich haben. Wie schon im Kapitel über *„Psychologische Aspekte einer Krise"* dargelegt, sollte die Lösungsalternative nicht persönlichen Interessen der Meinungsführer entgegenstehen.

ABC-Eigenschaften erkennen

Insgesamt ist es wichtig, sich ein Bild darüber zu verschaffen, welche ABC-Gesinnung ein Verhandlungspartner hat. Wir werden noch sehen, dass diese Überlegung weitere Hinweise darauf gibt, wie in der Verhandlung vorgegangen werden kann.

Probleme und Vorwürfe ordnen

Für die Verhandlung sollte außerdem überlegt werden, in welcher Reihenfolge Probleme und Vorwürfe behandelt werden. Die konkrete Reihenfolge hängt von der jeweiligen Verhandlungstaktik und dem tatsächlichen Verlauf der Sitzung ab. Es ist aber sinnvoll, die Probleme und Vorwürfe nach ihrem Schwierigkeitsgrad zu ordnen. Hierdurch kann im Verlauf des Gesprächs leichter das jeweils günstige Problem für die weitere Verhandlung ausgewählt werden. Wann ein schwieriges oder wann ein einfaches Problem in die Verhandlung eingebracht wird, ist im wesentlichen Gefühlssache.

Schließlich sei noch einmal darauf verwiesen, dass es äußerst sinnvoll ist, wichtige Situationen vorweg zu üben. So sollte,

- der Beginn der Verhandlung,
- die Eskalation des Gesprächs,
- der Vortrag des entscheidenden Vorschlags intensiv geübt werden.

Wird z.b. der entscheidende Vorschlag zögerlich, gleichsam nach Worten ringend, vorgetragen, so wird die andere Seite den Eindruck erhalten, dass der Vortragende von der Lösung nicht überzeugt oder dass diese nicht bis zu Ende durchdacht ist.

Gerade in verfahrenen Verhandlungssituationen ist es häufig sinnvoll, einmal „mit der Faust auf den Tisch zu schlagen". Eine solche Eskalation des Gesprächs ist in vielen Umgebungen ungewöhnlich. So herrscht z.B. auf einer Baustelle ein anderer Ton als in einer Büroumgebung. Hier kann das Erheben der Stimme schon Befremden auslösen. Für diesen Fall wird schon vorweg eine Taktik zur Eskalation des Gesprächs entwickelt, die in der jeweiligen Umgebung die teilnehmenden Personen aufrüttelt, ohne sie endgültig zu verärgern. Eine gedankliche Vorbereitung auf eine derartige Eskalation sichert, dass Emotionen nicht unkontrolliert freigesetzt werden und niemand persönlich verletzt wird.

Eskalation planen

Grundsätzlich sollte versucht werden, das Verhandlungsklima offen und kommunikativ zu gestalten. Das bedeutet jedoch nicht, dass die Stimmung parallel zur Verhandlung verlaufen sollte. Wenn mein Verhandlungspartner das Gefühl hat, ich wäre bester Laune, weil ich alle meine Ziele bisher erreicht habe, so wird er von diesem Moment an weniger kompromissbereit sein. Es ist daher besser, die Stimmung jeweils an dem konkreten Verhandlungspunkt festzumachen. Wird dieser konstruktiv und fair von der anderen Seite behandelt, so ist eine positive Stimmung anzustreben. Ist das nicht der Fall, so sollte das Gegenüber den Unmut über diesen Umstand klar erkennen können. Umgekehrt ist eine unbegründete Unfreundlichkeit oder Missmutigkeit nur in äußersten Fällen für eine Verhandlungsführung von Vorteil.

Stimmung steuern

7.1.4
Verhandlungsführung

In unkritischen
Situationen Verhalten
trainieren

Wie eine Verhandlung abläuft, hängt zu einem guten Teil vom Verhandlungsführer ab. Hier sollte jeder Leser versuchen, seinen persönlichen Stil zu entwickeln. Gelegenheit dazu gibt es genug. Auch wenn Krisensituationen ihre eigene Gesetzmäßigkeit haben, kann in manchen Fällen doch in vergleichbaren Situationen vieles von dem, was im Folgenden vorgestellt wird, praktisch geübt werden. Denn gleichgültig, ob in der Firma ein Konflikt zwischen Arbeitskollegen geschlichtet werden soll oder ob ein Projekt vor der Geschäftsführung präsentiert werden muss, stets geht es darum, unterschiedliche Standpunkte zielgerichtet zu einer Vereinbarung zu führen.

In diesem Sinne soll die folgende Darstellung nicht als konkrete Handlungsanweisung, sondern als beispielhafte Anregung für ein mögliches Vorgehen verstanden werden.

Kommunikation und
Vereinbarung

Ziel jeder Verhandlung ist, mit der anderen Seite zu kommunizieren und zu einer für beide Seiten akzeptablen Vereinbarung zu kommen. Die Bereitschaft zu einem echten Dialog wird i.d.R. dadurch gefördert, dass zu Beginn des Gesprächs nicht gleich mit den schwerwiegenden Problemen begonnen wird, sondern zunächst einige allgemeine und unverfängliche Floskeln ausgetauscht werden. Doch ist schon wichtig, darauf zu achten, nicht allzu stereotyp vorzugehen. So ist die epische Erörterung der Wettersituation meist ebenso auffällig wie die Frage nach dem letzten Urlaub. Das gilt umso mehr, wenn häufiger Verhandlungssituationen mit den gleichen Personen auftreten. In diesem Fall merkt der Verhandlungspartner schnell, dass es nicht um eine echte Kommunikation geht, sondern dass es sich um eine rhetorisch eingeübte Vorgehensweise handelt. Es hat sich bewährt, die Gesprächseröffnung anhand eines konkreten und unmittelbaren Erlebnisses festzumachen. Ich plaudere z.B.:

Kreative Einführung

- Von dem furchterregend aussehenden Bettler am Bahnhof, der so drohend nach einem Almosen gefragt hat, dass ich ihm schon aus Angst ein Geldstück gegeben habe.
- Von dem Theaterstück, das ich gestern gesehen habe und das ich unbedingt weiterempfehlen kann.

- Ich lenke das Gespräch auf die Geschichte der Stadt, in der ich gerade angekommen bin (zu diesem Zweck habe ich den freundlichen Taxifahrer gebeten, mir etwas über die Geschichte der Stadt zu erzählen).

Daran anschließend sollten die bereits ausgetauschte Agenda, das vorgegebene Zeitbudget und die Zielsetzung des Treffens noch einmal dargelegt werden.

Zu Beginn der eigentlichen Verhandlung ist es in aller Regel sinnvoll, die vorhandenen Probleme noch einmal darzustellen. Hierdurch wird sichergestellt, dass beide Seiten von der gleichen Ausgangslage ausgehen. Mit der Verhandlung sollte erst dann fortgefahren werden, wenn die andere Seite die Richtigkeit der Darstellung bestätigt hat. Anderenfalls muss befürchtet werden, dass bei der Präsentation der Lösung behauptet wird, dass diese am eigentlichen Problem vorbeigehe.

Probleme darstellen

Erst danach sollten die eigentlichen Lösungsalternativen vorgestellt werden, wobei besonders erläutert werden sollte, warum die hier gewählte Problemverlagerung verwendet wurde. Hierzu muss evident werden, dass eine bisher favorisierte Lösung unter den gegebenen Rahmenbedingungen nicht gangbar ist. Erst dann sollte der Kosten-Nutzen-Aspekt folgen.

Lösungsalternativen

Häufig kann schon vor dem Verhandlungstermin festgestellt werden, in welchen Punkten eine uneingeschränkte Zustimmung zum eigenen Lösungskonzept für das Gegenüber unmöglich ist. Im Rahmen der Definition eines (oben bereits angedeuteten) Minimalziels sollte geprüft werden, ob eine Einigung überhaupt möglich ist. Nur wenn das gegeben ist, macht es Sinn, eine Verhandlungstaktik zu entwerfen. Einige gängige Methoden hierzu werden weiter unten vorgestellt.

Bei der Auswahl der Verhandlungstaktik muss die Bedürfnisstruktur des Gegenübers berücksichtigt werden. Darüber hinaus sollte bedacht werden, dass ein guter Verhandlungsführer nicht nur den eigenen Vorteil im Kopf hat. Wer nur einseitig seine eigenen Interessen in den Vordergrund stellt, wird es schwer haben, in entscheidenden Punkten Zugeständnisse von der anderen Seite zu erstreiten.

Verhandlungstaktik folgt ABC-Eigenschaften

Jeder einzelne Verhandlungspunkt wird schriftlich fixiert und nacheinander solange erörtert, bis alle offenen Punkte erledigt sind und auch über das daraus erwachsende Gesamtlösungskonzept Einigkeit besteht.

7.2
Verhandlungsmethoden

Für jeden schwierigen Verhandlungspunkt muss eine Verhandlungstaktik entwickelt werden. Auch wenn hier einige konkrete Vorschläge vorgestellt werden, sollte der Leser stets versuchen, zunächst eine eigene, auf die jeweilige Situation hin optimierte Verhandlungstaktik zu suchen. Die vorgestellten Methoden sind als Anregung zu verstehen und sind jeweils zu kombinieren oder zu modifizieren, denn wenn eine Taktik zu starr angewendet wird, besteht die Gefahr, dass die dahinter stehende Methodik erkannt wird. Dieser Umstand wird i.d.R. als Versuch der (unzulässigen) Manipulation empfunden.

Die Methoden stehen jeweils in einem engen Verhältnis zu dem weiter oben entwickelten Verhaltens-ABC. Zur besseren Orientierung ist dieser Zusammenhang in der folgenden Tabelle dargestellt.

Tabelle 7-1: Zusammenhang zwischen Verhandlungstaktik und Verhaltens-ABC

Methode	Verhaltenstyp
Bilanzmethode	F-Typen, B-Typen
Aussaatmethode	E-Typen, C-Typen
Offensivmethode	A-Typen
Verschiebemethode	D-Typen
Stufenmethode	Heterogene Verteilung von Typen
Kesselmethode	Andere Seite ist uneins

7.2.1
Bilanzmethode

Ausgleich der Interessen

Die Kernidee der Bilanzmethode basiert darauf, dass versucht wird, die Leistung der Verhandlungspartner gegenüber zu stellen. Die Grundform geht davon aus, dass es sich dann um ein faires Verhandlungsergebnis handelt, wenn beide Seiten, in ungefähr gleichem Umfang, zusätzliche Leistungen erbringen müssen.

Quantitätsmethode

Je nach Konstellation der Krise kann die Bilanzmethode auch zur Quantitätsmethode modifiziert werden. In diesem Fall wird z.B. festgestellt, dass den Lieferanten eine gewisse Schuld am Ausbruch der Krise trifft. Es wird daher zunächst vereinbart, dass der Lieferant 70 % der zusätzlichen Kosten übernehmen muss. Rein rechnerisch ließe sich das auch durch einen Korrekturposten in der Bilanz bewerkstelligen. Das ist jedoch taktisch unklug, da im Verhandlungsergebnis häufig dann der Eindruck entsteht, die Schuldfrage sei nicht angemessen berücksichtigt worden. Das ist objektiv sicherlich nicht richtig, psychologisch aber durchaus verständlich.

Das Vorgehen selbst besteht darin, die Leistungen gegenüberzustellen und möglichst durch Zahlen zu quantifizieren. Die eigenen Leistungen werden dabei selbstverständlich positiver und die der anderen Seite etwas ungünstiger bewertet. Dabei sollte der Bogen nicht überspannt werden, denn ansonsten muss über die Bewertung jeder einzelnen Position wieder eine erneute Verhandlung geführt werden. Die Zielsetzung der Bilanzmethode würde sich damit ad absurdum führen. Es ist daher anzuraten, die Leistungen nach objektivierbaren Kriterien einzusetzen. Auch hier gibt es i.d.R. einen weiten Spielraum. So kann z.B. der Lieferant seine eigenen Leistungen zu den in der Preisliste angegebenen Stundensätzen in die Berechnung einbringen. Auch wenn jedem klar ist, dass der durch die Leistungserbringung ausgelöste Mittelfluss tatsächlich wesentlich niedriger ist, wird dieser Wert von den meisten Kunden anerkannt.

Für den Erfolg der Bilanzmethode ist außerdem wichtig, dass die Gegenüberstellung der Leistungen in einer einfachen und übersichtlichen Form erscheint. Es sollte in jedem Fall verhindert werden, dass Kosten und Leistungen detailliert erhoben und gegenübergestellt werden. In diesem Fall sind Diskussionen bei der Bewertung der Einzelpositionen vorprogrammiert. Auch eine schriftliche Vorbereitung in Form einer Präsentation ist selten erfolgreich. Es sollte vielmehr versucht werden, in einer verfahrenen Gesprächssituation eine (scheinbar) spontane Gegenüberstellung der Leistungen vorzunehmen. Am besten wird die Bilanz auf einem Notizblock oder einem Flipchart eröffnet. In vielen Fällen ist es auch sinnvoll – um die Unterstützung des grundsätzlichen Vorgehens durch die andere Seite abzusichern – diese bei der Erstellung mit einzubeziehen. So kann z.B. die andere Seite aufgefordert werden, einmal die Positionen zu nennen, die ihr Kosten verursacht haben. Bei der Benennung der Werte sollte der erste Vorschlag für einen Wert stets von der eigenen Seite kommen, da sonst die Höhe der Summen nur schwer zu

Übersichtliche Darstellung wählen

kontrollieren ist. Kleinere Meinungsunterschiede über die Höhe einer Bewertung sollten zunächst nicht ausdiskutiert werden. Es ist besser, wenn in diesem Fall einfach ein von/bis-Betrag eingesetzt wird. Es ist dann später immer noch möglich, summarisch und ohne Ansicht der Einzelpositionen eine Einigung darüber zu finden, ob der Minimalwert, der Mittelwert oder z.B. der Maximalwert jeweils aufsummiert wird. Häufig erledigt sich auch diese Diskussion, wenn sich nachher zeigt, dass die Bilanzsumme durch die von/bis-Beträge nur marginal verändert wird.

Einsatz bei „rationalen Verhandlungspartnern"

Grundvoraussetzung für die Anwendung dieser Methode ist eine mehr oder weniger abgrenzbare Leistungsverantwortung der Parteien. Außerdem ist es wichtig, dass die andere Seite einer derartigen Argumentation folgen kann. Besonders gut sprechen F-Typen (Formalisten) auf diese Methode an. Das liegt an deren Neigung zur Objektivierung (auch von nicht eingrenzbaren Themenfeldern). Hier kann es, wenn man sich seiner Argumentation sehr sicher ist, im Einzelfall sogar sinnvoll sein, diese Gegenüberstellung in Form einer aufwendigen Berechnung zur Verfügung zu stellen. B-Typen (Gesinnung des Besitzens) sprechen auf diese Methode ebenfalls gut an. Hier ist es häufig sinnvoll, die Variante der Quantitätsmethode zu verwenden, um so den Eindruck zu erwecken, dass die andere Seite aus der Krise sogar einen Ertrag ziehen kann.

7.2.2
Aussaatmethode

Die Aussaatmethode lässt sich besonders gut dann anwenden, wenn die Motive der anderen Seite genau bekannt sind. Tendenziell sprechen auf sie besonders gut gefühlsorientierte Verhandlungspartner an.

Emotionaler Ansatz

Da es sich hier um eine emotionalisierende Methode handelt, die gezielt die Intentionen und Wünsche der anderen Seite berücksichtigt, ist mit ihr oft die vollständige Durchsetzung der eigenen Ziele ohne großes Risiko möglich.

Ausgangspunkt ist eine vollständige Darstellung der Lösung. Sie stellt darauf ab, dass die persönlichen Bedürfnisse und Wünsche in besonderem Maße berücksichtigt werden. Es versteht sich fast von selbst, dass diese Lösung nicht unbedingt die optimale Lösung für

das Unternehmen der anderen Seite sein muss. Die
Darstellung der Lösung sollte die gefühlsbetonten
Themen geschickt ausnutzen. Eine Formulierung wie
„Sie können das Problem jetzt ein für allemal lösen"
oder „Mit diesem Angebot können Sie alle Ihre Sorgen
auf einen Schlag beseitigen" verstärkt das Bedürfnis
nach der jeweiligen Lösung. Damit die Aussaatmethode
ihre volle Wirkung entfalten kann, müssen die durch
das Angebot geweckten Bedürfnisse künstlich verstärkt
werden. Das wird dadurch erreicht, dass der anderen
Seite eine direkte Entscheidung verwehrt wird. Es wird
erzwungen, die Sache in aller Ruhe zu überdenken,
dabei wird aber gleich klargestellt, dass unter den gegebenen Umständen nur eine positive Entscheidung möglich ist. Erst später wird nach der Entscheidung gefragt.
Falls in diesem Fall noch ein Anflug von Unentschie-
denheit vorhanden ist, sollte ein entscheidender „Köder" bereitgehalten werden. Worin solch ein „Köder"
bestehen kann, ist natürlich von der Situation abhängig.

Die Aussaatmethode lässt sich besonders bei den
Verhaltenstypen einsetzen, die emotional geprägt sind.
Aus diesem Grund sprechen vor allen Dingen E-Typen
(emotionale Gesinnung) auf diese Methode an. Der
Lösungsvorschlag muss in diesem Fall sicherstellen,
dass die eigene Position (der angesprochenen Person)
im Unternehmen gestärkt wird und die Fraktion der
Feinde einen deutlichen Nachteil hat.

E-Typen

Aber auch C-Typen (Gesinnung des chronischen
Mangels) sind für diese Methode empfänglich. In diesem Fall gilt es, gezielt die Ängste der anderen Seite zu
unterstützen, so dass nur bei einer Annahme des Vorschlages ein Verlust von Besitz ausgeschlossen erscheint.

C-Typen

Angenommen, der Vorgesetzte von Herrn Regauv wäre
ein E-Typ. Aus Unterhaltungen mit Regauv selbst wissen
wir außerdem, dass dieser Vorgesetzte in permanentem
Streit mit der Rechtsabteilung ist (die Rechtsabteilung ist
also ein Feind). Wenn bei der Vorstellung der in Abschn.
4.5.3.3 (s. Seite 85) dargestellten Lösung versteckt darauf
hingewiesen würde, dass die Gewährleistungsfrist für die
Software bereits abgelaufen ist und von daher ein Rechts-
anspruch auf eine Beseitigung des Fehlers nicht besteht,
würde u.U. schon dieser Hinweis genügen, um den Vorgesetzten dazu zu bringen, die vorgeschlagene Lösung
ernsthaft zu erwägen. Anderenfalls müsste er durch die
Rechtsabteilung prüfen lassen, ob die soeben aufgestellte
Behauptung tatsächlich richtig ist. Falls diese Aussage po-

Beispiel

sitiv ausfällt, würde der Leiter der Rechtsabteilung sicher mit Begeisterung darauf verweisen, dass hier ein schwerer Formfehler begangen wurde. Falls diese Taktik noch nicht ausreicht, so könnte ein „Köder" darin bestehen, dass die Firma ComLike sich bereit erklären würde, von sich aus einen Gewährleistungsanspruch anzuerkennen, wenn die vorgeschlagene Lösung von der Firma Interprod akzeptiert würde.■

7.2.3
Offensivmethode

Die Offensivmethode lässt sich immer dann anwenden, wenn man selbst (tatsächlich oder scheinbar) in einer besseren Verhandlungsposition ist. Sie lässt sich außerdem gut anwenden, wenn der Anwendende der anderen Seite überlegen ist. Gerade wenn diese Prämissen gegeben sind, ist eine vollständige Durchsetzung der eigenen Position möglich. In der Möglichkeit, eine Beziehung zu dominieren, liegt in einer Krisensituation eine hohe Verantwortung. Hier gilt es, in einer Situation, in der alles zu erreichen ist, darauf zu achten, dass eine Lösung gefunden wird, die die Interessen beider Seiten dauerhaft unterstützt. Das liegt im Wesentlichen daran, dass eine derartige Überlegenheit i.d.R. nicht auf sachliche Zusammenhänge zurückgeht, sondern auf eine rein menschliche Überlegenheit. Wenn diese günstige Situation gewissenlos ausgenutzt wird, kann das später, wenn die handelnden Personen wechseln, zu schwerwiegenden Problemen führen.

Das einseitige Ausnutzen einer günstigen Verhandlungsposition dient i.d.R. nicht der dauerhaften Problemlösung.

Forderung klar
formulieren

Es soll daher an dieser Stelle für die Offensivmethode noch einmal ausdrücklich darauf hingewiesen werden, dass diese Methode – wie auch alle übrigen hier vorgestellten Methoden – nur eingesetzt werden sollte, um eine angemessene Lösung zu erreichen.

Die Basis des Vorgehens bei der Offensivmethode liegt in einer klaren Formulierung der Forderungen. Die Darstellung wird dabei so gewählt, dass eine schnelle und uneingeschränkte Zustimmung eingefordert wird. Die andere Seite wird dazu gedrängt, unmittelbar zu reagieren. Bei einer abwartenden und zurückhaltenden Reaktion werden konkrete Gegenvorschläge und Zugeständnisse eingefordert. Vorschläge, die nicht akzeptabel sind, werden sofort und klar zurückgewiesen.

Sobald der Eindruck entsteht, dass sich die andere Seite mit dem Lösungsvorschlag arrangiert hat, wird die Zustimmung praktisch per Definition unterstellt. Wenn es dagegen keine Widerrede gibt, kann von der Billigung eines entsprechenden Vorschlages ausgegangen werden, ohne dass eine formale Anerkennung ausgesprochen wird. In diesem Fall wird ein Protokoll entsprechend abgefasst und der anderen Seite als Ergebnis zugeschickt.

Die vorgestellte Vorgehensweise muss, wie schon gesagt, äußerst vorsichtig und verantwortungsbewusst angewendet werden. Sie lässt sich besonders gut bei Personen in der abwartenden Gesinnung verwenden. Hier hat sie auch ihre moralische Berechtigung, da solche Personen häufig Schwierigkeiten haben, selbst eine gute Lösung zu akzeptieren. Die Zielsetzung liegt darin, die andere Seite mehr oder weniger „zu ihrem Glück zu zwingen", da sonst kein oder nur sehr zögerlich ein Verhandlungsergebnis erzielt werden kann.

A-Typen

Die Offensivmethode sollte abhängig vom Verhandlungspartner eingesetzt werden und nicht in Ausnutzung der besseren Verhandlungsposition. Im letzteren Fall wäre die Anwendung der Offensivmethode nur der Versuch einer Machtausübung in der Konfliktsituation. Das kann zwar im Einzelfall für die eigene Position von Vorteil sein. Im Allgemeinen führt das weder zur Konflikt- noch zur Problemlösung, da die andere Seite langfristig „Rachegelüste" bekommen wird. Diese Vorgehensweise würde auch dem kommunikationsorientierten Ansatz der Problemlösung im Rahmen der KOPV-Methode zuwiderlaufen.

Machtstellung nicht einseitig nutzen

7.2.4
Verschiebemethode

Immer dann, wenn es zu einer langatmigen Verhandlungsführung kommt, weil die andere Seite strikt auf der eigenen Position besteht, sollte versucht werden, das Problem von einer völlig anderen Seite anzugehen. Wesentliches Ziel ist dabei die Verlegung des Verhandlungsschwerpunkts von einem rechthaberischen Beharren auf dem eigenen Standpunkt (der anderen Seite) zu einer lösungsorientierten Verhandlungsführung.

Langatmige Verhandlungsführung

Ausgangspunkt für diese Verhandlungtaktik ist eine Gesprächssituation, in der der Verhandlungspartner nicht auf die Lösung eines konkreten Problems hinsteuert, sondern um jeden Preis versucht, bestimmte Verhandlungspositionen festzuschreiben. In dieser Situation wird mittels der Verschiebemethode zunächst der Standpunkt der anderen Seite eingenommen. Dieser Standpunkt wird gewissermaßen als Arbeitshypothese angenommen. Anschließend versucht man gemeinsam mit dem Verhandlungspartner zu ergründen, ob durch ein Zugeständnis dieser Art, eine akzeptable Lösung erreicht werden kann. Wenn der Partner nur rechthaberisch auf diesem Punkt bestanden hat, wird sich bei der Analyse zeigen, dass der Nutzen geringer ist, als erwartet. Aufbauend auf dem so erzeugten positiven Gefühl (die Position des anderen wurde zumindest als Hypothese anerkannt), wird nun der konkrete Nutzen der eigenen Lösung vorgestellt. Anschließend wird die andere Seite gefragt, ob dieser Nutzen für sie erstrebenswert ist. Diese Frage muss sie nun mit Ja beantworten und damit eine genauere Erörterung der vorgesehenen Lösung akzeptieren.

D-Typen

Diese Methode lässt sich besonders bei D-Typen (rechthaberische Personen) anwenden. Durch Anerkennung der Arbeitshypothese wird deren Grundbedürfnis befriedigt, Recht zu bekommen. Durch den Vergleich mit der eigenen Lösung wird eine Rationalisierung der Verhandlungsführung erreicht. Bei geschickter Anwendung der Verschiebemethode ist es so möglich, den eigenen Vorschlag dem Gegenüber in den Mund zu legen. Da die Person davon ausgeht, dass ihre eigenen Ideen stets gut sind, wird es ihr schwer fallen, von diesem Vorschlag im Nachhinein abzurücken.

Beispiel

Angenommen, der Projektleiter der Firma Interprod, Regauv, würde in der Verhandlung immer wieder darauf bestehen, dass er aufgrund der Vertragssituation jederzeit vom Vertrag zurücktreten könne. Mit diesem Hinweis wird jede Lösungsalternative der anderen Seite von vornherein zurückgewiesen. Dann könnte der Verhandlungsführer der Firma ComLike in folgender Weise verfahren:

- Zunächst würde er die Arbeitshypothese aufstellen: „Nehmen wir doch einmal an, Sie würden den Vertrag rückabwickeln. Was wäre die Konsequenz?"
- Anschließend würde er die einzelnen Schritte der Rückabwicklung und der Ausschreibung einer neuen Software durchgehen. Dabei werden keine Aussagen getroffen, sondern geschlossene Fragen gestellt, die mehr oder weniger zwingen, mit „Ja" zu antworten. Beide Seiten würden sich schnell einig, dass alleine die Installation einer neuen Software mehr als ein halbes

Jahr dauern würde. Darüber hinaus würde die gerichtliche Klärung der Rückabwicklung sicherlich ein bis
zwei Jahre dauern. Beide Seiten würden schnell über-
einkommen, dass eine gerichtliche Auseinandersetzung unerquicklich wäre. Um eine möglichst
schnelle Regelung zu bekommen, würde Interprod
vermutlich auf einen wesentlichen Teil der Forderungen verzichten müssen. Hierzu gehören besonders jene Kosten, die für die Schulung und die Installation
durch die Firma Interprod selbst geleistet wurden.

- Ein Resümee dieser Argumentation könnte z.B. so   **Resümee ziehen**
  aussehen: „Wir sind uns also einig, dass Sie wenigs-
  tens ein halbes Jahr benötigen würden, um eine neue
  Software einzuführen. Durch die Rückabwicklung
  könnten Sie die heute verwendete Software für diese
  Zeit nicht mehr verwenden. Die bisher entstandenen
  Kosten könnten Sie nur zu einem Teil auf uns abwälzen."

- Nach dieser Vorbereitung kann die eigentliche
  Verschiebung des Problems einsetzen. Diese wird
  aber nicht selbst vorgeschlagen, sondern der anderen
  Seite in den Mund gelegt: „Würden Sie bei unserer
  Lösung (Bestätigungsvermerk durch eine Antwort-
  Email) den Betrieb des Email-Systems einstellen? Die
  Grundfunktionen des Systems funktionieren doch
  auch Ihrer Meinung nach einwandfrei, nicht wahr?"

- Durch die oben dargestellte Frage wird der Nutzen der   **Lösung dem Gegenüber in**
  Lösung offensichtlich dargestellt. Die Konsequenz   **den Mund legen**
  wird jedoch nicht als Aussage, sondern als Frage formuliert, so dass das Gegenüber erst durch die positive
  Antwort die eigentliche Aussage ausspricht. Diese Argumentation könnte noch weiter verstärkt werden,
  indem nun darauf verwiesen wird, dass außerdem für
  die vorliegende Lösung keine zusätzlichen Kosten entstehen.

Wenn die Methode bis hierhin erfolgreich angewendet
werden konnte, sollte nun nicht wieder auf die Arbeitshypothese (Rückabwicklung des Geschäfts) verwiesen
werden. Es sollte vielmehr versucht werden, die vorgeschlagene Lösung verbindlich festzulegen. ∎

7.2.5
Stufenmethode

Häufig kommt es vor, dass Verhandlungssituationen
derart schwierig sind, dass es schwer fällt, überhaupt
ein Ergebnis zu erzielen. Das kann daran liegen, dass
die Verhandlungspartner auf der anderen Seite u.U.
unterschiedliche Intentionen haben. Die vorangestellten

Methoden lassen sich dann u.U. nicht leicht anwenden, da sie jeweils eine bestimmte Gesinnungsstruktur beim anderen Verhandlungspartner unterstellen. Gerade in diesem Fall lässt sich die Stufenmethode gut anwenden. Sie erfordert jedoch eine gewisse Grundkenntnis über die Verhandlungsposition der anderen Seite. Es ist daher häufig günstig, vor der Verhandlung vorbereitende Gespräche mit den verschiedenen handelnden Personen auf der anderen Seite aufzunehmen.

Stufenförmige Lösungsdarstellung

Die Zielsetzung bei der Stufenmethode liegt darin, eine für sich akzeptable Lösung durchzusetzen, die auch von der anderen Seite getragen werden kann; ihre Grundidee liegt darin, dass nicht unmittelbar die für einen selbst günstige Lösung vorgestellt wird. Es wird vielmehr versucht, eine Aneinanderreihung von drei oder vier Lösungsalternativen zu präsentieren, die dann gemeinsam mit dem Verhandlungspartner bewertet werden. Dabei wird z.B. folgende Aufteilung der Lösung in vier Alternativen vorgenommen:

- Eine schlechte Lösung, die für beide Seiten inakzeptabel ist.
- Eine unbefriedigende Lösung, die aber z.B. preiswert und einfach umzusetzen ist. Es lässt sich aber schon absehen, dass diese Lösung später zu Problemen führen könnte.
- Eine akzeptable Lösung, die für beide Seiten vorteilhaft ist, die aber Zugeständnisse der anderen Seite erfordert.
- Eine optimale Lösung, die die eigene Position in besonders günstiger Weise beeinflussen würde. Sie wird nur vorgestellt, um die akzeptable Lösung in ein angemessenes Licht zu setzen.

Diese Vorgehensweise hat folgende Vorteile:

- Es wird der Eindruck vermittelt, dass sich der Vorschlagende intensiv mit dem Problem auseinandergesetzt hat und von daher unterschiedliche Alternativen entwickeln konnte.
- Der anderen Seite wird der Eindruck suggeriert, dass, gleichgültig wofür sie sich entscheidet, sie in jedem Fall einen Schritt auf die Lösung der Probleme zugeht.
- Die Darstellung ermöglicht, ein Lösungskonzept schrittweise zu entwickeln und so auch eine didak-

tisch ansprechende Aufbereitung der eigenen Lösung zu finden.

In unserem Beispiel aus dem Kapitel „*Methode zur Krisenbewältigung*" verwendet der Projektleiter Gainplan eine Variante der Stufenmethode. An diesem Beispiel wird deutlich, dass die Generierung unterschiedlicher Lösungsalternativen im Rahmen der KOPV-Methode der Stufenmethode besonders entgegenkommt. Denn auch Lösungen, die u.U. inakzeptabel sind, lassen sich so dem Verhandlungspartner präsentieren. Auch in diesem Beispiel wird die unbefriedigende Lösung mit der Antwort-Email eingesetzt, um die intensive Auseinandersetzung mit dem Problem zu unterstützen.

Die zuletzt dargestellte Lösung hat keinerlei Defizite und entspricht im Wesentlichen den ursprünglichen Anforderungen der Firma Interprod. Es fällt sicherlich schwer, diesen Vorschlag abzulehnen, wenn doch offensichtlich durch die gewählte Argumentation deutlich wird, dass es sich um die beste Lösung handelt.■

Beispiel

7.2.6
Kesselmethode

Ebenso wie die Stufenmethode lässt sich die Kesselmethode besonders dann anwenden, wenn auf der anderen Seite verschiedenartige Charaktere den Verhandlungsverlauf beeinflussen und es viele gleichartige Lösungsalternativen gibt. Die Kesselmethode lässt sich besonders dann gut anwenden, wenn der anderen Seite vollkommen klar ist, dass im Zuge der Verhandlungen eine Einigung erzielt werden muss. Es geht daher nicht so sehr um die Erreichung eines konkreten Zieles, als vielmehr um den Ausgleich der divergierenden Interessen.

Zunächst wird eine grobe Zielbestimmung für das Ergebnis der Verhandlung definiert. Zusätzlich wird ein Termin bestimmt, zu dem eine Vereinbarung definitiv getroffen werden soll. Besonders günstig sind in diesem Fall Termine, die für die andere Seite von großer Bedeutung sind. Hierzu nur einige Beispiele:

Einigung wichtiger als Ergebnis

- Der Jahresabschluss steht kurz bevor und es ist nicht möglich, die Haushaltsgelder in das nächste Jahr zu übernehmen. Aus diesem Grund hat z.B. der Kunde ein großes Interesse daran, den Rechnungsbetrag noch im laufenden Geschäftsjahr zu begleichen.

- Ein neuer Anlagenteil in einem Unternehmen soll zu einem bestimmten Termin in Betrieb genommen werden. Mit der Einführung ist eine wesentliche Verbesserung der Umweltverträglichkeit verbunden. Die zugehörige Werbekampagne ist bereits angelaufen. Eine Verzögerung würde das Renommee des Unternehmens schädigen.

Restriktionen festlegen Es muss sich aber nicht unbedingt um einen Termin handeln, sondern es kann auch eine andere, durch das Projekt vorgegebene Grenze sein. In diesem Fall werden z.B. nur solche Lösungen vorgestellt, die im Rahmen des Projektbudgets des Kunden liegen.

Gleichwertige Lösungen vorstellen Dem Verhandlungspartner wird nach der Präsentation der (möglichst gleichwertigen) Lösungen und der vorgegebenen Restriktionen ein freies Wahlrecht eingeräumt. Die Suche nach der besten Lösung wird der anderen Seite selbst überlassen. Damit er diese Lösung ohne Beeinflussung durch den Lieferanten finden kann, gibt er ihm für diese Entscheidungsfindung ausreichend Zeit.

Divergenzen nutzen Die andere Seite steht nun unter dem Druck, sich einigen zu müssen. Aufgrund divergierender Interessen kann das ein schwieriger und u.U. selbstzerfleischender Prozess sein. Da es häufig schwer fällt, derartige Prozesse in der eigenen Organisation zu moderieren, nehmen die Spannungen auf der anderen Seite eher zu. In der Konsequenz wird dadurch häufig die Verhandlungsposition geschwächt und die Möglichkeit vertan, die für die eigene Seite optimale Lösung zu finden. Aber selbst wenn das gelingt, war das von vornherein einkalkuliert, so dass das Grundziel, nämlich der zeit- und zielgerechte Vertragsabschluss, möglich wird.

7.3
Verhandlungsverlauf

Im Verlauf einer Verhandlung zeigt sich immer wieder, dass einige Grundfehler den Erfolg einer Verhandlung nachhaltig beeinflussen. Das führt dazu, dass viele Punkte letztendlich nicht verbindlich und eindeutig geregelt werden. Damit wird aber das eigentliche Ziel der KOPV-Methode verfehlt: Das Problem zu lösen und gleichzeitig eine neue sachliche, menschliche und vertragliche Basis für die weitere Zusammenarbeit zu schaffen.

So stelle ich z.B. immer wieder fest, dass nach einer längeren Diskussion über einen problematischen Punkt eine Einigung erzielt werden konnte. Das macht sich z.B. daran fest, dass alle sich mit einer Formulierung der Problemstellung oder einer bestimmten Lösungsalternative identifiziert haben. Diese grundsätzliche Einigung wird aber u.U. bei einem selbst durch eine gewisse Unklarheit, in einem scheinbar unbedeutenden Teilbereich, überschattet. Wenn diese Unklarheit nun offen ausgesprochen wird, besteht die Gefahr, dass damit die mühsam erzielte Einigung wieder in Frage gestellt wird. Aus diesem Grund schreckt mancher der Verhandlungspartner davor zurück, diese Unklarheit, noch einmal auf den Tisch zu bringen. Das ist jedoch mehr als kritisch, denn spätestens wenn die Vereinbarung in schriftlicher Form vorliegt, wird diese Unklarheit wieder aufkommen. Der Aufwand, sie dann zu klären, ist aber um ein Vielfaches größer:

- Die an der Verhandlung beteiligten Personen sind nicht mehr direkt greifbar. Es sind u.U. mühsame Telefongespräche und es ist zusätzlicher Schriftwechsel erforderlich, um den Punkt zu klären.
- Es stellt sich heraus, dass die scheinbar kleine Unklarheit in Wirklichkeit die gesamte Einigung in Frage stellt.

Es gilt daher grundsätzlich der folgende Merksatz:

> Alle Unklarheiten müssen im Laufe einer Verhandlung aufgeklärt werden.

Das Wiederholen von Selbstverständlichkeiten kann sinnvoll sein. Unter Umständen muss solange nachgefragt werden, bis jeder die entsprechende Fragestellung verstanden hat. Selbst wenn es scheinbar keine Unklarheiten gibt, gilt es zu prüfen, ob nicht versteckte Missverständnisse vorliegen. Das beste Mittel hierfür ist die Wiederholung eines Sachverhaltes mit eigenen Worten. Selbstverständlich ist es nicht möglich, dass in einer großen Verhandlungsrunde jeder jedes Zwischenergebnis mit seinen eigenen Worten wiederholt. Trotzdem sollte die häufig in Besprechungen angetroffene Gewohnheit, dass einige Teilnehmer bestimmte Sachverhalte noch einmal darstellen, obwohl sie bereits mehrfach in vergleichbarer Form vorgetragen wurden, nicht in jedem Fall als überflüssig eingestuft werden. Denn gerade hierin kann der Versuch liegen, eine von allen

Unklarheiten ausräumen

Beteiligten gleichartig verstandene Position zu dokumentieren. Aus diesem Grund sollte zumindest den Personen die Möglichkeit gegeben werden, das Verständnis der Fragestellung wiederzugeben, die für die Aushandlung des Verhandlungsergebnisses eine Meinungsführerschaft besitzen.

Zu guter Letzt sei noch einmal das oberste Prinzip für eine erfolgreiche Projektarbeit und einen guten Verhandlungserfolg genannt:

> Nur wer sein Ziel kennt und davon überzeugt ist, sein Ziel zu erreichen, der hat auch Erfolg.

Wenn diese Bedingung nicht erfüllt ist, so sollte nach besseren Lösungen gesucht werden. Im Sinne der KOPV-Methode heißt das: wenn die Ziele unter keinen Umständen zu erreichen sind, dann muss über deren Sinn nachgedacht werden. Aber auch wenn man zu 100% von seiner Lösung überzeugt ist, sollte diese vor der Verhandlung in Frage gestellt werden.

Wie schon mehrfach angedeutet, muss eine Verhandlung fair ablaufen. Die hier vorgestellten Methoden sollten nicht eingesetzt werden, um die andere Seite zu überfordern. Ihr Einsatz ist nur dann legitim, wenn dadurch Schwächen in der Verhandlungsführung der anderen Seite ausgeglichen werden. Hierzu ist es oft sinnvoll, vorab zu ergründen, welche Form der Lösungsstrategie die andere Seite üblicherweise präferiert. Hierbei lassen sich folgende Grundpositionen festlegen:

Grundpositionen

1. Die andere Seite sucht grundsätzlich solide und langfristig tragfähige Lösungen. Hierfür ist sie bereit, zusätzliche Kosten oder Verzögerungen in Kauf zu nehmen.
2. Die andere Seite versteht sich als kreative Organisation und ist von daher für neue Lösungen offen. Sie ist für den mit der KOPV-Methode vorgegebenen Ansatz besonders empfänglich. Beide Seiten wollen eine gute Lösung.
3. Die andere Seite ist an der schnellen Lösung des Problems interessiert. Sie will den schnellen Kompromiss, bei dem beide Seiten möglichst wenig verlieren.
4. Die andere Seite neigt zur Passivität und sieht von daher am ehesten in der Trennung der Geschäftsbeziehung eine Lösung.
5. Die andere Seite sieht das Geschäftsleben als Kampf- oder Kriegsschauplatz. Sie versucht mit allen Mitteln

für sich selbst den Erfolg zu suchen, ist aber bereit, auch eine Niederlage fair hinzunehmen.

Die oben aufgeführten Positionen bilden eine Reihenfolge (1= einfach bis 5 = sehr schwierig), in der es immer schwieriger wird, zu einem Verhandlungserfolg zu kommen. Die Grafik in Abb. 7-1 verdeutlicht die Zusammenhänge weiter und zeigt auch, dass die hier vorgestellten Methoden und Modelle nur ein stark vereinfachtes Abbild der Wirklichkeit sind.

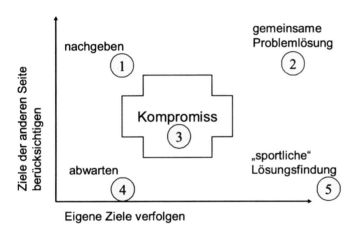

Abb. 7-1: Grundpositionen in der Verhandlungsführung

7.4
Zusammenfassung

Die Verhandlungstaktik greift zum einen auf die in der Analysephase gesammelten Informationen zurück und nutzt zum anderen die Erkenntnisse über die persönlichen Eigenschaften der an der Krise beteiligten Personen.

Die Anwendung der hier vorgestellten Methoden sollte mit Vorsicht und mit dem nötigen Verantwortungsgefühl erfolgen. Das Ziel dabei ist nicht die Übervorteilung der anderen Seite, sondern die Überwindung von Kommunikationsdefiziten.

Neben den eigentlichen Methoden, kann die Bedeutung einer angemessenen Vorbereitung einer Verhandlung nicht hoch genug eingeschätzt werden.

8 Juristisches Basiswissen für die Krisenbewältigung

Für die erfolgreiche Abwicklung eines Projekts ist in aller Regel eine hohe fachliche Kompetenz erforderlich. Das ist sicher auch ein Grund dafür, dass in vielen Bereichen (z.B. im Baugewerbe oder in der DV-Branche) Techniker die Projektleitung innehaben. Auch wenn sie u.U. im Studium Grundkurse im Bereich der Rechtswissenschaften besucht haben, sind diese Kenntnisse häufig unzureichend oder zu weit von der Praxis entfernt. Das vorliegende Kapitel soll helfen, diese Lücke zu schließen.

Eskaliert eine Krise erst einmal so stark, dass sie von einem Gericht entschieden werden muss, ist nur wenig Handlungsspielraum für die vorgestellte Methode. Das vorliegende Kapitel stellt die hierfür erforderlichen Informationen und Kenntnisse zusammen. Auch wenn dieser Darstellung nur wenig Raum gegeben werden kann, bietet sie eine solide Basis für die weitere Beschäftigung mit derartigen Fragestellungen.

Gericht

In dieser Beschränkung liegt die wirkliche Bedeutung für den Leser verborgen. Die Praxis zeigt, dass Projektmanager in vielen Fällen nicht einmal über diese Basiskenntnisse verfügen. Die Auseinandersetzung mit juristischen Fragen und deren praktische Anwendung im kaufmännischen Umfeld ist jedoch die Basis für eine erfolgreiche Einschätzung der eigenen Position innerhalb einer Krise.

Zu Beginn des Jahres 2002 wurden große Teile des Bürgerlichen Gesetzbuchs (BGB) grundlegend geändert. Diese Änderungen sind in den folgenden Abschnitten berücksichtigt. Da es hier um eine Darstellung für den Praktiker geht, sind die Unterschiede zwischen altem und neuem Recht nur dort wiedergegeben, wo das für das Verständnis des neuen Rechts sinnvoll erscheint. Das Gleiche gilt auch für die Übergangsrege-

Reform des BGB

lungen, die festlegen, wann neues oder altes Recht gültig ist. Aus diesem Grund sollte bei Verträgen, die vor dem 1.1.2002 geschlossen wurden, im Zweifel Rat bei einem Rechtsanwalt gesucht werden.

Unsicherheit

Die Regelungen des „alten" BGBs wurden über fast ein Jahrhundert hinweg durch Rechtsprechung und Literatur interpretiert und fortentwickelt. Mit den jetzt gültigen Regelungen beginnt vermutlich eine Zeit, in der juristische Fragen zum BGB einer gewissen Unsicherheit unterliegen. Auch aus diesem Grund wird sich der Praktiker häufiger als sonst üblich um Expertenrat bemühen müssen.

Der nächste Abschnitt bietet zunächst einen kurzen Überblick über den Aufbau der einschlägigen Gesetze, die bei der kaufmännischen Abwicklung von Projekten bedeutsam sind. Daran anschließend werden die Schritte bis zu einem Vertragsschluss und die sich danach ergebenden Probleme bei der Erfüllung des Vertrages vorgestellt. Hierzu gehören im Einzelnen folgende Punkte:

- Vertragsformen
- Allgemeine Geschäftsbedingungen
- Haftungstatbestände
- Abnahme
- Gewährleistung.

Die beiden letzten Punkte werden im Rahmen der Behandlung von besonderen Vertragsformen (Kaufvertrag und Werkvertrag) behandelt.

8.1
Gesetzesaufbau

Die Vertragsbeziehungen zwischen Parteien im Wirtschaftsleben werden durch das BGB und das Handelsgesetzbuch (HGB) geregelt. Neben diesen Gesetzen, die allgemeine Regelungen enthalten, gibt es eine Vielzahl von Spezialgesetzen, auf die z. T. später noch eingegangen wird. Jedwede Regelung zwischen Parteien im Wirtschaftsleben wird von Juristen als *Rechtsgeschäft* bezeichnet. Die Strukturierung wird in Abb. 8-1grafisch dargestellt.

Als eine erste Strukturierung wird zwischen:
- Schuldrecht
- Sachenrecht

unterschieden.

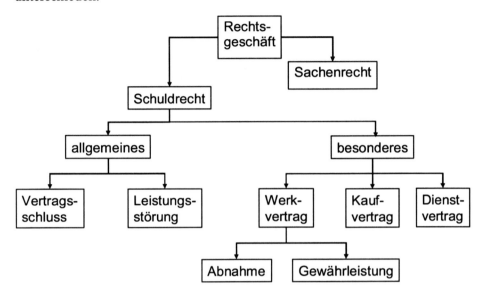

Abb. 8-1: Rechtsgeschäfte im Überblick

Das Sachenrecht regelt Rechtsgeschäfte, die sich auf Sachen (Gegenstände) beziehen. Sachen können in diesem Zusammenhang Waren, Immobilien oder auch Schuldverschreibungen sein. Das Sachenrecht regelt dabei z.B. Bereiche wie das:
- Eigentumsrecht
- Pfandrecht

Sachenrechtliche Fragestellungen spielen im Rahmen von Krisenmanagement i.d.R. nur eine untergeordnete Rolle. Die hieraus erwachsenden Rechtsbeziehungen sind ihrem Wesen nach statisch. Sie sind meist das Ergebnis eines Projekts, und als solches für die Durchführung des Projektes selbst von geringer Bedeutung. Projekte werden häufig begonnen, um bestimmte Güter zu erstellen oder zu veredeln. Im Rahmen des Projekts haben sachenrechtliche Fragen daher nur dann Bedeutung, wenn es z.B. darum geht, den Zeitpunkt für einen Eigentumsübergang so zu regeln, dass die Risiken für die Vertragsparteien klar definiert sind.

Sachenrecht

Schuldrecht

Im Rahmen des Schuldrechts werden die Rechtsbeziehungen zwischen natürlichen oder juristischen Personen geregelt.

8.2
Projektarbeit aus juristischer Sicht

Die Regelungen des BGB sind zum Teil davon abhängig, ob am Vertrag Verbraucher beteiligt sind. Darüber hinaus sind im HGB z.T. strengere Maßstäbe für Kaufleute festgelegt. Im Folgenden werden in erster Linie die Regelungen für Kaufleute dargestellt, da die übrigen Regelungen für die Projektarbeit nur untergeordnete Bedeutung haben.

Viele Handlungen, die schon vor Vertragsschluss erfolgten, können für ein Problem ursächlich sein, das erst in der Gewährleistungszeit auftritt. Diese beiden Ereignisse – Beginn der Vertragsverhandlung und Ende der Gewährleistungszeit – bilden gewissermaßen den zeitlichen Rahmen, in dem eine Krise typischerweise entstehen kann.

Es ist daher nur konsequent, dass der Gesetzgeber diesen zeitlichen Bereich durch eine Vielzahl von Regelungen und Gesetzen, die z. T. von der Rechtsprechung erweitert wurden, strukturiert hat. Damit der Leser bei den im Folgenden eingeführten Begriffen nicht die Übersicht verliert, sollen die wichtigsten Begriffe vorweg an Abb. 8-2 in ihrer zeitlichen Abfolge und in ihrem Bezug zu den verschiedenen gesetzlichen Vertragsformen dargestellt werden.

Bevor mit einem Projekt begonnen und ein Vertrag geschlossen wird, gibt es meist eine längere Phase, in der die Inhalte des Projekts und die Kosten für die Projektleistung zwischen dem Kunden und dem Lieferanten ausgehandelt werden. So definiert z.B. der Kunde seine Anforderung und der Lieferant erstellt ein darauf angepasstes Angebot.

Vertragsschluss

Der Inhalt des Angebots oder Gespräche mit anderen Anbietern führen u.U. dazu, dass weitere Anforderungen definiert werden müssen. Erst wenn beide Seiten glauben, sich über den Inhalt des Projektes im Klaren zu sein und ihre Vorstellungen über den Projektpreis im Einklang stehen, wird ein Vertrag geschlossen. Mit dem Vertragsabschluss wird das Schuldverhältnis zwischen den beiden Parteien begründet. In Abb. 8-2 ist der Vertragsabschluss nicht als ein einzelner Zeitpunkt dargestellt, da es in der Praxis durchaus üblich ist, den Vertrag durch eine Reihe von Zusatzregelungen nicht zu einem Zeitpunkt, sondern über einen bestimmten Zeitraum hinweg auszuhandeln und zu schließen. Nach dem Vertragsschluss muss die eigentliche Leistung erbracht werden. So muss bei einem Werkvertrag das Gewerk zunächst erstellt, bei einem Kaufvertrag z.B. die Ware bestellt und bei einem Dienstvertrag die Dienstleistung erbracht werden.

Für die Bereitstellung der jeweils zugesagten Leistung durch den Lieferanten wird i.d.R. eine gewisse Zeit benötigt. Dieser Zeitraum ist durch den Vertrag bestimmt. Während dieser Zeit – aber auch schon vor Vertragsschluss – kann sich zeigen, dass die vertraglich vereinbarte Leistung nicht zu erbringen ist. In diesem Fall spricht der Jurist von Unmöglichkeit der Leistung.

Unmöglichkeit

Wenn die vereinbarten, fälligen Leistungen nicht rechtzeitig erbracht werden, so befindet sich der Lieferant zum Leistungstermin in Verzug, wenn dieser eindeutig bestimmt ist. Verzug ist eine Pflichtverletzung, die weitere Rechte wie z.B. Schadensersatz oder Rücktritt vom Vertrag begründen.

Verzug

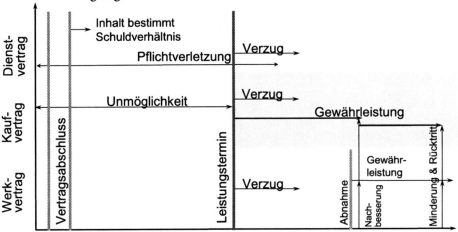

Leistungszeit

Abb. 8-2: Für Krisen relevante, gesetzliche Regelungen im Überblick

Ist der Leistungstermin nicht eindeutig festgelegt oder zwischen den Parteien strittig, so gerät der Lieferant in Verzug,

- wenn der Kunde ihm eine Mahnung zustellt,
- wenn der Lieferant die Leistung ernsthaft und endgültig verweigert,
- wenn die Natur der Leistungspflicht ein sofortiges
  Handeln erfordert (z.B. Einsturzgefahr während
  der Bauphase).

Bei Entgeltforderungen (Bezahlung des Kunden an den
Lieferanten, der nicht Verbraucher ist) kommt der Kun-
de 30 Tage nach der Fälligkeit der Zahlung und dem
Zugang der Rechnung in Verzug.

Abnahme   Bei Werkverträgen gibt es die Besonderheit, dass das
Projektergebnis einer Abnahme unterzogen werden
muss. Im Idealfall erklärt der Kunde, dass das erstellte
Gewerk die vertraglich vereinbarten Eigenschaften
besitzt. Die explizite Erklärung der Abnahme dient zur
Sicherheit des Lieferanten, dem so bescheinigt wird,
dass die geforderte Leistung auch tatsächlich erbracht
wurde. Erst danach beginnt die Gewährleistungsperio-
de. Eine Abnahme muss aber nicht in jedem Fall explizit
vom Kunden erklärt werden. So kann eine Abnahme
auch durch bestimmte Handlungen bewirkt werden.
Beispiele hierfür können die vorbehaltlose Bezahlung
der Endrechnung oder die produktive Nutzung des
Gewerks sein. Ob in diesen Beispielen eine Abnahme
konkludent erfolgt ist, hängt vom jeweiligen Einzelfall
ab. Hierin liegt ein wesentlicher Unterschied zum Kaufvertrag, bei dem die Gewährleistungspflicht schon mit
der mängelfreien Leistungserbringung beginnt. Während der Gewährleistungszeit ist der Lieferant verpflichtet, alle Mängel, die der Kunde zunächst nicht
erkennen konnte, zu beseitigen.

Rücktritt und Minderung   Gelingt es dem Lieferanten nicht, die vereinbarte
Leistung zu erbringen oder einen Mangel während der
Gewährleistungszeit zu beheben, so hat der Kunde das
Recht auf Rücktritt vom Vertrag , ein Recht auf Minde-
rung (Reduzierung des Kauf- oder Werkpreises) oder
auf Schadensersatz.

Neben diesen aus dem Vertrag selbst und dem Gesetz ableitbaren Begriffen und Normen, gibt es eine
Reihe von Nebenpflichten, die zunächst von der Rechtsprechung kodifiziert wurden und nun Bestandteil des
BGBs sind.

Pflichtverletzung vor   - So ist der Lieferant auch vor Vertragsschluss gehal-
Vertragsschluss   ten, mit der gleichen Sorgfalt zu arbeiten, wie dies
                            bei einem Vertragsverhältnis von ihm zu verlangen

wäre. Anderenfalls macht er sich einer Pflichtverletzung vor Vertragsschluss[15] schuldig. Es geht dabei in den meisten Fällen um Pflichtverletzungen, die dadurch entstehen, dass der Lieferant beim Kunden tätig wird, um den Vertragsschluss zu erhalten. So weist z.B. der Lieferant einer großtechnischen chemischen Anlage darauf hin, dass der Betreiber eine bestimmte Genehmigung bei den zuständigen Behörden erlangen muss. Da die Anlage in jedem Fall erstellt werden soll, beantragt der Kunde die vom Lieferanten geforderte Genehmigung schon vor Vertragsschluss. Nach Vertragsschluss stellt sich heraus, dass eine falsche Genehmigung beantragt wurde. Der Lieferant kann sich in diesem Fall nicht darauf berufen, dass er die falsche Angabe über die Genehmigung vor Vertragsschluss, als noch gar kein Schuldverhältnis bestand, abgegeben hat.

- In Verlaufe eines Projektes muss der Lieferant auch nicht unmittelbar im Vertrag festgelegte Pflichten erfüllen. Kommt er diesen Pflichten nicht nach, so entsteht ein Schadensersatzanspruch. Hierzu gehören z.B. Informationspflichten, die der Lieferant unaufgefordert zu erbringen hat, da es dem Kunden unmöglich ist, diese selbständig zu erkennen oder vom Lieferanten einzufordern. Weitere Beispiele sind die Übergabe einer Benutzerdokumentation für ein technisches System oder die Nennung eines Wartungsintervalle, das den sicheren Betrieb einer Anlage gewährleistet.

Die oben vorgestellten Begriffe werden in den folgenden Abschnitten entsprechend ihrem chronologischen Ablauf im Projektgeschehen weiter dargestellt.

8.3
Verträge und Leistungen

Eine rechtliche Beziehung entsteht durch einen Vertragsschluss:

---

[15] Dieser Tatbestand – nach altem Recht nicht gesetzlich fixiert aber von der Rechtsprechung als culpa in contrahendo (cic) bezeichnet – ist ebenso wie die weiter unten beschriebene positive Vertragsverletzung (pVV) nun im BGB als Pflichtverletzung gesetzlich geregelt.

**Definition
Vertrag**

Ein *Vertrag* besteht aus wenigstens zwei übereinstimmenden Willenserklärungen der am Vertrag beteiligten Parteien.

In der kaufmännischen Praxis werden Verträge für Projekte üblicherweise in Schriftform geschlossen. Dieser Gebrauch ergibt sich schon aus der spezifischen Eigenheit eines Projekts, das eine einmalige und außergewöhnliche Tätigkeit darstellt. Hier wird nur in Ausnahmefällen eine mündliche Vereinbarung ausreichen, um eine übereinstimmende Willenserklärung zu dokumentieren und damit nachweisbar zu machen. Das Interesse beider Parteien ist es daher, diese Willenserklärung durch einen schriftlichen Vertrag festzuhalten. Grundsätzlich kann ein Vertrag auch mündlich geschlossen werden, sofern das Gesetz nicht Schriftform vorschreibt oder die Vertragsparteien dies vereinbart haben. Ein solcher Vertrag hat dann die gleiche Rechtskraft und unterliegt den gleichen Regelungen wie ein schriftlicher Vertrag. Tatsächlich ist es natürlich so, dass es bei einem mündlichen Vertrag wesentlich schwerer ist, die im Vertrag erworbenen Rechte auch vor einem Gericht oder auch nur in einer Verhandlung durchzusetzen, weil sie nicht (ohne weiteres) nachweisbar sind.

Vertragsfreiheit

Der Gesetzgeber hat den Vertragsparteien eine weitreichende Vertragsfreiheit zugestanden. „Vertragsfreiheit" bedeutet jedoch nicht, dass jeder Vertrag, gleich welchen Inhalts, auch tatsächlich wirksam ist. Die folgende Aufzählung gibt einen Überblick über solche Beschränkungen, die durch das BGB vorgegeben sind:

Verbote und Regelungen

- Die Vertragsfreiheit wird nach § 134 BGB durch andere gesetzliche Verbote oder Regelungen beschränkt. So ist z.B. ein Vertrag, der den Betrug eines Dritten zum Ziele hat, nichtig.

Gute Sitten

- Nach § 138 BGB darf ein Vertrag nicht gegen „die guten Sitten" verstoßen. Über die Frage, was im Einzelnen „gute Sitten" sind, gibt es umfängliches Schrifttum. Wie der etwas schwammige Begriff schon erwarten lässt, gibt es hier viele Bereiche, die auch unter Fachleuten nicht unumstritten sind. Fest steht, dass die einseitige Ausnutzung einer Monopolstellung in den meisten Fällen gegen die guten Sitten verstößt.

Treu und Glauben

- Verträge dürfen auch nicht gegen „Treu und Glauben" (§ 242 BGB) verstoßen. § 242 soll sicherstellen, dass sich im Rechtsleben übliche Gebräuche, die sich über die Zeit hin auch verändern können, auf die Rechte und Pflichten der Vertragsparteien auswirken. Auch dieser Paragraph ist stark auslegungsbedürftig und alle Versuche, ihn in Einzelprobleme zu ordnen oder zu bestimmten Fallgruppen zusammenzufassen, haben nicht dazu geführt, dass es eine eindeutige Auslegung dieser Regelung gibt [Brox 1997]. Typische Beispiele für den Verstoß gegen Treu und Glauben sind:

- Das Ansinnen eines Schuldners, dem Kreditgeber den Kredit um zwei Uhr morgens zurückzuzahlen. Der Kreditgeber verstößt bei Nichtannahme zu diesem Zeitpunkt nicht gegen seine Annahmepflicht.
- Die Bergfahrt mit einer Seilbahn kostet 2€. Auf dem Berg kann erst die Talfahrt gelöst werden. Sie kostet 10€.

Im Rahmen des besonderen Schuldrechts sind einige Vertragsformen im BGB bereits gesetzlich normiert. Diese beschränken nicht die Vertragsfreiheit, sondern ermöglichen es, im Rechtsverkehr typische Situationen auf einfache Weise zu regeln. Beispiele hierfür sind:

- Kaufvertrag
- Werkvertrag
- Dienstvertrag
- Mietvertrag
- Schenkungsvertrag
- Darlehensvertrag

Darüber hinaus gibt es weitere Vertragsformen, die sich im Wirtschaftsleben selbständig entwickelt haben, z.B. Lizenzverträge oder Leasingverträge.

Im Rahmen von projektorientierten Tätigkeiten sind die im Folgenden definierten Vertragsformen von besonderer Bedeutung.

Durch einen *Kaufvertrag* verpflichtet sich der Verkäufer, dem Käufer eine Sache zu übereignen, der Käufer verpflichtet sich, den vereinbarten Kaufpreis zu bezahlen (§ 433 BGB).

Durch einen *Werkvertrag* verpflichtet sich ein Unternehmer zur Herstellung des versprochenen Werkes und der Besteller zur Entrichtung der vereinbarten Vergütung. Geschuldet wird ein bestimmter Arbeitserfolg, den der Besteller abnehmen muss (§ 631 BGB).

Definition
Vertragsformen

Durch einen *Dienstvertrag* wird derjenige, der Dienstleistungen anbietet, zur Leistung der versprochenen Dienste, der andere Teil zur Gewährung der vereinbarten Vergütung verpflichtet (§ 611 BGB).

8.4
Eigenschaften von Verträgen und Leistungen

Im einführenden Abschnitt wurde dargestellt, dass im Projektgeschäft schuldrechtliche Beziehungen zwischen dem Lieferanten und dem Kunden bestehen. Das Schuldrecht regelt dabei die Rechte und Pflichten zwischen Personen. Die bereits oben genannten Vertragsformen des besonderen Schuldrechts (Werkvertrag, Kaufvertrag und Dienstvertrag) begründen typischerweise zweiseitige Schuldverhältnisse. Wie in Abb. 8-3 zu sehen, besteht die schuldrechtliche Verpflichtung aus zwei Teilen:

- Der Kunde hat ein Recht auf Leistung gegenüber dem Lieferanten.
- Der Lieferant hat ein Recht auf Vergütung gegenüber dem Kunden.

Üblicherweise sind an einem Vertrag wenigstens zwei Parteien beteiligt. Das gilt auch dann, wenn nur eine Seite vertraglich verpflichtet ist. So bindet z.B. ein Schenkungsversprechen (§ 518 BGB) nur den Schenkenden, der Vertrag über die Schenkung kommt aber erst mit Annahme der Schenkung durch den Beschenkten zustande.

Einseitige Rechtsgeschäfte   Der Vollständigkeit halber sei auch darauf verwiesen, dass Schuldverhältnisse auch ohne Vertrag durch einseitige Rechtsgeschäfte begründet werden können.

Die in der obigen Definition genannte „übereinstimmende Willenserklärung" kommt in der Praxis folgendermaßen zustande:

Vertragstext   - Beide Parteien formulieren den Inhalt des Vertrages in Form eines schriftlichen Vertragstextes, der von beiden Seiten unterzeichnet wird. Durch die Unterzeichnung bekunden beide Parteien ihre Willenserklärung und deren Übereinstimmung.

Oder:

Angebot   - Eine Seite verfasst die den Vertrag beinhaltende Willenserklärung in Form eines Angebotes, so dass alle für den Vertragsschluss relevanten Informationen niedergelegt sind. Der Vertragsschluss kommt

durch eine zustimmende Willenserklärung der anderen Seite zustande. Voraussetzung für den Vertragsschluss ist die vorbehaltlose Annahme des
Angebots.

Schuldrecht

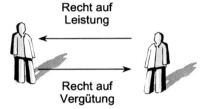

Recht auf
Leistung

Recht auf
Vergütung

...regelt die Rechte/Pflichten
zwischen Personen

Abb. 8-3: Juristische Beziehungen

In der kaufmännischen Praxis werden Verträge üblicherweise durch ein Angebot und dessen Annahme
oder durch einen schriftlichen Vertrag geschlossen. Der
Wichtigkeit halber sei noch einmal darauf hingewiesen,
dass Verträge auch mündlich geschlossen werden können. Die Schriftform dient daher der Präzisierung und
der Nachweisbarkeit der Vereinbarung, ist aber grundsätzlich nicht für die Wirksamkeit des Vertragsschlusses
erforderlich.

Wann ein Vertrag erfüllt, d.h. die geschuldete Leis-   Vertragserfüllung
tung erbracht ist, hängt von der jeweiligen Vertragsgestaltung ab. Für die drei oben aufgeführten Vertragsformen gilt grundsätzlich:

- Kaufvertrag: Der Verkäufer ist für die Übergabe
  und die Übertragung des Eigentums an der mängelfreien Kaufsache gegenüber dem Käufer verantwortlich.

- Werkvertrag: Der Unternehmer ist zur Herstellung
  des mangelfreien Werkes verpflichtet.

- Dienstleistungsvertrag: Der Dienstleister muss die
  entsprechende Leistung sach- und fachgerecht erbringen.

In jedem Fall ist für die Erfüllung des Vertrages erforderlich, dass der richtige Lieferant dem richtigen Kunden die richtige Leistung am rechten Ort erbringt.

Der Vertragsschluss steht typischerweise am Beginn eines Projekts. Hierdurch kann der falsche Eindruck entstehen, dass nur in der Verkaufsphase Verträge zwischen Lieferant und Kunde geschlossen werden. Das ist so jedoch nicht richtig. Gerade in der projektorientierten Arbeit ist es häufig erforderlich, im Rahmen des Projektes weitere zusätzliche Regelungen zu treffen. Diese betreffen weniger rein juristische Fragen (wie Haftung, Gewährleistung oder Schadensersatz), sondern Fragen der kaufmännischen Abwicklung und des sachlichen Vertragsinhaltes selbst. Beispiele hierfür sind:

- Aufgrund von technischen Schwierigkeiten oder zusätzlichen Wünschen des Kunden wird der Liefertermin des Gewerkes verschoben.
- Der Preis für ein Gewerk wird angehoben, da neue unerwartete und zusätzliche Leistungen vom Lieferanten erbracht werden müssen.
- Der Kunde verzichtet auf eine zugesagte Leistung, damit der ursprünglich geplante Liefertermin eingehalten werden kann. Gleichzeitig wird der Werkpreis an die neuen Gegebenheiten angepasst.

Projektleiter und Vertragsschluss Derartige Regelungen sind üblich und können häufig durch den Projektleiter selbst – in einem vorgegebenen Rahmen – entschieden werden. Die entsprechenden Willenserklärungen werden im Rahmen eines Projektmeetings abgesprochen und in einem Protokoll festgehalten. Juristisch handelt es sich dabei um Vertragsänderungen, seien es Erweiterungen oder Einschränkungen des Vertragsinhaltes.

Kommerzielle Verantwortung Viele Projektmanager sind sich nicht darüber im klaren, welche weitreichende Verantwortung sie auch im kommerziellen Bereich haben. Sie machen sich nicht bewusst, dass mögliche Vereinbarungen in einem Meeting vertragliche und damit bindende Wirkungen für das Unternehmen haben.

8.4.1
Vertretung

Verträge werden zwischen Personen geschlossen. Hierbei wird zwischen sog. natürlichen und juristischen Personen (z.B. Gesellschaften mit beschränkter Haftung) unterschieden. Juristische Personen sind abstrakte Gebilde, die, anders als natürliche Personen, nicht in dinglicher Form am Geschäftsleben teilnehmen. Damit sie z.B. Verträge schließen können, werden sie durch ein gesetzlich definiertes Organ vertreten. Für einen Verein ist das z.B. der Vorstand, für eine GmbH ist es der Geschäftsführer.

Mitglieder eines Vereines oder Mitarbeiter einer GmbH sind zunächst nicht berechtigt, im Namen des Vereins oder der Gesellschaft aufzutreten und Verträge zu schließen.

Es wäre offensichtlich unmöglich für eine große GmbH, wenn alle Geschäfte ausschließlich von der Geschäftsführung vorgenommen werden müssten. Aus diesem Grund bietet das BGB die Möglichkeit, eine juristische oder natürliche Person von einer anderen Person vertreten zu lassen. In Abb. 8-4 ist das grundsätzliche Prinzip der Vertretung dargestellt.

| Vertretener z.B. Gesellschaft | Vertreter z.B. Verkäufer | Dritter z.B. Kunde | Prinzip der Vertretung |

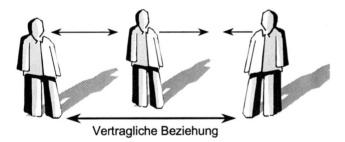

Vertragliche Beziehung

Abb. 8-4: Vertretung

Eine Gesellschaft ermächtigt z.B. einen Verkäufer, die Gesellschaft zu vertreten. Dieser Verkäufer tritt nun gegenüber dem Kunden als Vertreter auf. Die beiden verhandeln untereinander einen Vertrag aus, und der Verkäufer gibt im Namen der Gesellschaft die Willenserklärung ab. In diesem Fall gibt er die Willenserklärung jedoch nicht für sich, sondern für die Gesellschaft ab. Aus diesem Grund wird durch den Vertrag auch nicht der Verkäufer, sondern die Gesellschaft gebunden. D. h., die vertragliche Beziehung wird zwischen Gesellschaft und Kunden hergestellt.

Das oben beschriebene Prinzip der Vertretung und der damit eng verbundenen Vertretungsvollmacht birgt eine Vielzahl von Komplikationen. Das ergibt sich im Wesentlichen daraus, dass es für den Kunden nicht immer deutlich ist, ob der Vertreter des Lieferanten tatsächlich über eine Vertretungsvollmacht verfügt.

Die verschiedenen Aspekte der Vertretungsregelung sind in Abb. 8-5 grafisch dargestellt.

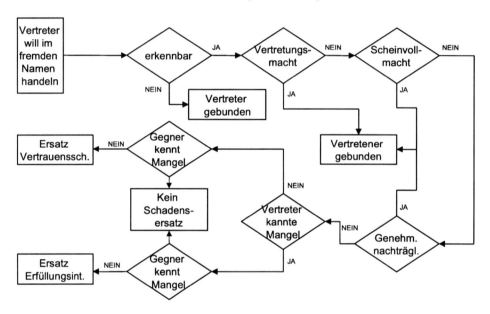

Abb. 8-5: Vertragliche Bindung und Vertretung

Vertretungswille

Notwendige Voraussetzung dafür, dass eine Person als Vertreter für einen anderen auftritt, ist der Wille, den anderen zu vertreten. Inwieweit derjenige, der vertreten wird, auch mit dieser Tatsache einverstanden ist, hat maßgeblichen Einfluss auf die durch den Vertrag gebundenen Personen. Tritt jemand also als Vertreter ohne Vertretungsmacht auf oder fehlt ihm der Wille, im fremden Namen zu handeln, so ist der Vertreter selbst gebunden. Auf der anderen Seite ist für den Fall, dass der Vertreter im fremden Namen handelt und über eine Vertretungsmacht verfügt, der Vertretene gebunden.

Scheinvollmacht

Der Vertretene ist auch gebunden, wenn der Vertreter eine sog. Scheinvollmacht hat. Eine Scheinvollmacht liegt z.B. vor, wenn nach Position und Stellung in einem Unternehmen eine Person üblicherweise mit einer Vollmacht ausgestattet ist. So kann ein Lieferant sicher davon ausgehen, dass der Einkaufsdirektor eines Unternehmens auch berechtigt ist, umfangreiche Einkäufe selbständig zu tätigen. Auch in diesem Fall ist der Vertretene gebunden, da derartige Vollmachten üblicherweise mit einer solchen Position verbunden sind. Etwaige Sonderregeln in einem Unternehmen, die nicht nach außen bekannt gemacht werden, gehen daher zu Lasten des Vertretenen.

Selbst wenn keine Vertretungsmacht vorliegt, ist der Vertretene dann gebunden, wenn er nachträglich, z.B. durch die Geschäftsführung, das Geschäft genehmigt.

Nachträgliche Genehmigung

Wird eine Genehmigung nicht erteilt, so hängt der Umfang der Haftung davon ab, ob der Vertreter sich bewusst war, dass er ohne Vertretungsmacht gehandelt hat. Es sind zwei Fälle zu unterscheiden:

Intention des Vertreters

- Kannten weder der Vertreter noch der Vertragspartner den Mangel der Vertretungsmacht, so haftet der Vertreter für den entstandenen Vertrauensschaden (negatives Interesse). Dabei ist der Vertragspartner so zu stellen, wie er stehen würde, wenn er nicht auf das Vorliegen der Vertretungsmacht vertraut hätte. Wusste der Vertragspartner, dass der Vertreter keine Vertretungsmacht hatte, so entsteht kein Schadensersatzanspruch.

Vertrauensschaden

- Wenn dem Vertreter klar war, dass er einen Vertrag ohne Vertretungsmacht schließt, so haftet er in Höhe des Erfüllungsinteresses (positives Interesse). Das Erfüllungsinteresse geht in einem solchen Fall auf Erfüllung der Vertragspflichten oder auf Schadensersatz in Form von Geldleistungen.

Erfüllungsinteresse

Die oben aufgeführten Zusammenhänge erscheinen auf den ersten Blick äußerst kompliziert. Für die Praxis können jedoch einige wesentliche Punkte herausgegriffen werden, die ein Projektmanager innerhalb seines Unternehmens frühzeitig klären sollte.

- Zunächst sollte mit dem Arbeitgeber eine schriftliche Vereinbarung darüber getroffen werden, in welchem Rahmen der Projektmanager für das Unternehmen als Vertreter auftreten kann. Hierin sollte geklärt sein, in welchem Rahmen der Projektmanager Aussagen zu Terminen, Leistungserweiterungen oder Zahlungsterminen machen darf.

Rechte mit dem Arbeitgeber regeln

- Für alle Punkte, die er nicht selbständig entscheiden darf, muss es einen Ansprechpartner im Unternehmen geben, der kurzfristig erreichbar ist und

Schnelle Entscheidungswege sichern

bei Verhandlungen mit dem Kunden zügig eine verbindliche Entscheidung herbeiführen kann. Wenn dann im Zuge einer Verhandlung oder von sonstigen Gesprächen mit dem Kunden eine Vereinbarung getroffen werden muss, kann der Projektmanager entweder die Vereinbarung unmittelbar schließen oder falls sie außerhalb seiner Vertretungsmacht liegt, sie unter dem Vorbehalt der nachträglichen Genehmigung durch seinen Entscheider zusagen.

8.4.2
Sonderregeln beim Vertragsabschluss

Schweigen ist grundsätzlich keine Willenserklärung

Neben den bisher genannten Regeln für den Vertragsabschluss und den daran beteiligten Personen gilt es, einige ergänzende Fragen zu beachten. Aus der Definition des Vertragsschlusses ergibt sich, dass übereinstimmende Willenserklärungen erforderlich sind. Im Umkehrschluss gilt daher grundsätzlich, dass Schweigen im Rechtsverkehr keine Erklärungswirkung hat.

Bei Angeboten kann im Einzelfall ein Schweigen aber auch als Annahme des Angebotes gelten. Ist eine Annahme nicht gewünscht, so ist dann ein expliziter Widerspruch erforderlich. Wichtige Beispiele hierfür sind:

- Der oben bereits angedeutete Vertragsschluss des Vertreters ohne Vertretungsmacht gilt als abgelehnt, wenn er nicht explizit vom Vertretenen genehmigt wird.
- Wenn einem Kaufmann vom Geschäftspartner aus einer laufenden Geschäftsverbindung ein Angebot zugeht, das z.B. die Aufrechterhaltung einer Anlage zum Ziel hat (Wartungs- oder Betriebsvertrag), so gilt nach § 362 HGB Schweigen als Zustimmung.
- Wenn einem kaufmännischen Bestätigungsschreiben, das den Inhalt einer mündlichen Vereinbarung dokumentiert, nicht widersprochen wird, kommt ein Vertrag zustande.

Rechte des Projektmanagers

Aus den oben aufgeführten Regelungen ergibt sich, dass ein Projektmanager, der mit der gesamtverantwortlichen Abwicklung eines Projekts beauftragt ist, auch dann Verträge schließen kann, wenn er keine Vertretungsmacht besitzt. In diesem Fall gilt das Geschäft als genehmigt, wenn der Unternehmer nicht unverzüglich dem Geschäft widerspricht. Für den Projektmanager ergibt sich daraus die Konsequenz, dass er jede Vereinbarung, die Vertragscharakter hat, unverzüglich seinem Vorgesetzten vorlegen muss. Dieser hat hierdurch die Möglichkeit, wenn er mit dem Inhalt des Geschäfts nicht einverstanden ist, unverzüglich zu widersprechen. Unterlässt er das, so ist er u.U. gegenüber seinem Arbeitgeber aus dem geschlossenen Vertrag haftbar.

8.5
Allgemeine Geschäftsbedingungen (AGB)

Neben den beim Vertragsschluss ausgehandelten Vertragsbedingungen können weitere allgemein geltende Geschäftsbedingungen Vertragsbestandteil sein. Diese sog. „Allgemeinen Geschäftsbedingungen" oder kurz AGB werden von praktisch jedem Unternehmen verwendet, um wiederkehrende Vertragssituationen auf einfache Weise abzuwickeln.

Allgemeine Geschäftsbedingungen sind vorformulierte Regelentwürfe für eine Vielzahl von Einzelverträgen. Dabei werden allgemein gültige Rechtsvorschriften, die nach den Regeln des BGB und des Unterlassungsklagengesetzes (UKlaG) veränderbar sind,[16] durch Bestimmungen ersetzt, die den Bedürfnissen des Verwenders besser entsprechen.

Definition
A G B

Im Sinne dieser Definition gelten auch vorgedruckte Formularverträge (wie sie z.B. beim Autokauf verwendet werden) als AGB.

Formularverträge sind auch AGB

Damit AGB für ein Vertragsverhältnis wirksam werden, muss die eine Seite zu erkennen geben, dass ihre AGB Verwendung finden sollen und die andere Seite muss ihr Einverständnis signalisieren. Das BGB schließt von vornherein einige Klauseln als unwirksam aus, die – einzelvertraglich vereinbart – durchaus zulässig sind. Hierdurch soll eine unangemessene Benachteiligung desjenigen unterbleiben, der sich – aus welchen Gründen auch immer – nicht mit dem Inhalt der Allgemeinen Geschäftsbedingungen im Einzelnen auseinandersetzt. Wichtige Beispiele in diesem Zusammenhang sind:

---

[16] Bis zur Schuldrechtsreform gab es das Allgemeine Geschäftsbedingungengesetz (AGBG). Die meisten Regelungen zur konkreten Ausgestaltung von AGB sind nun Bestandteil des BGB selbst. Die verbliebenen Regelungen sind nun in das UKlaG eingeflossen.

- Gewährleistungsausschluss
- Beschränkung der Nachbesserung
- Ausschluss der Haftung für zugesicherte Eigenschaften
- Beschränkung der Haftung
- Preisanpassungsklauseln

Diese in § 308 und § 309 BGB geregelten Grenzen gelten grundsätzlich nicht für Kaufleute. Aber auch für sie gilt das Gebot von „Treu und Glauben", nach dem niemand unangemessen durch AGB benachteiligt werden darf (§ 307 BGB), so dass im Einzelfall die oben aufgeführten Grenzen auch bei Kaufleuten gelten können (vgl. § 310 BGB).

Vollständige Analyse des Vertragswerks

Ganz allgemein kann gesagt werden, dass es bei der Analyse einer Krisensituation unabdingbar ist, dass alle vertraglichen Bestandteile gewissenhaft untersucht werden. Das gilt auch für das „Kleingedruckte" der AGB. Auch wenn die Zusammenhänge oft äußerst komplex sind und nicht in jedem Fall eine Beteiligung des Anwalts erforderlich ist, sollten die Kenntnisse des Vertragswerkes unbedingt in die Verhandlungsstrategie mit eingebunden werden. Anderenfalls kann es leicht vorkommen, dass man während der Verhandlung mit Vertragspassagen konfrontiert wird, die die gesamte Verhandlungsstrategie in Frage stellen.

Die bisher dargestellten juristischen und kaufmännischen Zusammenhänge sollen im Rahmen eines Beispieles vertieft werden. Hierzu wird auf das bereits in Kapitel „*Methode zur Krisenbewältigung*" vorgestellte Beispiel der Firma Interprod zurückgegriffen und die zwischen den beiden Partnern verhandelten Verträge und sonstigen Schriftstücke werden nachträglich in die Beurteilung der Situation mit einbezogen.

Beispiel

Der Krisenmanager Gainplan betrachtet im Rahmen seiner Analyse das Vertragswerk, das zwischen Interprod und ComLike geschlossen wurde. (Es wird ausdrücklich darauf hingewiesen, dass es sich nicht um ein in der Praxis zur Verwendung geeignetes Vertragsmuster handelt.) Der Vertrag ist in Abb. 8-6 dargestellt. Gainplan stellt sich folgende Fragen:

1. Ist der Vertrag überhaupt wirksam geschlossen worden, wenn der nicht vertretungsbevollmächtigte Vertriebsmitarbeiter Scherbel die Unterschrift geleistet hat?
2. Ist die Firma ComLike für die durch den Vorlieferanten verursachten Schäden haftungspflichtig?

3. Ist die in Abb. 8-7 schriftlich zugesagte Vertragsstrafenregelung gültig?

Der Leser versucht am besten zunächst anhand der in Abb. 8-6 und Abb. 8-7 enthaltenen Dokumente die Fragen schriftlich zu beantworten. Anschließend können die wichtigsten Aspekte im folgenden Text nachgelesen werden.

Frage 1:

Ist der Vertrag überhaupt wirksam geschlossen worden, wenn der nicht vertretungsbevollmächtigte Vertriebsmitarbeiter Scherbel die Unterschrift geleistet hat?

Der Vertrag trägt in der Tat die Unterschrift des Vertriebsmitarbeiters Scherbel. Er hat keine Vertretungsvollmacht für die Firma ComLike. Er handelt insoweit als Vertreter ohne Vertretungsmacht. Auf den ersten Blick ist der Leser sicher versucht, die oben aufgeführte Vertretungsregel schrittweise entsprechend Abb. 8-5 durchzuprüfen. Doch das ist hier nicht erforderlich. Die Firma ComLike hat durch die Ausführung des Vertrages implizit (konkludent) eine Willenserklärung abgegeben. Aus diesem Grund ist die Frage, ob Scherbel Vertretungsmacht hatte oder nicht zum Zeitpunkt der Krise unerheblich.

Die Lage sähe natürlich völlig anders aus, wenn die Firma ComLike unmittelbar nach der Unterschrift Bedenken bezüglich des Vertrages angemeldet hätte. In diesem Fall hätte ComLike die nachträgliche Genehmigung des Geschäftes verweigern können. Die Höhe des Schadensersatzes hätte sich dann daran festgemacht, ob Scherbel sich darüber bewusst war, dass er keine Vertretungsmacht hatte. Unabhängig davon wäre in keinem Fall Schadensersatz zu leisten, wenn die Firma Interprod gewusst hätte, dass Scherbel keine Vertretungsmacht besitzt.

Frage 2:

Ist die Firma ComLike überhaupt für die durch den Vorlieferanten verursachten Schäden haftungspflichtig?

Im Vertrag zwischen den beiden Parteien steht unter 7.7 eine Klausel, die besagt, dass die Firma ComLike nicht für Schäden haftet, die durch Vorlieferanten verursacht wurden. Da die Fa. ComLike als Vertragspartner eine mangelfreie Leistung schuldet, steht sie für diese Mangelfreiheit ein. Ein derartiger Haftungsausschluss verstößt gegen die §§ 308, 309 BGB, sofern es sich um Allgemeine Geschäftsbedingungen handelt.

Kaufvertrag

zwischen

Interprod AG
Interprod Platz 1
54220 Köln

nachstehend Kunde genannt

und der

ComLike Communications GmbH
Max-Planck-Straße 36b
44229 Dortmund

nachstehend Lieferant genannt

1.   Vertragsgegenstand

Gegenstand des Vertrages ist die käufliche Überlassung eines Email-Systems des Lieferanten an den Kunden gemäß Pflichtenheft.

Der Kaufgegenstand – nachstehend Ausrüstung genannt – wird in den als Anlage A 1 – A n beigefügten Systemscheinen näher beschrieben. Eine interessengerechte Auswahl und Benutzung der Ausrüstung obliegt dem Kunden.

2.   Übergang von Eigentum

Die Ausrüstung bleibt bis zu ihrer vollständigen Bezahlung Eigentum des Lieferanten. Teilzahlungen bedingen keinen partiellen Eigentumserwerb durch den Kunden. Der Kunde hat die Ausrüstung bis zum Eigentumsübergang gegen versicherbare Schäden und/oder gegen Verluste zu Gunsten des Lieferanten zu versichern.

Der Kunde ist berechtigt, vor Übergang des Eigentums das ihm zustehende Anwartschaftsrecht auf Eigentumserwerb an Dritte zu übertragen und Dritten den Besitz der Ausrüstung zu überlassen.

3.   Lieferung und Installation

3.1 Der Kunde wird vom Lieferanten rechtzeitig vor dem geplanten Liefertermin über die Voraussetzungen am Betriebsort der Ausrüstung unterrichtet.

Die Lieferung aller Teile ist frei Haus in Köln (Einsatzstelle) und verpackungskostenfrei.

Der Kunde wird die Installationsvoraussetzungen auf seine Kosten vor Installationsbeginn der Ausrüstungen herstellen und für die Dauer der Betriebszeit der Ausrüstung im erforderlichen Zustand halten.

3.2 Der Lieferant wird die Ausrüstung in der in Anlage A 1 – A n vereinbarten Form liefern.

Kunde und Lieferant sind für die Bereitstellung der Ausrüstung an der jeweiligen Verwendungsstelle verantwortlich. Durch qualifiziertes Personal wird der Lieferant die Ausrüstung installieren, die erforderliche Betriebsbereitschaft herstellen, sowie das vom Kunden für die Bedienung und Benutzung der Ausrüstung vorgesehene Personal in die Bedienung und Handhabung einweisen.

Abb. 8-6: Vertrag zwischen den Unternehmen ComLike und Interprod

3.3 Verzögert sich die Installation der Ausrüstung gemäß der Anlagen A 1 bis A n zum Kaufvertrag aus Gründen, die der Kunde zu vertreten hat, so gilt sie an dem Tag als technisch betriebsbereit, an dem die Installation ohne diese Verzögerung hätte beendet werden können, spätestens jedoch fünfzehn Arbeitstage nach Lieferung oder, falls die Lieferung aus den vorstehenden Gründen nicht erfolgen konnte, nach Anzeige der Versandbereitschaft. Höhere Gewalt, Arbeitskampf und sonstige nicht vom Lieferanten zu vertretende Umstände bewirken keinen Lieferverzug.

3.4 Verzögert sich die im beigefügten Systemschein und Pflichtenheft festgelegte Lieferung und Installation aus Gründen, die der Lieferant zu vertreten hat, so muss der Kunde den Lieferanten schriftlich in Verzug setzen und eine angemessene Nachfrist einräumen. Es gilt eine Konventionalstrafe von 1% des Auftragswertes ohne Mehrwertsteuer pro Monat, höchstens jedoch 30% des Auftragswertes bei Lieferung. Kommt der Lieferant auch dann den festgelegten Lieferverpflichtungen nicht nach, so kann der Kunde vom Vertrag zurücktreten. Schadensersatz kann der Kunde nur verlangen, wenn der Lieferant den Schaden durch grobes Verschulden verursacht hat.

3.5 Die Gebühren für die Installation der Ausrüstung und die Ausbildung des Personals entfallen.

4. Übergabe der Ausrüstung

Der Lieferant übergibt die in Anlage A 1 – A n bezeichnete Ausrüstung in funktionsfähigem Zustand. Die Übergabe erfolgt durch Unterzeichnung der Übernahmeerklärung durch den Kunden. Die Funktionsfähigkeit der Ausrüstung ist dann gegeben, wenn die im Pflichtenheft festgelegten Produkteigenschaften und Funktionen in einem 2-monatigen Wirkbetrieb oder in einem, dem Wirkbetrieb entsprechenden Test nachgewiesen werden.

Bei Abweichungen hat der Lieferant in einer entsprechenden Nachfrist eine Nachbesserung vorzunehmen. Der Kunde hat das Recht des Vertragsrücktritts, wenn die im Pflichtenheft definierten Leistungs- und Funktionsmerkmale des Gesamtsystems nicht funktionieren.

5. Funktion der Ausrüstung

Die Funktion der Ausrüstung wird bei Auftragserteilung zwischen den Vertragsparteien in einem Pflichtenheft festgelegt. Die in diesem Pflichtenheft definierten Funktionen und Eigenschaften der Ausrüstung müssen vom Lieferanten bei der Übergabe der Ausrüstung erbracht werden. Veränderungen an der Ausrüstung, die die Funktions- und Leistungsfähigkeit der Ausrüstung nicht beeinträchtigen, können vom Lieferanten vorgenommen werden, ohne dass dem Kunden hieraus Forderungen gegenüber dem Lieferanten erwachsen oder das Recht auf Rücktritt vom Vertrag besteht.

6. Software zum Betrieb der Ausrüstung

Der Kunde schließt mit dem Lieferanten einen Lizenzvertrag über die zum Betrieb der Ausrüstung erforderliche Software ab. Die Software ist Bestandteil der Ausrüstung und unterliegt den gleichen Bedingungen für die Übergabe wie die übrige Ausrüstung. Der Lizenzvertrag regelt lediglich die Nutzungsrechte sowie Wartung, Anpassung und Gewährleistung für die Software. Die Lizenzierung erfolgt nicht für die Betriebssystemsoftware.

7. Haftung und Gewährleistung

7.1 Der Kunde trägt ab dem Zeitpunkt der Anlieferung der Ausrüstung in seinem Hause die Sachgefahr für die Ausrüstung. Der Lieferant wird jedoch die Ausrüstung im üblichen Umfang versichern.

7.2 Die Dauer der Gewährleistung ist in den als Anlage A 1 – A n beigefügten Systemscheinen festgelegt. Sie beträgt 12 Monate.

7.3 Jegliche Gewährleistung oder Garantie entfällt für Ausrüstungen, an denen der Kunde ohne schriftliche Zustimmung des Lieferanten eigenmächtig Änderungen vorgenommen hat. Schließt der Kunde beim Kauf der Ausrüstung ein Instandhaltungsabkommen ab, so sind alle Kosten für Wartung und Reparaturen hierin abgedeckt.

7.4 Die Bedingungen für Instandhaltung und Wartung der Ausrüstung sind dem Instandhaltungsabkommen zu entnehmen.

7.5 Treten während der Dauer der Gewährleistung Schäden an der Ausrüstung auf, die die Funktion und den Wert derselben beeinflussen, und sind diese Schäden nicht durch Verschulden des Kunden oder sonstige äußere Einflüsse entstanden, so ist der Lieferant verpflichtet, diese Schäden zu seinen Lasten zu beheben oder die Ausrüstung oder Teile hieraus auszutauschen.

Abb. 8-6: Fortsetzung

7.6 Der Lieferant haftet nur für unmittelbare Personen- und Sachschäden des Kunden bis zu einer Höhe von DM 2.000.000,- soweit dem Lieferanten Vorsatz oder grobe Fahrlässigkeit zur Last fällt. Eine Haftung für sonstige Schäden insbesondere Folgeschäden ist im Rahmen des gesetzlich Zulässigen ausgeschlossen. Die Haftung des Lieferanten ist unabhängig vom Rechtsgrund auf DM 100.000,- oder die Grundwartungsgebühr für zwölf Monate (ohne Umsatzsteuer) derjenigen Ausrüstung oder Teile derselben begrenzt, die den Schaden verursacht hat oder Gegenstand des Anspruchs ist oder in direkter Beziehung dazu steht. Es gilt der jeweils höhere Betrag.

7.7 Der Lieferant haftet nicht für entgangenen Gewinn, ausgebliebene Einsparungen, Schäden aus Ansprüchen Dritter und sonstige mittelbare und unmittelbare Folgeschäden, sowie für aufgezeichnete Daten.

8.   Preise und Zahlungsbedingungen

8.1 Die Preise der Ausrüstung sowie deren wesentliche Einzelkomponenten sind in den als Anlage A 1 – A n beigefügten Systemscheinen festgelegt.

8.2 Die Zahlung erfolgt zu 1/3 (einem Drittel) des festgelegten Kaufpreises bei Vertragsunterzeichnung, 1/3 bei Inbetriebnahme und Installation und 1/3 bei Abnahme; spätestens jedoch 2 Monate danach.

8.3 Der Lieferant stellt die Rechnung zum Zeitpunkt der Übernahme der Ausrüstung durch den Kunden. Der Rechnungsbetrag – ohne Abzüge – wird innerhalb von 30 Tagen nach Rechnungsdatum fällig gemäß 8.2. Eine Aufrechnung gegenüber Forderungen des Kunden an den Lieferanten ist nur möglich, wenn die Gegenforderung unbestritten oder rechtskräftig festgestellt ist. Der Kunde ist zu partiellen Zahlungseinbehalten nur im Rahmen gesetzlicher Regelungen berechtigt.

8.4 Gerät der Kunde mit der Zahlung in Verzug, so ist der Lieferant berechtigt, Zinsen in Höhe des von Geschäftsbanken berechneten Zinssatzes für offene Kontokorrentkredite ab dem Fälligkeitstermin zu berechnen. Die Zinsen sind sofort fällig. Der Lieferant behält sich vor, die Ausrüstung bei Zahlungsverzug des Kunden jederzeit zurückzunehmen. Der Kunde ist dann zur unverzüglichen Herausgabe verpflichtet. Ein Zurückbehaltungsrecht besteht nicht.

8.5 Die Preisvereinbarungen gelten auch für alle Einzelnachrüstungen bei Auftragserteilung innerhalb 12 Monaten nach Abnahme.

9.   Schlussbestimmungen

9.1 Dieser Vertrag enthält alle Regelungen bezüglich des Vertragsgegenstandes. Alle vorhergehenden Regelungen haben mit Vertragsschluss keine bindende Wirkung mehr. Mündliche Nebenabreden bestehen nicht. Abänderungen und Ergänzungen bedürfen der Schriftform.

9.2 Gerichtsstand ist Köln.

9.3 Die Verpflichtungen des Lieferanten aus diesem Vertrag werden nur innerhalb der Bundesrepublik Deutschland erfüllt.

9.4 Sollten eine oder mehrere der vorstehenden Bestimmungen unwirksam sein oder werden, so wird die Wirksamkeit der übrigen Bestimmungen hiervon nicht berührt.

Die unwirksame Bestimmung ist durch eine wirksame zu ersetzen, die den mit ihr verfolgten wirtschaftlichen Zweck weitgehend verwirklicht.

3.2.2001   1.2.2001

Peter Scherbel ComLike GmbH   Dr. Bernd Wichtig Interprod AG

Vertriebsmitarbeiter   Vorstand

Abb. 8-6: Fortsetzung

ComLike Communications GmbH
Max-Planck-Straße 36b
44229 Dortmund

Interprod AG
Interprod Platz 1
54220 Köln
z.Hd. Herrn
Dr. Bernd Wichtig

Dortmund, den 10.11.2000

Vertragsstrafenregelung

Sehr geehrter Herr Wichtig,

wie am gestrigen Tage besprochen, möchte ich Ihnen mitteilen, dass unser Haus im Falle eines Vertragsschlusses
mit folgender Vertragsstrafenregelung einverstanden ist:
Für jeden Tag, den die Fa. ComLike mit der Leistung in Verzug gerät, wird sie 0,3 % vom Kaufpreis, jedoch
nicht mehr als insgesamt 30 % des Kaufpreises, an die Fa. Interprod AG zahlen.
Ich hoffe, dass diese Formulierung in Ihrem Sinne ist und würde mich freuen, wenn es auf dieser Basis zu einem
baldigen Vertragsschluss kommen könnte.

Mit freundlichen Grüßen

Peter Scherbel
Vertriebsbeauftragter

Abb. 8-7: Brief des Vertriebsmitarbeiters Scherbel

Der Vertragstext wurde durch ComLike gestellt und nicht in jedem einzelnen Punkt ausgehandelt. Selbst wenn ein Vertragstext zum ersten Mal entwickelt wurde, aber die Absicht besteht, ihn für eine Vielzahl von Fällen zu verwenden, handelt es sich schon um Allgemeine Geschäftsbedingungen. Im vorliegenden Fall stehen auf beiden Seiten Kaufleute, so dass die §§ 308, 309 BGB grundsätzlich nicht angewendet werden müssen. Der Begriff „grundsätzlich" bedeutet, dass es von diesem Ausschluss auch Ausnahmen geben kann. In der Rechtsprechung gibt es eine Reihe von Beispielen dafür, dass derartige Haftungsausschlüsse auch für Kaufleute nicht zulässig und damit unwirksam sind. Um diese Frage zu beantworten, müsste eine tiefergehende juristische Analyse vorgenommen werden. Für die Praxis in einer Krisensituation kann jedoch folgendes gelten:

- Juristisch gesehen ist es fraglich, ob der Haftungsausschluss vor Gericht tatsächlich Bestand hat. Aus diesem Grund muss für eine Risikoanalyse damit gerechnet werden, dass in vollem Umfang gehaftet werden muss.
- Für die Verhandlungen mit der Firma Interprod ist die Formulierung in dem Vertrag günstig. Eine Schadensersatzforderung kann in einer konkreten Verhandlungssituation zunächst mit Hinweis auf die im Vertrag aufgeführte Klausel zurückgewiesen werden. Wenn der Vertrag z.B. speziell mit Interprod ausgehandelt wurde, kann dieser Umstand dazu genutzt werden, den eigenen Standpunkt zu untermauern, denn einzelvertraglich ist eine derartige Beschränkung durchaus möglich. Es hängt nun von einer überzeugenden Verhandlungsführung ab, ob der Kunde sein Risiko daraufhin entsprechend ungünstig einstuft.

Gerade die letzte Überlegung macht deutlich, dass es in einer Krise mehr darauf ankommt, die juristischen Positionen für sich vorteilhaft zu verwenden. Die tatsächliche rechtliche Lage wird erst relevant, wenn mit einem Gang zum Gericht ernsthaft gerechnet werden muss.

Frage 3:

Ist die in Abb. 8-7 schriftlich zugesagte Vertragsstrafenregelung gültig?

Der in Abb. 8-7 abgedruckte Brief enthält eine vom Vertriebsmitarbeiter Scherbel unterzeichnete Vertragsstrafenregelung. Auch hier kommt es nicht auf Scherbels Vertretungsvollmacht an. In dem Vertrag zwischen Interprod und ComLike gibt es unter 9.1 eine Klausel, nach der nur die im Vertrag genannten Regelungen gültig sind. Alle vorherigen Vereinbarungen werden explizit aus dem Vertrag ausgeschlossen. Da die Vertragsstrafenregelung vor Vertragsschluss abgegeben wurde, ist sie nicht mehr wirksam.

8.6
Haftungstatbestände

Der vorliegende Abschnitt geht auf die folgenden, weiter oben schon kurz angedeuteten verschiedenen Haftungstatbestände ein:

* Pflichtverletzung
* Unmöglichkeit
* Verzug

Der Leistungserbringer hat z.B. schon vor Vertragsschluss bestimmte Sorgfaltspflichten, die er unabhängig davon, ob schon ein Vertrag zustande gekommen ist oder nicht, zu erfüllen hat. Anderenfalls macht er sich einer Pflichtverletzung schuldig. Hierzu gehören in erster Linie Offenbarungspflichten (Aufklärungs-, Mitteilungspflichten) oder Obhuts- und Sorgfaltspflichten.

Pflichtverletzung

    Angenommen, die Firma Interprod hätte den Vertriebsmitarbeiter Scherbel schon vor Vertragsschluss gefragt, was für ein Computersystem erforderlich sei, um das von ihm angebotene Email-System weltweit zu betreiben. Wenn Scherbel nun einen konkreten Computertyp benannt hätte und sich nach Vertragsschluss zeigt, dass dieses Computersystem für die Anforderungen völlig unzureichend ist, so müsste ComLike für die zusätzlichen Kosten aufkommen, da es sich um eine Pflichtverletzung handelt. ■

Beispiel

An diesem Beispiel wird deutlich, wie leicht eine falsche Zusicherung in der Verhandlungsphase zu erheblichen Schadensersatzansprüchen führen kann. Denn es ist der Schaden zu ersetzen, der dadurch entstanden ist, dass der Berechtigte auf das Verhalten des Partners vertraut hat. Dieser sog. Vertrauensschaden (oder das negative Interesse) kann sich im Einzelfall sogar in der Höhe mit dem Erfüllungsschaden (oder dem positiven Interesse) decken oder sogar darüber hinausgehen. Da derartige Fragen oft schon im Vorfeld an die technische Abteilung bzw. den zukünftigen Projektmanager gestellt werden,

Nebenpflichten

kann er durch eine sorgfältige Beantwortung frühzeitig krisenverhindernd und kostenmindernd wirken.

Nebenverpflichtungen, die sich zwar nicht unmittelbar aus dem Vertrag ergeben, müssen vom Lieferanten erfüllt werden, unabhängig davon, ob er sie vertraglich zugesichert hat oder nicht. Dazu gehören Vorbereitungs-, Obhuts-, Erhaltungs-, Aufbewahrungs-, Anzeige-, Auskunfts- oder Geheimhaltungspflichten.

Beispiel

Die Firma Interprod betreibt ein großes Rechenzentrum, das nach professionellen Maßstäben geführt wird. Jedes Computersystem, das dort aufgestellt wird, unterliegt bestimmten Sicherheitsvorschriften. Dazu gehört auch, dass alle Datenbestände regelmäßig auf Bandlaufwerken gesichert werden.

Während das System von der Firma Interprod betrieben wird, kommt es zu einem Systemausfall. Dabei werden alle Daten, die auf dem Computersystem gespeichert waren, gelöscht. Die Firma Interprod spielt daraufhin die Sicherheitskopie des vorhergehenden Tages wieder auf den Computer. Beim Neustart des Systems stellt sich heraus, dass alle gespeicherten Email-Nachrichten zwar physisch auf dem Rechner vorhanden sind, die zugehörige Email-Software aber nicht in der Lage ist, den Betrieb wieder aufzunehmen. Eine Rückfrage bei der Firma ComLike ergibt, dass vor der Erstellung einer Sicherheitskopie das Email-Programm seinerseits die Nachrichten für die Sicherung über ein Exportprogramm zur Verfügung stellen muss.

Auch in diesem Fall müsste die Firma ComLike für den entstandenen Schaden aufkommen. Sie haftet aus positiver Vertragsverletzung, da die Firma Interprod von dem spezifischen Prozedere nichts wusste und nach den üblichen Gebräuchen in der Datenverarbeitung das auch nicht wissen konnte. ∎

Der Begriff der *Unmöglichkeit* wird in den Rechtswissenschaften ein wenig anders verwendet, als hier in Abschn. 1.4 eingeführt.

Definition Unmöglichkeit

Eine Leistung ist (juristisch) *unmöglich*, wenn sie nicht erbracht und auch nicht mehr nachholbar ist.

Die Regelungen zur Unmöglichkeit haben sich mit der Schuldrechtsreform grundsätzlich geändert. Danach wird die Unmöglichkeit als eine Pflichtverletzung (statt bisher als Leistungsstörung) aufgefasst:

Im Wesentlichen sind jetzt folgende Fälle von Bedeutung:

Tatsächliche Unmöglichkeit

- Nach § 275 Abs. 1 BGB wird der Lieferant von seiner Leistungspflicht befreit, wenn sie tatsächlich unmöglich ist. Unabhängig davon, ob die Unmöglichkeit vor oder nach Vertragsschluss eingetreten ist, kommt ein Vertrag zustande. Der Kunde hat daher die sich aus der Pflichtverletzung ergebenden Ansprüche, wie Schadensersatz oder Rücktritt vom Vertrag.

- Nach § 275 Abs. 2, 3 BGB kann die Leistung in engen Grenzen auch dann verweigert werden, wenn das – im Lichte des geschlossenen Vertrags – einen unangemessenen Aufwand bedeuten würde. Es handelt sich dann um eine faktische Unmöglichkeit. Hierbei ist auch zu berücksichtigen, ob der Lieferant die Unmöglichkeit zu vertreten hat. Der Kunde erwirbt in diesem Fall ein Recht auf Schadenersatz.

Faktische Unmöglichkeit

Auch wenn bei der faktischen Unmöglichkeit auf den Aufwand zur Beseitigung der Unmöglichkeit abgestellt wird, handelt es sich nicht um eine wirtschaftliche Unmöglichkeit. Diese wird von der Rechtsprechung als Wegfall der Geschäftsgrundlage (WGG) bezeichnet und ist nun in § 313 BGB geregelt. Sie gilt u.a. für schwerwiegende Änderungen nach Vertragsschluss

8.6.1
Verzug

In der kaufmännischen Praxis kommt es immer wieder vor, dass Leistungen verspätet erbracht werden. Der Handwerker kommt z.B. nicht zur vereinbarten Zeit auf die Baustelle, die im 24-Stunden-Dienst zu liefernde Ware wird erst nach 48 Stunden zugestellt, die Erstellung eines Gebäudes verzögert sich um ein halbes Jahr. Diese Beispiele zeigen, dass es viele Formen von Verspätungen gibt. Doch aus juristischer Sicht ist die Verspätung selbst i.d.R. unproblematisch. Sie kann i.Allg einfach und nach objektiven Kriterien festgestellt werden. Problematischer (und für die Lösung von Konflikten wichtiger) ist die Frage, wer die Konsequenzen aus einer Verspätung tragen muss.

Ein Schuldner (Lieferant) befindet sich im *Verzug*, wenn die Leistung nicht erbracht ist, aber noch nachgeholt werden kann. Verzug ist dabei nur gegeben, wenn bestimmte Voraussetzungen (z.B. eine Mahnung) erfüllt sind.

Definition Verzug

Grundsätzlich ist eine Mahnung erforderlich, um Verzug zu bewirken. Auf eine Mahnung kann verzichtet werden wenn:

- Der Leistungstermin durch den Kalender bestimmt ist.
- Der Leistungstermin berechenbar ist.
- Der Lieferant die Leistung ernsthaft und endgültig verweigert hat.
- Der Lieferant die Verspätung angekündigt hat (Selbstmahnung)
- Die Leistung eilbedürftig ist.

Für Entgeltforderungen gerät der Kunde (der nicht Verbraucher ist) automatisch 30 Tage nach Fälligkeit in Verzug. Durch eine Mahnung kann diese Zeit auch noch verkürzt werden.

Für die Praxis ist besonders wichtig, dass (bis auf die Ausnahmen Termingeschäft, Leistungsverweigerung und Entgeltforderungen) sich ein Lieferant erst dann in Verzug befindet, wenn die Leistung angemahnt wurde. Durch die Mahnung erhält er zu seinem Anspruch auf die Leistung zusätzlich das Recht auf den Ersatz des Verzögerungsschadens. Eine Geldschuld ist regelmäßig mit 8% über dem Basiszinssatz pro Jahr zu verzinsen. Höhere Zinsen müssen nachgewiesen und ein weitergehender Schaden kann geltend gemacht werden.

In der Vergangenheit war ein Schadensersatz erst dann möglich, wenn auf die Leistung endgültig verzichtet wurde. Diese *Fristsetzung mit Ablehnungsandrohung* ist heute nicht mehr erforderlich, da es nach neuem Recht einen Schadensersatz neben der Leistung gibt. Natürlich ist auch weiterhin eine endgültige Ablehnung der Leistung möglich. In diesem Fall entsteht ein *Schadensersatzanspruch statt Leistung*. Gerade vor dem Hintergrund dieses Wahlrechts beim Schadensersatz sollte folgender Zusammenhang beachtet werden.

Vorsicht bei der Ablehnungsandrohung

Wenn der Kunde eine angemessene Frist mit der Androhung, danach die Leistung abzulehnen, gesetzt hat, so erlischt mit dem Verstreichen der Frist der Anspruch auf die Leistung. Diese auf den ersten Blick selbstverständlich erscheinende Regelung kann zu schwerwiegenden Problemen führen. Ich weiß von einigen Fällen, in denen der Kunde recht freizügig Fristsetzungen mit Ablehnungsandrohung ausgesprochen hat. Der Lieferant kommt so in die günstige Situation, dass er nicht mehr zur Erfüllung der Leistung verpflichtet ist. Daraus kann sich eine ungünstige Vertragsposition entwickeln, die daraus erwachsenden Risiken sollten gut bedacht werden. Gerade im Projektgeschäft ist es häufig schwierig, innerhalb kurzer Zeit einen angemessenen Projektpartner zu finden. Der Kunde kann sich zwar darauf zurückziehen, dass mit dem Erlöschen der Leistungspflicht ein Schadensersatzanspruch wegen Nichterfüllung entsteht oder er vom Vertrag zurücktreten kann. Doch lassen sich gerade die Verzugsschäden, die z.B. in entgangenem Gewinn oder im Verlust von Marktanteilen bestehen, nur sehr schwer gerichtlich nachweisen.

8.6.2
Fixgeschäft

Wenn eine Leistung zu einem bestimmten Termin erbracht werden muss, steht der Kunde in einem besonderen Abhängigkeitsverhältnis zum Lieferanten. Er wird in diesem Fall eine vertragliche Bindung suchen, die dem Lieferanten ein besonderes Risiko für den Fall aufbürdet, dass der Termin nicht gehalten wird.

Ein *relatives Fixgeschäft* (§ 323 Abs.2, Nr. 2) liegt vor, wenn mit der rechtzeitigen Lieferung der Vertrag steht und fällt.

Bei einem *absoluten Fixgeschäft* ist die Leistungszeit so entscheidend, dass bei Nichteinhaltung des Zeitpunktes die Leistung nicht mehr nachholbar ist.

Wenn z.B. für einen Kunden ein Messestand erstellt werden soll, der dann auch pünktlich zur Messe aufgebaut werden muss, wird der Kunde mit dem Lieferanten einen festen Liefertermin vereinbaren. In der Konsequenz entsteht hieraus ein relatives Fixgeschäft. Für diesen Fall gelten folgende Regeln:

- Der Anspruch auf die Erfüllung der Leistung bleibt bestehen. Bei Geschäften zwischen Vollkaufleuten muss der Kunde sogar explizit anzeigen, dass er nach wie vor Interesse an der verspäteten Leistung hat, anderenfalls erlischt der Leistungsanspruch.
- Der Kunde hat in diesem Fall das Recht, vom Vertrag zurückzutreten, auch ohne dass er den Lieferanten in Verzug gesetzt hat. Das gilt im Übrigen unabhängig davon, ob der Lieferant die Verzögerung verschuldet hat oder nicht.

Das absolute Fixgeschäft ist eine schärfere Form, bei der mit einem Verzug auch gleichzeitig der eigentliche Sinn der Leistung wegfällt.

Das obige Beispiel wurde als relatives Fixgeschäft eingestuft, da der Messtand selbst bei einer verspäteten Lieferung auf einer anderen Messe verwendet werden

Definition
Fixgeschäft

könnte. Ein absolutes Fixgeschäft läge z.B. dann vor, wenn bei einer Werbeagentur Beschriftungsmaterial für den Stand bestellt würde, der aufgrund seines Inhaltes (z.B. Zeitangaben) nach der Messe nicht mehr verwendet werden kann.

Rechtsfolgen wie bei Unmöglichkeit

Bei einem absoluten Fixgeschäft gelten die Regeln der Unmöglichkeit.

8.7
Kaufvertrag

Bei der Abwicklung von Projekten werden üblicherweise Dienst- oder Werkverträge abgeschlossen. Trotzdem kommt es auf der Lieferanten- wie auf der Kundenseite immer wieder vor, dass bestimmte Bestandteile, die in das Projekt einfließen, über einen Kaufvertrag angeschafft werden. Die dabei auftretenden Leistungsstörungen können z.B. wirkliche Ursachen für die Entstehung einer Krise sein. Aus diesem Grund ist es sinnvoll, mindestens die Grundzüge des Kaufrechtes zu kennen. Wie aus Abb. 8-2 ersichtlich ist, entsteht mit der Einlösung der Leistungsverpflichtung eine Garantiehaftung. Im Rahmen des Kaufrechts ist diese Garantie zu übernehmen, ohne dass für den aufgetretenen Fehler ein Verschulden seitens des Lieferanten gefordert wird.

Verknüpfung von Sachen- und Schuldrecht

Mit der Erfüllung eines Kaufvertrages wird i.d.R. auch eine sachenrechtliche Verfügung (z.B. Eigentumsübertragung) vorgenommen.

Wann z.B. das Eigentum tatsächlich übertragen wird, ist im Wesentlichen von der Vertragsgestaltung abhängig. Für die Haftung ist es daher meist wichtiger, zu prüfen, zu welchem Zeitpunkt der Gefahrenübergang vom Lieferanten zum Kunden stattfindet.

Definition Gefahrenübergang

Gefahrenübergang ist der Zeitpunkt, zu dem die Gefahr des zufälligen Untergangs (oder der Verschlechterung) auf den Kunden übergeht.

Nach dem Gefahrenübergang muss der Kunde für Untergang oder Beschädigung des Kaufguts selbst aufkommen. Vor dem Gefahrenübergang muss der Lieferant sicherstellen, dass die Kaufsache nicht fehlerhaft ist, d.h., dass der gewöhnliche oder vertragliche Gebrauch

- nicht aufgehoben oder
- nicht wesentlich gemindert ist.

Auch ohne detaillierte Beschreibung des Kaufgegen-standes kann der Käufer davon ausgehen, dass Eigen-schaften, die sich

- aus der Werbung ergeben,
- auf Aussagen eines Verkäufers und des Herstellers stützen oder
- aufgrund von Kennzeichnungen (z.B. Datenblätter) ergeben.

Darüber hinaus muss eine Eignung für den gewöhnli-chen Gebrauch sicher gestellt sein.

Mit dem Kaufvertrag erhält der Käufer unter ande-rem folgende Rechte:

- Ein Rücktritts- oder Minderungsrecht für den Fall, dass die Kaufsache einen wesentlichen Mangel auf-weist.
- Das Recht auf eine Ersatzlieferung, wenn diese durch das Wesen des Kaufguts möglich ist.
- Schadensersatz wegen Nichterfüllung, wenn eine zugesicherte Eigenschaft fehlt oder wenn ein Fehler arglistig verschwiegen wurde.

Im übrigen hat der Lieferant nach den Regeln des BGB-Kaufrechts ein Recht auf Nachbesserung.

Jeder Lieferant hat eine Gewährleistungsverpflich-tung für zwei Jahre nach Lieferung. Für Immobilien gibt es abweichende Regelungen. Verschweigt der Lieferant arglistig einen Mangel, so ist er 3 Jahre zur Gewährleis-tung verpflichtet. Die Frist beginnt mit dem Schluss des Jahres, in dem der Mangel bekannt wurde.

2 Jahre Gewährleistung

Beim Kaufgeschäft unter Vollkaufleuten muss eine Ware unverzüglich untersucht und gerügt werden. Wird ein Mangel entdeckt und nicht unverzüglich gerügt, so erlischt die Gewährleistungspflicht. Das gleiche gilt, wenn ein Mangel erst später bekannt wird; in diesem Fall muss der Kunde unmittelbar nach Bekanntwerden den Mangel rügen.

Kaufleute müssen sofort rügen

Ein Ausschluss der Gewährleistung ist nur einzelver-traglich möglich und wird durch den Grundsatz von „Treu und Glauben" beschränkt. Eine Beschränkung des Gewährleistungsrechts auf Nachbesserung und Ersatzlieferung ist nur dann gültig, wenn ausdrücklich die im Gesetz vorgegebenen Rechte auf Rücktritt und Minderung in dem Moment aufleben, wenn Ersatzliefe-rung und Nachbesserung fehlschlagen.

Gewährleistungs-ausschluss

8.8
Werkvertrag

Bei einem Werkvertrag wird der Vertragsgegenstand i.d.R. erst nach dem Vertragsschluss den Wünschen des Kunden entsprechend angefertigt. Damit ist der Leistungsumfang in vielen Fällen nicht so klar, wie er es etwa bei den meisten Kaufverträgen ist, deren Inhalt ein mehr oder weniger genormtes Produkt ist. Aus diesem Grund wird der Besteller gesetzlich verpflichtet, die Ware abzunehmen. Erst nach der Abnahme beginnt die Gewährleistungsfrist.

Gerade in der Abnahme liegt ein wesentliches Problem der werkvertraglichen Vertragsbeziehungen. Einerseits ist der Kunde verpflichtet, die Abnahme zu erteilen andererseits wird er das nur tun, wenn die Leistung vollständig erbracht wurde. Das geschieht im einfachsten Fall durch eine mündliche oder schriftliche Erklärung. In der kaufmännischen Praxis stellt sich jedoch heraus, dass es häufig schwierig ist, einen Kunden zu einer schriftlichen Erklärung der Abnahme zu bewegen. Die Verpflichtung zur Abnahme bedeutet daher zunächst, dass der Lieferant die Möglichkeit hat, gerichtlich die Abnahme des Kunden zu erzwingen. Voraussetzung dafür ist selbstverständlich, dass die Leistung vertragsgemäß erbracht ist.

Konkludente Abnahme   Neben der expliziten Erklärung gibt es auch die sog. konkludente Abnahme, bei der der Kunde durch sein Handeln deutlich macht, dass er die Leistung als vertragsgemäß anerkennt. Indizien für eine konkludente Abnahme können z.B. die vollständige, vorbehaltlose Bezahlung des Werkpreises und die Ingebrauchnahme des Werkgutes sein.

Probleme bei der Abnahme eines Werkvertrages lassen sich am besten verhindern, indem die zu erbringende Leistung klar und deutlich, für beide Seiten verständlich, schriftlich niedergelegt wird. Darüber hinaus sollten die Abnahmekriterien klar und deutlich definiert sein. Hierzu gehört im Einzelnen:

- Eine klare Beschreibung der Methode, mit der die Abnahme durchgeführt werden kann. Dazu können im einzelnen Prüfverfahren, Checklisten, Messmethoden, etc. definiert werden.
- In der Praxis zeigt sich oft, dass die Abnahme der werkvertraglichen Leistungen für sich selbst unter

Normalbedingungen nicht so problematisch ist, wie das Verhalten im Grenzbereich. Gerade bei komplexen Systemen ist das Verhalten im Fehlerfall wesentlich kritischer, denn derartige Systeme verfügen u.U. über Ausfallsicherungen oder Wiederanlaufkonzepte im Fehlerfall. Diese führen dazu, dass auch bei einem technischen Problem das Gesamtsystem weiter operabel bleibt. Häufig ist in der Leistungsbeschreibung nicht definiert, für welche Fehlerklassen das System fehlertolerant ist. Bei der Abnahme gibt es daher dann immer wieder neue Fehlersituationen, in denen sich das System nicht optimal verhält.

Für den letzten Punkt soll ein einfaches Beispiel gegeben werden.

Beispiel

Die Firma Autodoor stellt automatische Türsysteme her. Diese öffnen und schließen die Tür automatisch, wenn eine Person auf die Tür zugeht. Das Türblatt verfügt über keine Türklinke, so dass im Normalbetrieb nur über die Automatik geöffnet und geschlossen wird. Beim Ausfall der Automatik kann ein Behelfsgriff angebracht werden, mit dem die Tür manuell geöffnet und geschlossen werden kann.

Die Modeboutique *Come In* lässt sich eine derartige Tür speziell anpassen und im Rahmen eines Werkvertrages installieren. Für die Abnahme wird eine Wochenfrist vereinbart. Der Geschäftsführer der *Come In*-Boutique schaltet gleich nach der Installation das Automatiksystem ab und installiert zu Testzwecken den Behelfstürgriff. In den folgenden drei Tagen lässt er seine gesamte Kundschaft die Tür stets über den Behelfsgriff öffnen und schließen. Aufgrund des starken Weihnachtsgeschäfts entsteht eine ungewöhnlich hohe Belastung des Türgriffs, so dass er am dritten Tag ausreißt und das gesamte Türblatt zerstört. Die Boutique *Come In* meldet den Fehler, fordert den Ersatz der gesamten Tür und verweigert von daher die Abnahme. Die Firma Autodoor wendet daraufhin ein, die Tür sei ausschließlich für den automatischen Betrieb vorgesehen und von daher der Einsatz des Behelfstürgriffs nur für Ausnahmefälle zulässig gewesen. Es soll nur die Zeit überbrückt werden, die zwischen dem Schadenseintritt und dem Eintreffen eines Servicetechnikers (ca. vier Stunden) verstreicht. ∎

Das Beispiel soll verdeutlichen, wie wichtig es ist, möglichst früh im Projekt auch das Verhalten im Bereich von Fehlersituationen klar zu definieren. Hier hätte in die Bedienungsanleitung ein Hinweis gehört, der die

Benutzung des Türgriffs für den Normalbetrieb verbietet und für den Notfall zeitlich beschränkt.

Gelingt es dem Lieferanten bei einer Nachbesserung nicht, das Problem zu beseitigen, kommt er also mit der Beseitigung des Mangels in Verzug, so kann der Kunde auf Kosten des Lieferanten einen Dritten mit der Nachbesserung beauftragen.

Alternativ hat er die Möglichkeit, auf Rücktritt oder Minderung zu bestehen. Dafür gilt eine der Voraussetzungen:

Rücktritt und Minderung

- Dem Lieferanten wurde vergeblich eine Frist gesetzt und es wurde ihm angedroht, dass bei erfolglosem Verstreichen dieser Frist Rücktritt oder Minderung in Anspruch genommen wird.
- Der Lieferant hat sich geweigert, die Nachbesserung durchzuführen.
- Es ist für den Kunden mittlerweile unzumutbar, weitere Nachbesserungsversuche hinzunehmen.

Gewährleistungszeit

Wichtig ist, dass die Gewährleistungsfrist bei einem Werkvertrag erst mit der Abnahme beginnt. Es liegt daher im Interesse des Lieferanten, diesen Abnahmetermin möglichst genau zu definieren.

Schließlich ist darauf zu achten, dass für Mängel, die in der Gewährleistungsfrist vom Lieferanten als solche anerkannt werden, die Verjährungszeit unterbrochen wird. Ist die Verjährung unterbrochen, so beginnt nach Abschluss der Unterbrechung die Verjährung erneut zu laufen. Wichtig hierfür ist die Erklärung des Lieferanten, dass es sich tatsächlich auch aus seiner Sicht um einen Mangel handelt. Bessert er nach, ohne diesen Fehler anzuerkennen, wird die Verjährung nicht unterbrochen. Gelingt es dem Kunden nicht, eine derartige Erklärung vom Lieferanten zu bekommen, bleibt ihm nur der Weg zum Gericht. Prüft der Unternehmer, ob auch aus seiner Sicht ein Mangel vorliegt, wird während dieser Prüfungszeit die Verjährung gehemmt (vier Wochen Prüfung, dann verlängert sich die Verjährung um vier Wochen). Das gleiche gilt für die Zeit der Nachbesserung oder Reparatur.

Beispiel

Im Zuge der Projektabwicklung durch die Firma ComLike wurde sowohl das Gesamtsystem nicht rechtzeitig installiert als auch die in der Gewährleistung aufgetretenen Mängel nicht umgehend beseitigt. Vor diesem Hintergrund stellt sich die Frage: In welchem der beiden Fälle hat sich die Firma ComLike in Verzug befunden?

Im ersten Fall wurde das von der Firma ComLike gelieferte System einen Monat später in Betrieb genommen als vereinbart. Aus dem Beispiel geht eindeutig hervor, dass die Verspätung vorher mit der Firma Interprod abgesprochen und diese damit einverstanden war. Wenn dieses Einverständnis nicht vorgelegen hätte, müsste überlegt werden, ob ein Liefertermin nach dem Kalender bestimmt oder bestimmbar war. In diesem Fall wäre die Firma ComLike automatisch mit Überschreiten des vereinbarten Termins ohne weitere Mahnung in Verzug gekommen. Im Vertrag zwischen ComLike und Interprod steht jedoch als Liefertermin ein „geplantes" Datum. Hieraus kann abgeleitet werden, dass beide Parteien darin übereinkamen, die jeweiligen Termine den Gegebenheiten des Projektes anzupassen. Anders hätte es sich verhalten, wenn die Firma ComLike ein „verbindliches" Installationsdatum genannt hätte.■

Beispiel

Durch eine Verbesserung der Software des Zulieferanten war es der Firma ComLike doch möglich, in der vertraglich vereinbarten Form zu liefern. Die Firma Interprod hat darauf hin die Abnahme erklärt. Zwei Monate später stellt die Firma Interprod fest, dass die Benachrichtigungsfunktion immer dann nicht korrekt arbeitet, wenn der Nachrichtentext aus weniger als zehn Zeichen besteht. Der DV-Verantwortliche bei der Firma Interprod trägt den Fehler am 1.8.2001 in eine zentrale Fehlerliste ein. Diese Liste wird auf der Monatsbesprechung der DV-Abteilung von Interprod besprochen. In der Sitzung wird entschieden, dass der Fehler als Gewährleistungsmangel an die Firma ComLike weitergegeben wird. Es wird ein Brief mit dem in Abb. 8-8 dargestellten Inhalt verschickt:

Es stellt sich nun die Frage: Muss dieser Fehler von der Firma ComLike beseitigt werden?

Die Firma Interprod ist ein internationales Produktionsunternehmen, so dass auf sie die Regelungen des HGB angewendet werden müssen. Nach dem Handelsrecht ist ein Vollkaufmann bei Auftritt eines Mangels zur unverzüglichen Mängelrüge verpflichtet. Bei einem derart klarliegenden Fehler muss die Rüge innerhalb weniger Tage erfolgen. Da die Firma Interprod mit der Rüge fast einen Monat gewartet hat, ist im vorliegenden Fall der Gewährleistungsanspruch verfallen. ■

Interprod AG
Interprod Platz 1
54220 Köln

ComLike Communications GmbH
Max-Planck-Straße 36b
44229 Dortmund

Fehlermeldung

Köln, den 31.8.2001

Sehr geehrter Herr Gainplan,

am 1.8.2001 ist nochmals ein Fehler an der von Ihnen gelieferten Kommunikationssoftware aufgetreten. Der Fehler lässt sich jederzeit reproduzieren und kann wie folgt beschrieben werden:
Nachrichten, die eine Länge von weniger als zehn Zeichen haben, werden auch dann nicht bestätigt, wenn das Benachrichtigungsfeld angekreuzt wurde.
Wir machen hiermit diesen Fehler als Gewährleistungsmangel geltend und bitten Sie, ihn umgehend zu beseitigen.

Mit freundlichen Grüßen

Abb. 8-8: Brief der Fa. Interprod an die Fa. ComLike

8.9
Zusammenfassung

Juristische und kaufmännische Kenntnisse sind gerade bei technischen Projektmanagern schwach ausgeprägt. Das vorliegende Kapitel konnte nur einen groben Überblick geben. Doch meine Erfahrung zeigt, dass schon dieses Basiswissen ausreicht, um in vielen schwierigen Situationen zu bestehen. Darüber hinaus fällt es leichter – je nach Bedarf – tiefergreifendes Wissen zu erwerben.

9 Praktische Umsetzung an einem Beispiel verdeutlicht

Im Verlaufe dieses Buches wurden verschiedene Aspekte des Krisenmanagements betrachtet. In diesem Kapitel werden die wichtigsten Punkte noch einmal aufgegriffen und anhand eines weiteren Beispiels im Zusammenhang dargestellt. Krisenmanagement wurde bisher aus der methodischen Sicht betrachtet. Ich wechsle nun die Perspektive und beantworte Fragen wie:

- Was muss ich konkret tun, wenn ich eine Krise manage?
- Wie lassen sich die Methoden an mein Problemspektrum anpassen?
- Gibt es Hilfsmittel, die ich bei konkreten Problemen anwenden kann?

Zwei Werkzeuge haben sich in der Praxis bewährt:

- ein Projekthandbuch und
- ein Projektordner.

Beide werden im folgenden Beispiel angewendet. Im letzten Kapitel ist dann ein Beispiel für ein Projekthandbuch wiedergegeben.

9.1 Projekthandbuch

Viel zu oft werden lange Dokumente, komplizierte Regelungen und elaborierte Methoden verwendet, die weder praktikabel noch schnell umsetzbar sind. Im Zentrum dieser Darstellung steht daher ein Projekthandbuch, das so kompakt ist, dass es sofort eingeführt werden kann. Es ist so kurz und so einfach, dass es Mitarbeitern schwer fallen wird zu behaupten, es sei nicht zumutbar danach zu arbeiten oder dass es an Zeit fehle, sich mit fruchtlosen Theorien zu beschäftigen.

Mir ist klar, dass es in vielen Fällen ergänzt werden muss. Wenn eine Krise durch Mängel im Projektmanagement entstanden ist, bietet es die Chance, die wesentlichen Probleme unmittelbar zu adressieren:

- Dokumentation,
- Planung
- Berichtswesen
- Qualitätssicherung

Die unselige Praxis, im Zweifel unverbindliche und informelle Regelungen zu praktizieren, bis in wochenlanger Detailarbeit ein projektspezifisches Handbuch vorliegt, wird damit überflüssig. Notwendige Anpassungen können begleitend immer dann erfolgen, wenn es dafür einen konkreten Bedarf gibt.

9.2
Projektordner

Die Dokumentation ist unter anderem aus folgenden Gründen wichtig:

- In der Projektarbeit hilft eine gute Dokumentation bei der Systematisierung der Lösungsfindung.
- Im Zuge der Verhandlung mit der anderen Seite stärkt eine gute Dokumentation die eigene Position, da man schnell und fundiert reagieren kann.
- Bei einer weiteren Eskalation dient die Dokumentation als ein wichtiges Beweismittel.

Konzentration   In einer Krise sollten daher alle relevanten Themen dokumentiert werden. Es geht dabei aber nicht darum, möglichst viel Text zu erzeugen, sondern um die Konzentration auf das Wesentliche. Im Grunde sind das nur einige wenige Informationen. Sie sind in einigen Checklisten zusammengefasst, die sich eng an die einzelnen Schritte der KOPV-Methode anlehnen. Ich fülle Checklisten nur in Ausnahmefällen wirklich vollständig aus. Sie sind lediglich Gedächtnisstützen, die ich z.B. verwende, wenn ich einen Termin vorbereite, eine Planung erstelle oder ein Mitarbeiter praktische Arbeitshilfen benötigt.

Für die Darstellung in einem Handbuch haben sie den entscheidenden Vorteil, dass sie eine kompakte und übersichtliche Darstellung ermöglichen. Methoden und Konzepte lassen sich gut durch ausformulierten Text beschreiben. Arbeitsanweisungen lassen sich besser in Stichworten festhalten.

Darüber hinaus sollte die Dokumentation all jene Bereiche umfassen, die für die fachliche Bewältigung des jeweiligen Problems erforderlich sind. Auch der zeitliche Ablauf des Projekts selbst muss schriftlich niedergelegt werden.

Auch wenn das Thema Dokumentation fachspezifisch behandelt werden muss – und deshalb außerhalb des hier betrachteten Bereichs liegt – können einige generelle Aussagen getroffen werden.

Zunächst wird ein Aktenordner mit allen wesentlichen Dokumenten erstellt. Solch ein Projektordner sollte im Idealfall schon bei Projektbeginn angelegt werden. Wurde das versäumt, so muss das der Krisenmanager übernehmen. Projektordner anlegen

Aufwändige Registraturen haben sich als wenig hilfreich erwiesen. Gerade in der Verhandlung ist dann nicht klar, unter welchem Eintrag ein Dokument zu suchen ist. Bei mehr als fünf Registern geht die Übersicht schnell verloren. Innerhalb der Register wird chronologisch abgelegt. Ein bewährter Aufbau eines Projektordners besteht aus folgenden Registern:

- Schriftverkehr und Protokolle
- Fachunterlagen
- Sonstiges

Unter *Schriftverkehr und Protokolle* werden alle ein- und ausgehenden Dokumente, aber auch interne Akten- und Gesprächsnotizen abgelegt. Pflichtenhefte, Spezifikationen etc. werden im Register *Fachunterlagen* abgelegt. Alles Übrige (z.B. Prospekte, Zeitungsartikel) werden unter *Sonstiges* einsortiert.

Alle Kontakte mit der anderen Seite, die ein konkretes Ergebnis haben oder die das Bemühen um eine Lösung darstellen, müssen dokumentiert werden. So sollte z.B. ein Anruf, in dem lediglich mitgeteilt wird, dass man an dem Problem arbeitet, dokumentiert werden. Denn später könnte der Vorwurf auftauchen, dass nicht gut genug über die Arbeiten informiert worden sei. Wichtig ist auch, dass es auf die Dokumentation selbst und nicht auf Formalien ankommt. Ein Telefongespräch muss nicht aufwändig mit der Textverarbeitung erfasst werden. Eine kurze handschriftliche Notiz ist in einer Minute erstellt. Mit dem Computer dauert es nicht selten mehr als zehn Minuten (erstellen, drucken, korri- Effizienz gieren, drucken und abheften eines Dokuments). Dieser Aufwand wird dann häufig als Vorwand benutzt, um auf eine Dokumentation vollständig zu verzichten.

Beschränkung

Schließlich sollte eine Akte als Projektordner (das sind maximal 500 Seiten) ausreichen. Werden für das Projekt mehrere Akten benötigt, sollten nur die wichtigsten Dokumente im Projektordner geführt werden. Spezifikationen, Handbücher etc. sollten dann getrennt abgeheftet werden. Alle relevanten Dokumente müssen dann über einen Aktenplan auffindbar sein.

9.3
Probleme bei der Grundstückserschließung[17]

Beispiel

Die Stadt Baufreuden plant die Erschließung eines Wohnbaugebiets. Ursprünglich wollte die Stadt selbst die Erschließung durchführen. Dieses Vorhaben wurde jedoch nach Änderung der Mehrheitsverhältnisse im Rat wieder aufgegeben. Die Erschließungsmaßnahme soll nun von einem privaten Investor übernommen werden, um die eingesparten Mittel, die für die Vorfinanzierung erforderlich gewesen wären, anderweitig einsetzen zu können.

Der Verkauf des rund 50.000 qm großen Grundstücks wurde öffentlich ausgeschrieben. Den Zuschlag erhielt die Gesellschaft für professionelle Erschließungsmaßnahmen (kurz GpE).

Die Ausschreibung sieht vor, dass die Stadt mit der Fa. GpE einen Erschließungsvertrag schließt, in dem der Ausbaustandard der Straßen festgelegt wird, wobei die öffentlichen Straßenflächen nach Fertigstellung wieder an die Stadt zurückübertragen werden. GpE refinanziert sich über den Verkauf der Grundstücke an die zukünftigen Eigenheimbesitzer, die der Stadt damit die Erstellung der öffentlichen Straßen finanziert haben. Die Kosten werden dann in einem solchen Fall nicht als Gebühr von der Stadt erhoben, sondern bei der Weiterveräußerung an die Eigenheimbesitzer als Aufschlag auf den Grundstückspreis weitergegeben.

GpE will zügig erschließen

GpE hat ein großes Interesse, die Erschließungsmaßnahmen zügig durchzuführen, weil sich durch den

---

[17]   Dieses Beispiel wurde bereits in [Neubauer 2000] veröffentlicht. Es basiert auf einer tatsächlichen Krise. Namen und Orte wurden verändert. Ähnlichkeiten sind daher rein zufälliger Natur.

Verkauf der Grundstücke die eigenen Kapitalkosten verringern. Da ihr von der Stadt signalisiert wurde, dass der Erschließungsvertrag nur noch eine Formsache sei, beginnt GpE mit der Planung der Erschließungsmaßnahme. Am 11.7.2001 sind die Planungen beendet. Die Verhandlungen über den Erschließungsvertrag waren schwieriger als erwartet und wurden nur wenige Tage vorher abgeschlossen. Er muss vom Rat der Stadt genehmigt werden. Wegen der Ferienzeit ist das erst Anfang September möglich.

Auf Anraten des Bürgermeisters, der in einem Telefongespräch sagt, dass der Erschließungsvertrag jetzt nur noch eine Formsache sei, beginnt die Fa. GpE am 16.8.2001 mit der Erschließung der Grundstücke.

Bauarbeiten beginnen am 16.8.2001

Anfang September erklärt der regionale Gasversorger entgegen ursprünglicher Zusagen, dass die Zuführung des Gases nicht über den gleichen Weg, wie Wasser und Abwasser erfolgen kann, weil der Leitungsdruck dann nicht den Anforderungen entspräche. Der Anschluss müsse vielmehr von der anderen Seite des Erschließungsgebiets erfolgen. Dort liege eine Hochdruckleitung. Die Kosten für die Verlegung und die notwendige Gasdruckminderungsanlage sollen wegen ungenügender Planung zu Lasten der Fa. GpE gehen.

Die Krise beginnt

In der kurz darauf am 6.9.2001 stattfindenden Ratssitzung wird dieses Problem von einem der Ratsmitglieder angesprochen. Nach einer lebhaften Diskussion im Rat wird die Entscheidung über den Erschließungsvertrag verschoben.

9.3.1
Analyse

Für GpE ist das sehr unangenehm, da ein Verkauf der Grundstücke erst dann möglich ist, wenn die Erschließung durch einen Erschließungsvertrag gesichert ist. Solange das nicht der Fall ist, kann eine Abnahme der von GpE zu erbringenden Leistungen durch die Stadt nicht erfolgen. Als unmittelbare Folge können daher zunächst auch keine Grundstücksanschlüsse erstellt werden. Außerdem würden sich bei weiteren Verzögerungen die Grundstücke verteuern, was die Vermarktungsmöglichkeiten insgesamt verschlechtert. Eine überschlägige Analyse zeigt, dass die zusätzlichen Kosten für den Gasdruckminderer und die erforderliche Gasmitteldruckleitung bei ca. 150.000 € liegen. Da

Schnelle Einigung

schon eine Verzögerung von sechs Monaten Zinskosten in ähnlicher Höhe verursachen würden, erklärt sich der Geschäftsführer der GpE, Herr Walz, in einem Gespräch mit den Stadtwerken unter Moderation des Bürgermeisters mit einer Umplanung einverstanden.

Abwasserdruckkanal

Kurz nach dieser Einigung kommt die nächste Hiobsbotschaft: Vertreter der Stadtwerke weisen darauf hin, dass die ursprünglich geplante Druckentwässerung wegen der hohen Wartungskosten der Pumpstation nicht akzeptabel sei. Herr Naß von den Stadtwerken verlangt daher, dass der Kanal durch einen sog. Freispiegelkanal ersetzt wird, der bei dem auf dem Gelände realisierbaren Gefälle von 3-5% sicher betrieben werden kann. Die zusätzlichen Kosten sollen von GpE als Träger der Baumaßnahme übernommen werden. Obwohl der Bauleiter der GpE Werner Schinder immer wieder beteuert, dass der Abwasserdruckkanal in Verbindung mit einer dezentralen Regenwasserversickerung umweltfreundlicher, kostengünstiger und Basis für die Kalkulation ist, bleiben die Stadtwerke hart.

Krisenmanager wird angerufen

Als dann ein Ratsmitglied in der Lokalpresse fordert, den Erschließungsvertrag nicht mit der Fa. GpE zu schließen, weil diese ohnehin viel teurer sei, als eine Erschließung durch die Stadt, ruft Bauleiter Schinder seinen Chef, Geschäftsführer Walz, an, um ihn zu bitten, sich der Probleme selbst anzunehmen. Zur Begründung verwendet er ein Formular aus dem Qualitätshandbuch der Fa. GpE, das in Abb. 9-1 dargestellt ist.

Walz beginnt seine Arbeit als Krisenmanager zunächst mit dem Studium der Unterlagen im eigenen Haus. Er gewinnt zunächst den Eindruck, dass das Projekt gut geführt ist. Es gibt eine Akte, in der alle Verträge und der Schriftverkehr mit der Stadt abgelegt sind. Eine Übersicht zeigt, welche Unterlagen vorliegen und wann sie datieren (s. Abb. 9-2). Obenauf liegt ein Aktenplan (s. Abb. 9-3), der auf weitere Ordner, die z.B. die Planung, die Auftragsvergabe etc. betreffen, verweist.

Je ein Ordner beschäftigt sich auch mit den Stadtwerken und dem Gasversorger. In ihm findet Walz eine Vielzahl von Gesprächsprotokollen mit den unterschiedlichsten Mitarbeitern dieser Firmen. Die Gespräche waren dem Anschein nach immer sehr konstruktiv. Das einzige was auffällt, ist, dass die Gesprächspartner häufig wechseln. Es wird nicht klar, wer wirklich die Verantwortung auf der anderen Seite hat.

Krisenübersicht

KOPV

Autor		Peter Walz
Datum		19.9.2001
Abteilung		
Projekt		Baufreuden
Status		
Krisengegenstand	Zielsetzung	Erschließung in Baufreuden
	Problem-beschreibung	Kalkulation wird überschritten, weil das Bauamt zusätzliche Baumaßnahmen fordert. Das wird möglich, weil sich der Vertragsschluss verzögert hat und von daher der Leistungsumfang nicht endgültig festgeschrieben ist.

Krisenfaktoren:		
☐ zutreffend	Termine	
☒ zutreffend	Kosten	Kosten steigen minimal um 200.000 €
☒ zutreffend	Verträge	Vertrag kam nicht zustande, weil Stadtrat den Beschluss verschoben hat
☐ zutreffend	Nutzen	
Krisenkategorien		
☐ zutreffend	Unmöglichkeit	
☐ zutreffend	Terminverzug	
☒ zutreffend	Budgetüber-schreitung	s.o.
☐ zutreffend	Schlechtleistung	

Unterschrift des Projektmanagers	*Schneider*

Die Feststellung einer Krise wird befürwortet

Projektmanager	*Schneider*
Abteilungsleiter:	
Qualitätsstelle:	

Abb. 9-1: Vorlage zur Krisenentscheidung

Wichtige Dokumente

KOPV

Autor	Schinder
Datum	12.3.2001
Abteilung	ER-2
Projekt	Baufreuden1
Status	freigegeben

Thema	Dokument	Datum
Kaufmännische Dokumente	☒ Angebot ☒ Bestellung/Auftrag ☐ Auftragsbestätigung ☒ Kalkulation ☐ Aufwand ☐ Wareneinsatz ☐ Vertriebsunterlagen ☒ Begleitender Schriftverkehr ☒ Vertrag ☐ Sonderregelungen: ☒ Bebauungsplan Baufreuden ☐ _____ ☐ _____ ☐ _____	12.1.2001 16.4.2001 9.1.2001
Organisatorische Dokumente	☒ Organigramm ☐ Kundenzielsetzung (Lastenheft) ☒ Planung ☒ Protokolle ☐ Imageprospekt Krisenpartner ☐ Sonstiges _____ ☐ _____ ☐ _____ ☐ _____	11.7.2001
Fachliche Dokumente	☒ Pflichtenheft ☒ Leistungsverzeichnis ☐ Normen ☐ _____ ☐ _____ ☐ _____ ☐ _____	———

Abb. 9-2: Checkliste über wichtige Dokumente für den Projektordner

Aktenplan

Autor	Schinder
Datum	12.3.2001
Abteilung	ER-2
Projekt	Baufreuden1
Status	freigegeben
Titel	Standort
Projektordner	Büro Schinder
Ausschreibungsunterlagen	Abt. Projektcontrolling
Angebot	Abt. Projektcontrolling
Schriftverkehr Baufreuden	Büro Schinder
Erschließung GAS	Büro Schinder
Erschließung Wasser/Abwasser	Büro Schinder
Erschließung Sonstiges	Büro Schinder
Planung	NT-Server: \\TECHNIK\ER2\SCHINDER\BAUFREUDEN

Abb. 9-3: Der Aktenplan im Projektordner dient als Verweis auf alle relevanten Dokumente. So lassen sich auch abteilungsfremde Ordner einfach finden. Auch auf einem Computer gespeicherte Informationen lassen sich einfach finden

Für den nächsten Tag bittet er Schinder zu sich ins Büro, um alles Weitere mit ihm zu besprechen. Schinder bestätigt den Eindruck, den Walz schon aus dem Aktenstudium gewonnen hatte. Das Projekt verlief zunächst problemlos. Die Planung konnte zügig abgeschlossen werden. Erst als mit dem Bau begonnen wurde, stellten sich die Probleme ein. Einen konkreten Anlass kann Schinder nicht feststellen. Die von den Stadtwerken und dem Gasversorger vorgebrachten technischen Probleme hält er für falsch. Er bestätigt, dass es ihm nicht gelungen sei, die Gegenseite hiervon zu überzeugen.

Argumente zusammenstellen

Walz bittet Schinder, seine Argumente gegen die Forderungen der Stadtwerke und des Gasversorgers schriftlich zu formulieren. Er will diese Unterlage verwenden, wenn er mit deren Vertretern spricht. Ihm ist klar, dass er diese Punkte viel genauer untersuchen muss, um eine Lösung der Probleme zu präsentieren. Ihm erscheint es aber zunächst wichtiger, sich mit dem eigentlich entstandenen Schaden zu beschäftigen.

9.3.2
Schadenserwartung

Nach der Analyse der Situation beschließt Walz, sich mit dem zu erwartenden Schaden auseinander zu setzen. Für das Projektcontrolling ist nicht Schinder, sondern ein Mitarbeiter am Firmensitz zuständig. Er fasst die von Schinder abgezeichneten Belege in einer Projektkostenrechnung zusammen. Walz bittet ihn, eine Übersicht der Ein- und Ausgaben zu erstellen. Zusätzlich soll er die geplanten Kosten für den Austausch des Kanals und den Gasdruckminderer schätzen. Schinder und der Projektcontroller berücksichtigen folgende Aufwendungen, die in Tabelle 9-1 und Tabelle 9-2 zusammengestellt sind:

- Kosten für den Rückbau des bereits verlegten Abwasserdruckkanals auf einer Länge von rund 100 Metern und die Demontage der bereits teilweise installierten Abwasserpumpstation.
- Zusätzliche Kosten für den Gasdruckminderer und die Kosten für das Verbindungsstück zum Hochdruckgasnetz.
- Zusätzliche Kosten für die Verlegung des Freispiegelkanals.

Tabelle 9-1: Kalkulation

Posten	Menge	Einheit	Einzel-betrag	Einheit	Summe
Kosten Grundstück	50000	qm	40	€	2.000.000 €
Erschließungskosten	33000	qm	70	€	2.310.000 €
Verkehrs-/Freiflächen	17000	qm			
Finanzierung pro Monat	6,5	%	23.346	€	
Durchschn. Finanzierungsdauer	12	Monate	23.346	€	280.150 €
Summe Kosten					4.590.150 €
Erlöse	33000	qm	180	€	5.940.000 €
Deckungsbeitrag					1.349.850 €

Tabelle 9-2: Schadenserwartung

Posten	Menge	Einheit	Einzel-betrag	Einheit	Summe
Deckungsbeitrag laut Kalkulation					1.349.850 €
Zusatzkosten Freispiegelkanal	2800	Meter	500	€	1.400.000 €
Rückbau Pumpstation					10.000 €
Kosten Rückbau Druckkanal	100	Meter	50	€	5.000 €
Gasdruckminderer					95.000 €
Zusätzliche Kosten für Verlegung Gas	200	Meter	200	€	40.000 €
Deckungsbeitrag jetzt					-200.150 €
Zusätzliche Kosten Finanz.	6	Monate	23.346	€	140.076 €
Deckungsbeitrag					-340.226 €

Schon der negative Deckungsbeitrag ist ein Krisenanzeichen. Die Ursache für die Probleme im Projekt liegen zumindest dem ersten Anschein nach nicht bei GpE, sondern bei den Stadtwerken und dem Gasversorger. Schon das Zugeständnis für den Gasdruckminderer hatte die Gewinnmarge gedrückt. Es war aber vor dem Hintergrund, dass die ohnehin anfallenden Zinskosten nicht weiter ansteigen sollten, ein notwendiges Übel gewesen. Die Kosten für den Freispiegelkanal ließen die Maßnahme zu einem Verlustgeschäft werden. Ohne schnelles Handeln geriete das Projekt so oder so ins Minus, da jede Verzögerung die Kosten in die Höhe treibt.

Was aber eigentlich noch schlimmer ist: Die anderen Parteien (Stadt, Stadtwerke und Gasversorger) sind durch die Krise erst einmal überhaupt nicht finanziell belastet. Es gibt daher für sie keinen finanziellen Grund, mit Walz an einer gemeinsamen Lösung mitzuarbeiten.

9.3.3
Lösungsalternativen

Auf den ersten Blick ist die Ausgangslage für GpE denkbar schlecht: Walz potentielle Verhandlungspartner haben bisher noch keine Schäden hinnehmen müssen. Er dagegen muss schnell eine Lösung finden, weil sonst alleine durch die Zinskosten ein hoher Verlust eintritt. Mit seinen Argumenten, die Forderungen der anderen Seite seien technisch nicht gerechtfertigt, konnte Schinder sich nicht durchsetzen. Walz hat so ein „Gefühl", dass hinter den Problemen ganz andere Beweggründe liegen, die nichts mit der Technik zu tun haben. Er beschließt, sich mehr mit den Hintergründen zu beschäftigen.

In den nächsten Tagen telefoniert er mit verschiedenen Personen der Stadtverwaltung, der Stadtwerke und des Gasversorgers. Interessanterweise ist man überall gesprächsbereit. Die einzige Ausnahme: der Leiter des Bauamts. Er lässt sich verleugnen. Als Walz ihn dann doch spät abends im Büro erreicht, wird das Gespräch nach wenigen Worten unterbrochen. Anschließend ist der Apparat für den Rest der Nacht besetzt.

Besonders ergiebig sind die Gespräche mit den Fraktionsvorsitzenden der Ratsparteien und mit dem stellv. Vorsitzenden des Bauausschusses. Hieraus ergibt sich, dass ursprünglich das Bauamt mit der Erschließung beauftragt werden sollte. Deren Erschließungskosten waren ca. 30% höher, als die der Fa. GpE. Der Grund hierfür lag darin, dass das Bauamt eine getrennte Verlegung von Gas, Wasser, Abwasser, Strom, und Telefon geplant hatte. Das Bauamt war aus diesem Grund im letzten Kommunalwahlkampf mehrfach angegriffen worden. Die neue Mehrheitspartei hatte sich dann für einen privaten Erschließungsträger entschlossen.

Problemverlagerung   Für Walz ist das Bild nun wesentlich klarer: Offensichtlich war der Leiter des Bauamts durch die Vergabe an einen privaten Erschließungsträger und durch die öffentliche Diskussion gedemütigt worden. Es lag durchaus nahe, dass er seine guten persönlichen Kontakte zu den Stadtwerken (sie waren vor Jahren privatisiert worden) und zu dem örtlichen Energieversorger genutzt hatte, um über diese Druck auf GpE auszuüben. Wenn es solch einen Zusammenhang gibt, dann hat Walz auch einen Ansatz für die Verlagerung der Probleme: Statt nach einer technischen Lösung zu suchen, muss versucht werden, den Leiter des Bauamts zu einer kooperativen Haltung zu bringen. Am besten wäre es, wenn das Bauamt seine guten Kontakte nutzen würde, um die gemeinsame Verlegung der Versorgungsleitungen zu koordinieren.

Walz ist sich darüber im Klaren, dass das nur gelingt, wenn er dem Leiter des Bauamtes einen persönlichen Nutzen in Aussicht stellen kann. Doch das ist nicht leicht, wenn es nicht einmal zu einem Gespräch kommt.

Walz beschließt, einige Hypothesen aufzustellen, um auf dieser Basis nach Lösungsalternativen zu suchen:

Hypothesen aufstellen

- Bei der Planung ist der Fa. GpE tatsächlich ein Fehler unterlaufen. Die Kosten des Freispiegelkanals und des Gasdruckminderers wurden nicht berücksichtigt.
- Die Krise ist bewusst oder unbewusst durch den Leiter des Bauamtes verursacht worden. Er fühlt sich durch die private Erschließung gedemütigt.
- Es handelt sich um eine Verkettung von unglücklichen Umständen. Jedes Problem muss mit jeder Partei getrennt gelöst werden.

Er beschließt, diese Hypothesen schrittweise zu untersuchen. Zunächst beauftragt er einen befreundeten Berater, die Kalkulation auf ihre Stimmigkeit hin zu prüfen. Das Gutachten stützt Schinders Einschätzung, dass die Forderungen der Stadtwerke und des Gasversorgers unberechtigt sind.

Die zweite Hypothese lässt sich nicht so einfach nachprüfen. Walz kann hier nur einen Versuch unternehmen. Er spricht mit dem Vorsitzenden des Bauausschusses und deutet an, dass das Bauamt unter den gegebenen Bedingungen doch hätte preiswerter erschließen können. Er bittet ihn, beim Bauamt herauszufinden, ob die Erschließung jetzt nicht doch durch die Stadt ausgeführt werden kann.

Schon am nächsten Tag meldet sich der Leiter des Bauamts und bittet Walz um ein Gespräch. Die Hypothese zwei ist zumindest vorläufig bestätigt.

9.3.4
Nutzen

Damit das Gespräch mit dem Leiter des Bauamts erfolgreich ist, muss Walz sich in dessen Situation versetzen. Er vermutet, dass der Leiter des Bauamts durchaus an einer Übernahme der Bauleistungen interessiert ist, denn warum sonst war er jetzt so schnell zu einem Gespräch bereit? Ihm ist auch klar, dass er einen möglichst konkreten Vorschlag unterbreiten muss, damit er in der Verhandlung zumindest den Rahmen für einen Vertrag abstecken kann. Vermutlich würde die andere Seite am liebsten die Erschließungsmaßnahme ohne jede Beteiligung von GpE durchziehen. Gleichzeitig weiß Walz aus Gesprächen mit Ratsmitgliedern, dass der Leiter des Bauamts eine technisch orientierte Person ist, die sich nur wenig um wirtschaftliche Fragen kümmert. Walz sucht nach einer Argumentation, die der Stadt einen großen Freiraum bei der technischen Planung und Kontrolle des Bauvorhabens gibt, während GpE die Auswahl der Bauunternehmer und deren kostenseitige Kontrolle übernimmt. Auf der Basis dieser mehr oder minder taktischen Überlegung macht er sich an die Analyse folgender Themen:

Taktische Vorbereitung

- *Rechtliche Aspekte:* Zunächst muss geklärt werden, ob das Bauamt überhaupt in der derzeitigen Situation die Erschließung übernehmen kann.

- *Kostenaspekte:* Die Stadt hatte zunächst eine getrennte Verlegung der Versorgungsleitungen vorgesehen. Würde die Stadt das Konzept der gemeinsamen Verlegung jetzt anwenden? Das hätte den Vorteil, dass die Erschließungsgebühren sinken könnten. Damit würden sich die Vermarktungschancen deutlich verbessern.

- *Termine:* Kann die Stadt die Maßnahme zügig abwickeln? Würde sie Unterstützung von GpE z.B. durch einen Beratungsvertrag annehmen? Nur so kann GpE die Zinskosten niedrig halten.

Nutzen darstellen

Für die Darstellung des Nutzens nimmt er sich vor, wie folgt vorzugehen:

Zunächst will er seinem Gegenüber versichern, dass er die private Erschließung auch nicht mehr für sinnvoll halte. Er will daher vorschlagen - und das auch im Interesse der Bürger, die später möglichst günstige Grundstücke kaufen wollen - die Erschließung der Stadt zu übertragen.

Gleichzeitig will er der Stadt anbieten, sie bei der Vergabe der restlichen Gewerke zu unterstützen, um so die Erschließungsgebühren niedrig zu halten.

Daran anschließend will er fragen, ob der Leiter des Bauamts sich eine solche Lösung vorstellen könne.

Wenn sich dann eine positive Gesprächsatmosphäre ergibt, will er sein Lösungskonzept anhand von vier Overheadfolien vorstellen. Sie beinhalten folgende Punkte:

Darstellung der Aufgaben der Stadt: Hierin wird die technische Kompetenz des Bauamts herausgestrichen und darauf verwiesen, dass nur die Stadt in der Lage ist, die verschiedenen Versorgungsunternehmen so zu koordinieren, dass eine kostengünstige gemeinsame Verlegung der Versorgungsleitungen möglich ist.

Da der Stadtrat nicht bereit sein wird, die Erschließungskosten zu übernehmen, wird GpE diese vorfinanzieren. GpE wird dazu die Planungs- und Überwachungsleistung an die Stadt als Beratungsauftrag vergeben und zu Selbstkostenpreisen vergüten.

Rechtlich umgesetzt wird das Ganze, indem der ausgehandelte Erschließungsvertrag entsprechend modifiziert wird. Walz hat einen Vertragsentwurf erstellt, den er nach der Präsentation direkt mit seinen Gesprächspartnern besprechen kann.

Walz beschließt seine Vorbereitung mit einer erneuten Kalkulation. Da die Kosten für die Planungsleistung auf der Basis von Selbstkosten abgerechnet werden können, ergeben sich hier niedrigere Kosten, als im ursprünglichen Ansatz. Offen ist noch, ob die zusätzlichen Kosten für den Druckminderer und den Austausch des Kanals tatsächlich anfallen. Er hofft natürlich, dass der Leiter des Bauamts jetzt seinen Einfluss geltend macht und den Versorgungsunternehmen diese offensichtlich überflüssige Ausgabe ausredet. Ob diese Rechnung aufgeht, wird das Gespräch ergeben.

9.3.5
Verhandlung

Walz hat sich gut auf sein Gespräch mit dem Leiter des Bauamts vorbereitet. Damit hat er alles für eine erfolgreiche Verhandlung getan. Ob er ein befriedigendes Ergebnis erzielt, wird zu einem wesentlichen Teil davon abhängen, ob seine Hypothese (der Leiter des Bauamts ist gedemütigt worden) stimmt. Unter Umständen stellt sich schon nach wenigen Sätzen heraus, dass das nicht der Fall ist. Das Gespräch muss deshalb nicht umsonst sein: Es ist Walz auf jeden Fall gelungen, mit einem der Schlüsselspieler in Kontakt zu kommen. Er wird in diesem Fall von seinem Versuch ablassen und nicht um jeden Preis versuchen, seinen Vertrag durchzusprechen. Er wird vielmehr gut zuhören und überlegen, ob er nicht Ansätze für neue Lösungsalternativen findet. Im Sinne der KOPV-Methode wird er also jetzt besonderen Wert auf die Kommunikation mit seinem Krisenpartner legen. Anschließend würde er die Phasen „Suche nach Lösungsalternativen" und „Suche nach einem Nutzen" erneut durchlaufen.

Selbstverständlich kann sich auch zeigen, dass seine Hypothese prinzipiell richtig war, der Leiter des Bauamts aber mittlerweile kein Interesse mehr an der Übernahme der Verantwortung für die Erschließung hat. Wie das Gespräch auch verläuft, eine gute Vorbereitung steigert die Erfolgschancen, aber sie garantiert keinen Erfolg. Letztlich gehört auch ein gutes Stück Glück zu einer guten Verhandlung. Wegen der vielen Unwägbarkeiten wird an dieser Stelle darauf verzichtet, dass konkrete Verhandlungsergebnis zu präsentieren, da sonst leicht der Eindruck entstehen könnte, dass sich Verhandlungsergebnisse determinieren lassen. Das offene Ende soll nochmals verdeutlichen: Krisen sind von vielen Zufälligkeiten begleitet, denen nicht immer mit einer Methodik begegnet werden kann.

9.4
Schlussbemerkungen

Dieses Buch setzt sich mit Projektsituationen auseinander, die nicht alltäglich sind. Gemessen daran, wie oft eine Krise, in dem hier verstandenen Sinne, tatsächlich im Berufsleben auftritt, gibt es sicherlich Themen, die scheinbar mehr Relevanz für die tägliche Arbeit haben. Ich hoffe aber, dass es mir gelungen ist, deutlich zu machen, dass in der guten Vorbereitung auf Krisensituationen der eigentliche Sinn dieses Buches liegt. Denn fast alle hier vorgestellten Maßnahmen, Verfahren und Methoden lassen sich bereits im Vorfeld von Krisen anwenden. Hierdurch lässt sich das Ziel dieses Buches unterstützen: Krisen zu vermeiden.

Voraussetzung ist aber, dass frühzeitig das entsprechende Verhalten eingeübt wird. Denn nur durch Übung ist es möglich, in den seltenen Fällen einer wirklichen Krise erfolgreich zu sein.

10 Leitfaden für Projektmanagement

Im Verlaufe dieses Buchs wurde verschiedentlich auf die Bedeutung eines Projektordners für die erfolgreiche Projektarbeit hingewiesen. Die Führung solch eines Ordners ist eng mit der Projektmanagementmethodik verbunden. Das vorliegende Kapitel zeigt, wie nach einer Krise mit dem Projekt umgegangen werden sollte.

10.1
Grenzen und Einsatzfeld

Auch wenn die hier vorgestellten Ansätze zum Krisenmanagement kein bestimmtes Vorgehen im Projekt implizieren, so muss zumindest nach der erfolgreichen Anwendung der KOPV-Methode ein Mindestmaß an Projektmanagement umgesetzt werden. Das im Folgenden abgedruckte Projekthandbuch stellt die Minimalanforderungen an ein Projektmanagement auf einer operationalen Ebene dar. Es konzentriert sich darauf, *was* zu tun ist und betrachtet nicht so sehr *wie* etwas zu tun ist. Es soll von daher auch nicht die Lektüre eines Buchs über Projektmanagement ersetzen, sondern eine Hilfe für den Praktiker sein.

Mir ist auch klar, dass komplexe Projekte ein umfangreicheres Handbuch erfordern. Doch was ist, wenn bisher kein praktikables Vorgehen im Projekt festgelegt wurde? I.d.R. muss dann erst ein Handbuch neu erstellt werden. Das kann in vielen Fällen Wochen oder sogar Monate dauern. In der Zwischenzeit sind wichtige Fragen wie die Qualitätssicherung, die Dokumentation oder das Berichtswesen (wieder) nicht abschließend geregelt. Damit steigt die Wahrscheinlichkeit für neue Krisen.

Das vorliegende Handbuch ist in weiten Bereichen einsetzbar. Falls es für den konkreten Anwendungsfall

Kernaufgaben im Projekt verbindlich festlegen

Universell einsetzbar

Besonderheiten gibt, so können sie schnell und einfach eingefügt werden. Wenn sich im Projekt zusätzliche Anforderungen ergeben, so können sie schrittweise einbezogen werden. In jedem Fall kann der Krisenmanager sich von Beginn an als strukturierter und kompetenter Manager profilieren.

Projekt-
handbuch

10.2
Einleitung[18]

10.2.1
Geltungsbereich

Das vorliegende Handbuch muss nach der erfolgreichen Anwendung der KOPV-Methode angewendet werden. Abweichungen sind nur möglich, wenn der Krisenmanager zu dem Schluss kommt, dass die bisher im Projekt verwendete Methodik einem erfolgreichen Projektabschluss nicht im Wege steht.

10.2.2
Motivation

Das vorliegende Handbuch soll dem Projektleiter als Werkzeug bei der Abwicklung von Projekten dienen. Im Zentrum der Betrachtung liegt dabei die Frage: Was muss ein Projektleiter tun? Es grenzt sich damit zu vielen Fachbüchern ab, die die Frage beantworten: Wie muss ich ein Projekt leiten? Mit anderen Worten: Dieses Handbuch geht davon aus, dass ein Basiswissen im Projektmanagement existiert. Wenn das nicht der Fall ist, so sollte auf die gängige Literatur zu diesem Thema zurückgegriffen werden.

Dieses Handbuch gliedert sich in zwei Teile:
- Beschreibung der einzelnen Projektphasen
- Erläuterung von wichtigen Tätigkeiten

Projektablauf   Die Projektphasen werden wie folgt aufgegliedert:
- *Projektstart* – Was muss ein Projektmanager tun, wenn ein Projekt beginnt und was kann er an Vorgaben erwarten?
- *Projektdurchführung* – Welche wiederkehrenden Tätigkeiten muss der Projektmanager ausführen und wie verhält er sich in kritischen Situationen?

---

[18]   Eine elektronische Fassung des Handbuchs kann von http://www.kopv.de heruntergeladen werden.

- *Projektabschluss* – Wann ist ein Projekt zu Ende und welche Tätigkeiten sind hierzu erforderlich?

Die einzelnen Tätigkeiten werden in ihren Abläufen und Verantwortlichkeiten jeweils kurz dargestellt. Auf Details wird bewusst verzichtet. Sie sind in einigen Checklisten zusammengestellt.

Im zweiten Teil des Handbuches werden einige besonders wichtige Aspekte etwas ausführlicher vorgestellt:

- Planung
- Berichtswesen
- Dokumentation
- Qualitätssicherung
- Abnahme

Hier stehen die Besonderheiten der Projektabwicklung unter schwierigen Bedingungen im Vordergrund.

10.3
Projektphasen

Nach einer Krise ist der Projektmanager dafür verantwortlich, dass eine

- klare Zieldefinition,
- überschaubare Planung und
- verantwortliche Führungskraft

für ein Projekt erstellt bzw. benannt wird.

Alle Arbeiten im Projekt werden vom Projektmanager verantwortet. Die im Projektverlauf notwendigen Tätigkeiten werden in den folgenden Abschnitten vorgestellt.

Dabei gelten folgende Prinzipien:

- Jeder Mitarbeiter, der Fehlentwicklungen entdeckt, muss diese melden. Der Projektmanager muss diese Meldungen unter Angabe des Mitarbeiternamens in seinen Projektbericht einfügen.
- Jeder Mitarbeiter ist nicht nur für seine Ergebnisse zuständig, sondern auch dafür, dass nötige Arbeitsmittel und Vorarbeiten rechtzeitig zur Verfügung stehen. Wenn das nicht der Fall ist, hat er das im Sinne der Planung rechtzeitig an den Projektmanager zu melden.

Jeder trägt
Verantwortung

- Alle formalen Projektunterlagen (Berichte, Pläne etc.) stehen jedem Projektmitarbeiter zur Verfügung.

10.3.1
Rollen

An der Abwicklung eines Projektes sind in der Regel mehrere Personen beteiligt. Dieses Handbuch definiert einige immer wieder vorkommende Verantwortungsbereiche, die von Projektmitarbeitern wahrgenommen werden müssen. Hierbei ist es in vielen Fällen so, dass ein Mitarbeiter mehrere Verantwortungsbereiche übernehmen kann. Da er gewissermaßen in verschiedene Rollen schlüpft, sprechen wir im Folgenden einfach von „Rollen".

Die folgenden Rollen müssen in jedem Projekt vorhanden sein und von unterschiedlichen Personen besetzt werden:

Tabelle 10-1: Rollen im Projekt

Abkürzung	Bezeichnung	Beschreibung
PM	Projektmanager	Er trägt die Gesamtverantwortung im Projekt und ist für die operative Ausführung der Projekttätigkeit, die Planung und Dokumentation zuständig.
PK	Projektkunde	Er formuliert die Anforderungen und Ziele des Projekts und steht im Laufe des Projekts als Ansprechpartner für Rückfragen und Konkretisierung zur Verfügung. Er nimmt, falls möglich, das erstellte Gewerk ab.
QB	Qualitätsbeauftragter	Er wacht darüber, dass die allgemein vorgegebenen Qualitätsmaßstäbe eingehalten werden und die Projektergebnisse den Anforderungen des Kunden entsprechen.
MA	Mitarbeiter	Er führt operationale Tätigkeiten aus.

10.3.2
Ablauf

Der Ablauf der einzelnen Projektphasen wird in den folgenden Abschnitten in Form einer Tabelle dargestellt. Darin wird das „Was" und nicht das „Wie" dargestellt. Damit diese Darstellung übersichtlich bleibt, werden hier nur allgemeine Tätigkeiten angedeutet. Im Anhang zu diesem Handbuch sind einige Checklisten enthalten, die diese allgemeinen Punkte verdeutlichen.

Weder der Ablauf noch die Checklisten ersetzen die Kreativität, Intelligenz und Verantwortung des Projektmanagers. Entsprechend sinnvoll sollte der Einsatz der hier beschriebenen Werkzeuge sein:

Sie sollen bei dem Bewältigen der Arbeiten Gedächtnisstütze sein. Punkte, die offensichtlich nicht zutreffend sind, können ignoriert werden. Fehlende Punkte können hinzugefügt werden.

10.3.3
Projektstart

Nicht jedes Projekt hat einen wohl definierten Startzeitpunkt. Es kann daher vorkommen, dass schon viele Tätigkeiten bearbeitet wurden, wenn klar wird, dass diese eigentlich in eine formalisierte Projektarbeit eingebunden werden müssen. Idealerweise werden die vorgestellten Maßnahmen zu Beginn des Projekts getroffen. Ist das, aus welchen Gründen auch immer, nicht geschehen, so müssen sie unmittelbar dann ergriffen werden, wenn dem Projektmanager klar wird, dass sie unterlassen wurden.

Folgende Schritte sind zum Projektstart auszuführen:

Projektstart notfalls nachholen

Tabelle 10-2: Aufgaben zu Beginn des Projekts

Nr.	Aufgaben	Mittel	Ergebnis	Wer?
1.1	Kick-off-Meeting mit Auftraggeber (falls nicht vorhanden, dann VG)	z. B. Metaplan	Zielbeschreibung, Vorgehensweise, Liste der Mitarbeiter	PM
1.2	Projektplanung	Projektordner Formblätter	Personalisierter Projektordner, Arbeitsaufträge	PM
1.3	Erste Projektsitzung		Berichtswege, Protokoll, ToDo-Liste	PM
1.4	Projektbudget abstimmen	Projektkalkulationsblatt	Personalisierte Kalkulation	PM
1.5	Projektbudget freigeben	Projektbeschreibung	Unterschrift	PK

Die Anwendung der verschiedenen Arbeitsmittel wird im zweiten Teil des Handbuches verdeutlicht. Hier soll nur noch einmal auf die Bedeutung der ersten Projektgruppensitzung eingegangen werden.

Von zentraler Bedeutung sind die erste Sitzung mit dem verantwortlichen Management und die erste Sitzung im Projektteam. Wenn diese Sitzungen gut vorbereitet sind, wird im Normalfall auch das Projekt einen

Kick-off-Meeting

guten Start haben. Der Projektmanager sollte den Termin nutzen, um den Projektmitarbeitern nochmals die hier behandelte Arbeitsmethodik nahe zu bringen.

Außerdem sollten folgende Punkte verbindlich geklärt werden:

- Wie werden die Arbeitszeiten der Mitarbeiter erfasst?
- Wie wird mit Planabweichungen umgegangen?
- Wie wird über den Fortgang von Arbeitspaketen berichtet?
- Wie werden Dokumente abgefasst?
- Wo werden Dokumente abgelegt?

Tabelle 10-3: Aufgaben während der Projektdurchführung

Nr.	Aufgabe	Mittel	Ergebnis	Wer?
2.1	Arbeitsaufträge planen	Aufgabenliste, Arbeitsauftrag	Aufgabenliste	PM
2.2	Arbeitsaufträge bearbeiten	Aufgabenliste, Arbeitsauftrag,	Dokumente, Programme, etc.	MA
2.3	Istaufwände erfassen und neu planen	Projektbericht, Aufgabenliste	Wochenbericht	MA
2.4	ToDo-Liste überarbeiten	ToDo-Liste	Neue Version der ToDo-Liste	PM
2.5	Außergewöhnliche Punkte mit PM klären	Gespräch, Vermerk	Modifizierte Aufgabenliste, modifizierter Arbeitsauftrag	MA
2.6	Aktivitäten koordinieren		Protokoll, ToDo-Liste	PM
2.7	Bei Werkaufträgen: Abnahmekriterien konkretisieren	Bei Bedarf Abnahmeliste	Abnahmekriterien	PM, PK
2.8	Qualität prüfen	Wenn (Teil)Ergebnisse vorliegen	Qualitätskriterien	QB, PK

10.3.4 Projektdurchführung

Nicht übertreiben

Wichtigste Aufgabe jedes Projektmanagers ist die Erreichung des gesteckten Ziels. Die folgenden Aufgaben sind dabei Mittel zum Zweck und nicht Selbstzweck. Art und Umfang dieser Tätigkeiten müssen in einem angemessenen Verhältnis zueinander stehen. Daraus ergibt sich die eindeutige Forderung, dass Aufgaben wie z. B. Planung oder Dokumentation auch in schwierigen Projektsituationen oder bei Zeitknappheit nicht zugunsten einer (scheinbar) wichtigen Tätigkeit unterbleiben dürfen. Umgekehrt sollte nicht mehr Zeit auf Dokumentation und Planung verwendet werden als nötig ist.

10.3.5
Projektabschluss

Das Projekt ist in der Regel nicht dadurch abgeschlossen, dass das Ziel erreicht ist. Der Grund hierfür liegt darin, dass es häufig unterschiedliche Auffassungen zwischen Projektmanager und Kunde über diesen Punkt gibt. Aus diesem Grund müssen in der Aufgabenbeschreibung, spätestens aber während der Aufgabenbearbeitung, Kriterien definiert werden, mit deren Hilfe eine gemeinsame Abnahme der Projektergebnisse möglich ist. Darüber hinaus muss eine ordnungsgemäße Archivierung gewährleistet werden und eine Nachkalkulation erfolgen.

Nachkalkulation und Archivierung

Die Punkte, die im Einzelnen zu beobachten sind, finden sich in der folgenden Tabelle:

Tabelle 10-4: Aufgaben zum Projektabschluss

Nr.	Aufgabe	Mittel	Ergebnis	Wer?
3.1	Nach Test: Kunde zur Abnahme auffordern (BzA)	BZA-Beispiel		PM
3.2	Abnahme durchführen	Abnahmekriterien/-protokoll	Abnahmeerklärung	PK, PM
3.3	Nachkalkulation durchführen	Kalkulationsblatt	Vorlage für den internen Verantwortlichen	PM
3.4	Archivieren	-	-	QB

10.4
Wichtige Aufgaben im Projektmanagement

10.4.1
Planung

Jedes Projekt muss geplant werden. Ein Plan dient der Strukturierung der nötigen und wichtigen Tätigkeiten im Projekt. Wenn eine Aufgabe so einfach ist, dass es keiner Planung bedarf, so handelt es sich nicht um ein Projekt. Ein Plan gibt nur die wesentlichen Tätigkeiten wieder. Details, die selbstverständlich sind, sollten nicht aufgeführt werden.

Tabelle als Plan

Ein Plan ist damit eine Abstraktion des Projekts und beschreibt die zeitliche und logische Abfolge der Tätigkeiten, sowie die für die Erledigung notwendigen Ressourcen und Aufwände. Für die Planung eines kleinen und überschaubaren Projekts (Gesamtaufwand < 2 Personenjahre) genügt eine einfache Tabelle.

Ein Beispiel für solch eine Tabelle ist in dem Formblatt „Projektplan" wiedergegeben.

Neuplanung

Ein Plan muss wenigstens einmal pro Monat auf seine Richtigkeit hin überprüft werden. Das ist nur möglich, wenn für jede geplante Tätigkeit geprüft wird, welcher tatsächliche Aufwand bisher angefallen ist. Die am Projekt beteiligten Mitarbeiter müssen dazu ihre Arbeitsleistung so erfassen, dass sie mit der Planung abgeglichen werden kann. Die dazu erforderlichen Vorgaben sind vom Projektmanager mit der Erteilung des Auftrags festzulegen. Das Formblatt „Arbeitspaket" sollte für diesen Zweck verwendet werden.

10.4.2
Berichtswesen

Projekte sind nicht in die Aufbauorganisation eingebunden. Zu Beginn des Projekts muss daher festgelegt werden, wann und an wen ein Bericht abgegeben werden muss. Auch wenn ein Berichtswesen meist erst im Projekt weiterentwickelt wird, muss von Beginn an ein Minimalbericht erstellt werden. Die für diesen Bericht erforderlichen Informationen ergeben sich aus dem Formblatt „Projektbericht".

Generell sollte ein Bericht folgende Rahmenbedingungen erfüllen:

- Es wird nur über Themen berichtet, die hinsichtlich Zielerreichung, Planung oder Budget zu Abweichungen führen.
  Mit anderen Worten: Über ein Projekt, das im Plan liegt, gibt es außer der Planmäßigkeit nichts zu berichten.
- Langwierige Problembeschreibungen unterbleiben, sie werden mündlich erläutert.
- Die Erstellung des Berichts sollte maximal 1 % der im Berichtszeitraum angefallenen Aufwände betragen.
  Mit anderen Worten: Lange Statistiken, aufwändige Grafiken werden weder angefordert noch freiwillig erstellt.

10.4.3
Dokumentation

Die Praxis zeigt immer wieder, dass eine gute Dokumentation ein wesentlicher Erfolgsfaktor im Projektmanagement ist. Hierbei müssen im Wesentlichen nur zwei Punkte berücksichtigt werden:

- Ordnung
- Versionsverwaltung

Zur Ordnung gehört, dass alle Dokumente nach einem nachvollziehbaren Schema abgelegt werden (keine „Zettelwirtschaft") und, dass zu Beginn des Projekts ein Projektordner mit der im Anhang wiedergegebenen Registratur angelegt wird. In ihm werden *alle* Dokumente abgelegt. Nur wenn dieser Ordner voll ist, werden weitere Ordner angelegt. Die so entstehenden Zusatzordner müssen über eindeutige Referenzen im Projektordner dokumentiert werden. Bei größeren Projekten (mehr als 10 Ordner) wird ein Aktenplan erstellt.

Jedes Dokument wird durch einen eindeutigen Namen und eine Versionsnummer identifiziert. Diese Identifikation wird gemäß dem in Abb. 10-1 gegebenen Beispiel vorangestellt. Mit *jeder* Veränderung des Dokuments wird auch die Versionsnummer erhöht. Alte Versionen verbleiben wenigstens so lange im Ordner, bis das Dokument vom Projektmanager freigegeben wird.

Die Gültigkeit eines Dokuments wird durch einen Status beschrieben:

- *In Arbeit,* wenn an dem Dokument gearbeitet wird,
- *Vorgelegt,* wenn das Dokument fertig gestellt ist und noch qualitätsgesichert werden muss,
- *Freigegeben,* wenn es qualitätsgesichert und vom Projektmanager freigegeben wurde.

Jede Statusänderung führt zu einer Erhöhung der Versionsnummer. Freigegebene Dokumente haben eine „runde" Nummer (z. B. Version 1.0) und alle Dokumente können auch in elektronischer Form abgelegt werden. Die Verzeichnisstruktur muss dann im Projektordner hinterlegt sein.

Randnotizen: Ordnung · Versionierung · Dokumentenstatus

10.4.4
Qualitätssicherung

Jedes Projektergebnis muss geprüft werden. Vor der Erstellung ist im Plan zu hinterlegen, wie ein Ergebnis

Randnotiz: Review

zu prüfen ist. Wenn nichts anderes festgelegt wurde, hat wenigstens ein Review stattzufinden. Bei einem Review wird wie folgt vorgegangen:

- Festlegung des Prüfbereichs (z. B. Lesen eines Dokuments; dabei wird auf Rechtschreibung und fachliche Korrektheit geprüft),
- Festlegung des Prüfaufwandes (z. B. 2 Stunden),
- Korrektur des Prüfvorganges mit erneuter Prüfung der *Änderungen*.

10.4.5
Abnahme

Wenn im Projekt ein Gewerk erstellt wird, so muss das Ergebnis vom Kunden abgenommen werden. Dieser Umstand wird beim Projektstart dokumentiert. Außerdem muss in diesem Fall festgelegt werden, anhand welcher Kriterien eine Abnahme erfolgt. Der Kunde erstellt dazu eine Liste der Eigenschaften, die ein korrektes Gewerk beschreiben. Außerdem muss definiert sein, unter welchen Bedingungen das Gewerk ein definiertes Fehlerverhalten hat und wann das Verhalten nicht vorhersehbar ist.

Testfälle   Wenn eine detaillierte Liste von Testfällen zu Beginn des Projekts nicht erstellt werden kann, so muss Einigkeit darüber bestehen, dass

- diese Liste vor dem Abnahmetest verbindlich und einvernehmlich festgeschrieben wird,
- diese Liste im Projekt schrittweise verfeinert wird,
- die Liste der Testfälle „endlich" ist. *Mit anderen Worten:* Aussagen wie, „das Gewerk liefert unter allen denkbaren Bedingungen korrekte Ergebnisse", sind nicht zulässig.

Bereitstellung zur   Wenn das Gewerk fertig erstellt ist, erklärt der Projekt-
Abnahme   manager schriftlich die Bereitstellung zur Abnahme (BzA). Anschließend findet der Abnahmetest mit dem Kunden zusammen statt. Etwaige Fristen sind in der Projektbeschreibung zu nennen. Über den Abnahmeverlauf wird ein Protokoll angefertigt, das vom Kunden und Projektmanager unterzeichnet wird. Abweichungen und Nachbesserungsfristen sind im Protokoll zu vermerken.

<Titel des Dokuments>

Autor: <Name des Autors>

Datum: <Datum der letzten Änderung>

Status: < „in Arbeit", „vorgelegt", „freigegeben">

Version: <Versionsnummer bei jeder Änderung erhöhen>

Datei: <Vollständiger Name der Datei>

Abb. 10-1: Die wichtigsten Versionsinformationen eines Dokuments müssen auf den ersten Blick erkennbar sein

Projektdefinition/Arbeitspaket

KOPV

Name:	
Status:	
Version:	
vom:	
Projektmanager:	
Projektmitarbeiter:	
Projektbericht:	
an:	
Projektplan:	
Budget:	
Projektabschluss	

Projektauftrag:

Bemerkungen:

Unterschrift

Projektleiter   Bereichsleiter

Abb. 10-2: Spätestens nach dem Management Kick-off muss eine schriftliche Definition des Projekts erfolgen

Projektbericht   **KOPV**↗

Teilprojekt		Projekt	
Berichtswoche		Mitarbeiter	
Anlagen	☐ ToDoListe ☐ Protokolle vom ☐ Aufgabenliste Vorwoche ☐ Aufgabenliste Folgewoche		
Rückruf des PL			
Status	planmäßig	verzögert	verändert
Beschreibung			
Risiken			

Abb. 10-3: Während des Projektstarts wird festgelegt, wann und an wen berichtet wird. Langatmige Berichte sind überflüssig. Im Wesentlichen interessiert, was im Projekt *nicht* nach Plan verläuft

Planung KOPV

Projekt			Projektleiter	
Berichtswoche				

Nr.	Mitarbeiter	Aufgabe	Sollstunden	Abweichungen	Ziel/OK	Bemerkung

Abb. 10-4: In den meisten Projekten genügt diese Tabelle als Basis für eine Planung. Planungssoftware sollte nur dann eingesetzt werden, wenn die Komplexität es erfordert und wenn ein messbarer Nutzen besteht

ToDo-Liste KOPV

Teilprojekt			Projekt	
Letzte Aktualisierung			Teilprojektleiter	

LfdNr.	Aufgabe	Verantwortlich	Bis wann	Referenz

Abb. 10-5: Für die reibungslose Abstimmung von Aufgaben zwischen Kunden und Lieferanten wird eine ToDo-Liste geführt. Auf der Projektsitzung werden Verantwortlichkeiten und Termine abgestimmt

Besprechungsprotokoll

KOPV

Besprechung am:		von:		bis:		Ort:	
Besprechungsanlass:							

Teilnehmer: (Name, Bereich/ Firma)

Verteiler: Teilnehmer

Besprochene Punkte:

Nr.	Inhalt

Aufgabenstellung:

Nr.	Was	Wer	Bis wann	Priorität

Anlagen

Abb. 10-6: Alle wichtigen Absprachen sollten dokumentiert werden

Literatur

Brox, H. (1997), Allgemeines Schuldrecht, Beck Juristischer Verlag, 1997

Csikszentmihalyi, M. (1997), Kreativität, Klett Cotta, 1997

De Bono, E. (1996), Serious Creativity, Schäffer Poeschel, 1996

DeMarco, T. (1998) Der Termin. Ein Roman über Projektmanagement, Hanser Wissenschafts Verlag 1998

Dempsey, P. S., Goertz, A. R., Szyliowicz, J. S. (1997), Denver International Airport – Lessions Learned Mc Graw-Hill, New York 1997

deNeufville, R. (1994), „Baggage System at Denver: Prospects and Lessons" in Journal of Air Transport Management, Dezember 1994

Dörner,D (1989), Die Logik des Misslingens, Strategisches Denken in komplexen Situationen, rororo Verlag Hamburg

Fechner, D. (1999), Praxis der Unternehmenssanierung: Analyse, Konzept und Durchführung, Luchterhand Verlag, Neuwied, Kriftel, 1999,

Gemür, M. (1996), Normale Krisen, Haupt Verlag 1996

Gibbs W. (1994), Software's Chronic Crisis in Scientific America, September 1994

Guntern, G. (1994), Sieben goldene Regeln der Kreativitätsförderung, Scalo Verlag, 1994

Hauschildt, J, Leker J. (Hrsg.) (2000), Krisendiagnose durch Bilanzanalyse, Verlag Otto Schmidt, 2000,

Herbst, D (1999) Krisen meistern durch PR, Luchterhand Verlag, Neuwied Kriftel

Heussen, B. v. (1997, Hrsg.), Planung, Verhandlung, Design und Durchführung von Verträgen, Verlag Schmidt Otto, 1997

Liu, E et.al. (1998) Matters Relating to the Opening of the New Airport at Chek Lap Kok, Reserch amd Library Service Division Legislative Concil Secretariat, Hong Kong 1998

Perrow, C. (1999), Normal accidents: Living with high-risk technologies Princeton University Press, 1999

Schmidt, K., Uhlenbruck W. (Hrsg.) (1999), Die GmbH in Krise, Sanierung und Insolvenz: Gesellschaftsrecht, neues Insolvenzrecht, Steuerrecht, Arbeitsrecht, Bankrecht und Organisation bei Krisenvermeidung, Krisenbewältigung und Abwicklung Verlag Otto Schmidt, Köln, 2., völlig überarbeitete und erweiterte Auflage, 1999,

Schnorrenberg U., Goebels G. (1997), Risikomanagement in Projekten. Methoden und ihre praktische Anwendung, Vieweg Verlag, 1997

Shrivastava, P., (1987) Bhopal: Anatomy of Crisis (Business in Global Environment), Ballinger Pub Co, 1987

Swartz, J. (1997), Simulating the Denver Airport Automated Baggage System in Dr. Dobbs Journal, Januar 1997, S. 80-83

Töpfer, A. (1999a), Die A-Klasse, Luchterhand Verlag, Neuwied Kriftel, 1999

Töpfer, A (1999b), Plötzliche Unternehmenskrisen, Gefahr oder Chance, Luchterhand Verlag, Neuwied Kriftel, 1999

Vaugahn, D. (1996), The Challenger Launch Decision; Risky Technology, Culture, and Deviance at Nasa, University of Chicago Press, 1999

Wagner K. W. (1994), Einführung in die Theoretische Informatik, Springer-Verlag Berlin/Heidelberg, 1994Wolf, K., Runzheimer, B. (2000), Risikomanagement und KonTraG: Konzeption und Implementierung, Gabler-Verlag, Wiesbaden, 2000

Index

§

§ 134 BGB 172, s. Vertragsfreiheit
§ 138 BGB s. „Gute Sitten"
§ 242 BGB s. „Treu und Glauben"
§ 362 HGB s. Schweigen
§ 433 BGB s. Kaufvertrag
§ 518 BGB s. Schenkung
§ 611 BGB s. Dienstvertrag
§ 631 BGB s. Werkvertrag
§§ 308 und 309 BGB (Grenzen für AGB) 182

2

24-Stunden-Dienst 191

A

ABC-Eigenschaften 137
Ablage 143
Ablage 205
Abnahme 170, 221, 225
– fingierte 175
– konkludente 196
Abwarten 125
Abwicklung 166
AGB s. Allgemeine Geschäftsbedingungen
Agenda 144, 149
A-Klasse 21
Akquisitionsphase 34
Aktionismus 111
Allgemeine Geschäftsbedingungen 181, 188
Alternativen 92
Analyse 92
Analyseprozess 99
Androhung 192
Anerkenntnis 198

Anerkennung, formale 155
Anforderung 168
Angebot 168, 174
Anlage
– chemisch 171
– Datenverarbeitung 114
– Konstruktion 13
Annahmen 117
Anrufer 109
Ansprechpartner 109
Antwort-Email 157
Anwalt 182
Arbeitserfolg 173
Arbeitshilfen 204
Arbeitshypothese s. Hypothese
Arbeitspaketen 224
Arbeitszeiten 224
Archivierung 225
Argumentation 142
Argumentationshilfen 143
Aspekte
– allgemein 120
– emotionale 15, 111, 134, 138
– negative 138, 139
– rationale 138
– sachliche 18
– subjektive 8
– wirtschaftliche 9
A-Typen 125
Aufbauorganisation 226
Aufgabe 48
Auftrag 6
Ausbildung 123
Ausfallsicherungen 197
Ausgangspost 143
Auslagerung 118
Aussaatmethode 152
Autodoor 197

B

Bahnhof 2
Bandlaufwerke 190
Bank 4
Basiszinssatz 192
Baustelle 191
Bedrohung 7
Bedürfnisse 64, 142, 149
Behelfstürgriff 197
Behörde 171
Bereitstellung 169
Bericht 112, 226, 231
Berichtswesen 221, 226
Berufsleben 218
Beschädigung 194
Beschwerde 104
Beschwerdebrief 100
Besitzen 128
Beständigkeit 25
Bestätigungslösung 78
Bestätigungsvermerk 157
Besteller 173
Bestrafung 39
Betrug 172
Bewertung 151
Bezahlung 170, 196
Bhopal 21
Bilanzmethode 150
Bleistift 145
Bleite 2
Brainstorming 87
B-Typen 128, 152
Buchhaltung 119
Buchhaltungsabteilung 5
Budget 6, 72
Bunkermentalität 135
BzA *Siehe* Abnahme

C

Charakter
 – cholerisch 107
 – dominat 133
 – gefühlskalt 136
 – idealtypisch 125
 – interdisziplinär 4
Checkliste 29, 204, 210, 221
Checklisten 196
Chemieunfall 21
Come In 197
ComLike 154, 156, 182, 198

Computer 22
Computersystem 5, 190
Contergan 21
C-Typen 130, 152
Culpa in contrahendo 171

D

Darlehen 173
Datenbestände 190
Datenblätter 195
Datenerfassungssystem 119
Datenverarbeitung 117
Deklamieren 132
Denkmuster 137
Diagnosesysteme 117
Dienstleistungen 119
Dienstleistungsvertrag 175
Dienstvertrag 174
Divergenzen 160
Dokumentation 51, 54, 93, 105, 205, 221,
 227
Dokumente 53, 68, 75, 113, 143
D-Typen 132, 156

E

Eigenkapital 30
Eigenschaften 170
 – ABC 137
 – charakterlich 52
 – inhaltlich 63
 – Krisenmanager 131
 – zugesichert 12, 72, 182
Eigentumsübertragung 194
Eingangspost 143
Einstellung 123
 – emotional 134
 – kommunikationsfeindlich 101
Einverständnis 181
Einzelverträge 181
Elch-Test *Siehe* A-KLasse
Email-System 157, 189
Emotionalisierung 134, 139
Emotionen 106
Empfänger 104
Entgeltforderungen 170, 192
Entscheidung 7, 14, 58, 65, 92, 102
Entscheidungsstrukturen 50
Entscheidungsträger 138
Entwicklungsabteilung 6
Erfüllung 194

Erfüllungsinteresse 179
Ergebnisprotokoll 145
Eskalation 8, 52, 71, 74, 103, 105, 117, 204
Eskalationsstufe 19
E-Typen 134, 152
Existentialismus 136
Expertengespräch 112
Exportprogramm 190

F

Fachkenntnis 89
Fachunterlagen 205
Fähigkeit s. Kommunikationsfähigkeit
Fehlentscheidung 13
Fehlerfall 197
Fehlerklassen 197
Fehlerliste 199
Fertigung 117
Finanzkrisen 19, 29
Fixgeschäft 48
– absolutes 193
– relatives 193
Flipchart 151
Formalisten *Siehe* F-Typen
Formfehler 154
Fotokopie 145
Fristsetzungen 192
F-Typen 136, 152
Führungsstrukturen 27
Fundament 16

G

Gainplan 159, 182
Garantiehaftung 194
Gebräuche 173
Gefahrenübergang 194
Gegenvorschläge 154
Genehmigung 171
– des Vertretenen 180
– nachträgliche 179
Gericht 188, 198
Gesamtlösung s. Lösungskonzept
Geschäftsführung 56, 67, 105, 148, 177
Geschäftsjahr 93, 159
Geschäftsleben 162
Gesetzgeber 168, 172
Gesetzmäßigkeit 148
Gesprächsnotiz 205, s. Notiz
Gesprächsprotokoll 68
Gesundheit 4

Gewährleistung 153, 166
Gewährleistungszeit 168
Gewerk 169, 228
Gewinn 193
Gewinnausfall 83, 118
Gläubiger 173
Grauzone 6
Grenznutzen 9
Großprojekte 11
Grundpositionen 162
Gute Sitten 172

H

Handelsgesetzbuch 199
Handlungen 168
Handlungsregel 98
Handwerker 191
Harrisburgh 21
Haushaltsgelder 159
Haushaltsgeräte 6
Herausforderung 7
Hersteller 195
Hilfsmittel 144
Hypothese 156

I

Idealtypen 125
Idee 85
Immobilien 195
Informationen 3, 104, 141
Informationspflichten 171
Inkompetenz 12, 50
Innenrevision 104
Innovation 4
Installation 199
Instrumentalisierung 134
Intentionen 37, 52, 78, 124, 135, 157
Interesse
– negative s. Vertrauensschaden
– positive s. Erfüllungsinteresse
Interimshandlungen 113
Interprod 156, 182, 199
Intuition 9
Istaufwände 224

J

Jahresabschluss 93, 159

K

Kampfschauplatz 162

Kategorie 143
Kaufvertrag 173, 175, 194
Kausalprinzip 10
Kennzahlen 30
Kesselmethode 159
Kleingedrucktes 182
Klima 97
Köder 153
Kommunikationsfähigkeit 15
Kompetenz 94
– fachlich 11
– sozial 15, 97
Komplexität 24
Komplikationen 178
Konflikt 52, 191
Konfliktparteien 4
KonTraG 30
Kopf-durch-die-Wand-Methode 85
KOPV-Methode 119, 133, 142, 162
KOPV-Methode 41
Kosten 9, 37, 48, 85
– kalkulatorisch 88
– ungünstig 82
Kosten-Nutzen-Aspekt 149
Kreativität 3, 14, 89, 131
Kreativitätstechniken 89
Kreditgeber 173
Kreditlinie 4
Kriegsschauplatz 162
Krise 19
– Definition 8
– einseitig 47
Krisenannahme 47
Krisenarten 19
Krisenentscheidung 64, 74
Krisenerkenntnis 53, 99
Krisenhandlungskosten 82
Krisenkategorien 48, 57, 76
Krisenkosten 96, 135
Krisenlebenszyklus 28, 33, 37, 98, 99, 120
Krisenmanagementverfahren 65
Krisenmeldestelle 104
Krisenmeldung 67, 104, 119, 121
Krisennachricht 100
Krisenübersicht 71
Kriterien
– finanzwirtschaftlich 29
– objektiv 151, 191
Kühlkammer 24
Kunde 6, 14, 61, 89, 101, 222

– Anruf 71
– Beschwerde 36
– Emotionen 106
– Kosten 81, 89
– Nutzen 64, 85, 90
– Organigramm 55
– renitent 37
– Zielsetzung 77, 81
Kundenbesuch 111
Kundenbeziehung 47
Kundenseite 71

L
Lastenheft 55, 61
Laufzeit 48
Leasingverträge 173
Lebensmittel 4
Leistung 150
– gebremst 117
– sach- und fachgerecht 175
Leistungsanspruch 193
Leistungsbeschreibung 88
Leistungsstörung 190
Leistungsverweigerung 192
Lernerfolg 98
Lieferant 6, 14, 101, 104, 151, 190, 191
– Kosten 48
– Organigramm 55
– Problemstellung 77
Lipobay 21
Liquidität 30
Lizenzverträge 173
Lösung 13
Lösungsalternativen 158
Lösungsansätze
– fachlich 11
– taktisch 8
Lösungskonzept 149
Lösungskosten s. Kosten und
    Krisenkosten
Lusterfahrung 131

M
Machtausübung 155
Magnetband 119
Mangel
– chronisch 153
Manipulation 137, 150
Marginalkonditionierung 28
Marketingabteilung 118

Marktanteile 193
Maßnahmen 92
- Erste-Hilfe 102
- formal 104
- Katalog 103
- organisatorisch 111
- vertrauensbildend 116
Medien 4, 23
Meinungsführer 57, 138, 146, 162
Mercedes *Siehe* A-Klasse
Messe 193
Messmethoden 196
Metainformation 52
Methode 12, 45, 54, 93
Methode 84
Miete 173
Minderung 170
Missmutigkeit 147
Misstrauen 131
Missverständnisse 161
Missverständnissen 127
Mittelwert 152
Modeboutique 197
Modell 24, 144
Monopolstellung 172
Motivation 112
Motive 48
Muster 144

N
Nachbesserung 67, 182, 195
Nachfrageeinbruch 30
Nachkalkulation 225
Nachweisbarkeit 172
Nebenverpflichtungen 190
Notartermin 2
Notiz 109, 112
Notizblock 151
Nutzen 50, 90, 216

O
Objektivität 94
Offenbarungspflichten 189
Offensivmethode 154
Oper (Sydney) 20
Optimismus 123
Ordnung 227
Organ 177
Organisation 162
Organisationskrise 27

Organisationsvorschriften 28

P
Partei 172
Patentlösungen 26
Patentrezepte 24
Pentium 21
Personen (juristisch) 176
Persönlichkeit 15, 123
Pflichtenheft 61, 205
Pflichtverletzung 169, 189
Pflichtverletzungen 171
Planabweichung 224
Planung 6, 9, 10, 25, 36, 48, 93, 221, 225
PR-Abteilung 105
Präsentation 94, 144
Praxis 14
Präzisierung 175
Preiserhöhung 30
Preisliste 151
Pressesprecher 105
Prioritäten 8, 111
Problemanalyse 109
Probleme 13, 48, 57
Problemverlagerung 41, 57, 76, 144
Produkt
- Definition 7
- Einführung 9
- Markteinführung 115
Produktfehler 28
Produktivität 50
Prognose 10, 14
Projekt 5, 10
Projektabschluss 225
Projektbudget 223
Projektdurchführung 224
Projekthandbuch 219
Projektinformationssystem 105
Projektkalkulation 34
Projektlaufzeit s. Laufzeit
Projektleiter s. *Projektmanager*
Projektmanagement 11, 38
Projektmanager 8, 53, 64, 67, 85, 96, 104, 179, 220, 222
Projektordner 43, 56, 205, 219
Projektstart 223
Protokoll 66, 86, 155, 176
Protokollführer 57
Prototyp 6
Prüfung 53, 105

Prüfverfahren 196
Public Relations 23
Publikationen 12
pVV 171

Q
Qualität 27
Qualitätsproblem 118
Qualitätssicherung 104, 221, 227
Qualitätsstelle 65
Qualitätssystem 65
Quantitätsmethode 150

R
Rachegelüste 155
Reaktion (öffentlich) 20
Rechenzentrum 190
Rechtsabteilung 153
Rechtsauslegung 168, 173
Rechtsgeschäfte 174
Rechtsvorschriften 181
Referenzanlage 144
Referenzgeräte 118
Reflexion 137
Regauv 71, 83, 153, 156
Regelentwürfe 181
Regelungen 172
Reklamation 104
Rektorunfall 21
Relevanz 218
– persönliche 4
– von Aktivitäten 55
Reporter 105
Ressourcen 27, 52, 103, 115
Rhetorik 148
Risiken 36, 65, 192
Risikomanagement 30
Rollen 222
Routinetätigkeiten 10, 28
Rücktritt 156, 169, 191

S
Sachenrecht 194
Sachentscheidung 135
Sanierung 31
Schäden 48
Schadensersatz 169, 179
– neben der Leistung 192
Schadenserwartung 118
Scheinvollmacht 178

Schenkung 173, 174
Scherbel 66, 182, 189
Scheuklappendenken 135
Schuld 107
Schuldner 191
Schuldrechtsreform 181, 190
Schweigen 180
Seilschaften 50
Selbstbewusstsein 124
Selbstdarstellung 128
Selbstmahnung 192
Serviceabteilung 105
Servicetechniker 197
Seveso 21
Sicherheit 94
Sicherheitskopie 190
Sicherheitsvorschriften 190
Simulation 22, 24
Situationen
– im Rechtsverkehr 173
Sorgfaltspflichten 189
Spezifikation 205
Staatskrisen 19
Stereotype 148
Stichpunkt 144
Störfall 28
Stufenmethode 157
Stundensätze 151
Sydney, Oper 20
Systemausfall 190

T
Tätigkeiten 99
– administrativ 116
– projektorientiert 6
– repetiv 119
Taxifahrer 149
Telefonanlagen 110
Telefongespräch 102
Telefongespräche 161
Telefonkonferenz 110
Termine 6, 48
Testfällen 228
Testzwecke 197
Theaterstück 148
ToDo-Liste 224
Treu und Glauben 172, 182, 195
Tschernobyl 21
Türsysteme 197

U

UKlaG *Siehe* Unterlassungsklagegesetz
Unfähigkeit s. Inkompetenz
Unfreundlichkeit 147
Unklarheit 161
Unlösbarkeit 8
Unmöglichkeit 12, 85, 189, 190
– faktisch 191
– juristisch 169, 190
– tatsächliche 190
– wirtschaftliche 191
Untergang 194
Unterlassungsklagengesetz 181
Unternehmen 176
Unternehmenskrisen 19
Unternehmenskultur 146
Unterzeichnung 174
Unzufriedenheit 131
Urlaub 148
Ursachen 14, 48, 57, 194
Ursache-Wirkungs-Ketten 10

V

Validität 100
Verantwortungsbewusstsein 155
Verbote 172
Verein 177
Vereinbarungen 176, 179
Verfolgungswahn 135
Vergangenheit 34, 60, 81, 116
Vergiftung 4
Vergütung 173
Verhaltens-ABC 125, 142
Verhaltensmuster 28
Verhandlung 46, 58, 92, 120, 142, 168
– Ablauf 141
– Klima 147
– Position 85, 126, 154
– Unfähigkeit 131
– Verlauf 160
– Ziel 145
Verhandlungsrunde 161
Verhandlungsstrategie 182
Verhandlungtaktik 141, 150
Verhandlungsunfähigkeit s.
    Verhandlung
Verjährung 198
Verkäufer 177, 195
Verlust 193
Verlustangst 131

Vernichtung 135
Verschiebemethode 155
Versionsverwaltung 227
Verspätung 191
Versuchspersonen 24
Verteidigung 131
Verträge 49, 172
Vertragserfüllung 175
Vertragsfreiheit 172, 173
Vertragsschluss 168, 170
Vertragstext 174
Vertragsverletzung
– positive 171
Vertrauensschaden 179
Vertrauensverhältnis 145
Vertreter 177
Vertretungsmacht 146
Vertretungsvollmacht 177
Vertrieb 56
Vertriebsabteilungen 118
Vertriebsphase 89
Verunsicherung 27
Verzögerungsschaden 192
Verzug 169, 189, 191
Vier-Augen-Prinzip 53
Vollkaufleute 193
Vollkaufmann 199
Vorbereitung 141
– formal 143
– inhaltlich 144
– taktisch 146
Vorgehensmodell 45
Vorgesetzter 50, 65, 93, 104
Vorlieferant 67
Vorlieferanten 77, 80
Vorstand 177
Vorurteil 25
Vorwürfe 144

W

Walz 208, 212
Wartungsintervall 171
Werkaufträgen 224
Werkstatt 2
Werkvertrag 173, 175
Widerrede 155
Wiederanlaufkonzepte 197
Willenserklärung 172, 183
Wirtschaftskrisen 19
Workaround 114, 115, 118

Worst case 81

Z
Zeitbudget 149
Zeitknappheit 224
Ziele 3, 6, 141, 149
Zielorientierung 94
Zugeständnisse 149, 154
Zukunft 9, 55, 60
Zukunftsangst 131
Zusatzregelungen 169
Zustimmung 180

Druck: Strauss GmbH, Mörlenbach
Verarbeitung: Schäffer, Grünstadt

Printed in the United Kingdom by
Lightning Source UK Ltd., Milton Keynes
138900UK00006B/127/A